国家CAD设计师岗位技能实训示范性教程

Autodesk® 中国认证指定专家
倾情奉献

张日晶 刘昌丽 胡仁喜 编著

AutoCAD 2011

建筑设计标准实例教程 案例应用篇

U0131890

科学出版社

内 容 简 介

本书结合典型建筑设计案例，详细讲解了AutoCAD 2011建筑设计的知识要点，让读者在学习项目案例制作的过程中掌握AutoCAD 2011软件的操作技巧，同时培养工程设计能力。全书分为3篇，共14章。其中，第1篇为基础知识篇（第1~4章），包含AutoCAD 2011入门，文本、表格与尺寸标注，快速绘图工具，建筑设计图样概述；第2篇为高层建筑篇（第5~9章），包含某住宅楼建筑施工图总体概述，某住宅小区规划总平面图的绘制，某住宅小区1号楼建筑平面图的绘制，某住宅小区1号楼建筑立面图的绘制，某住宅楼建筑剖面图及详图的绘制；第3篇为别墅设计篇（第10~14章），包含别墅总平面图的设计，别墅建筑平面图的绘制，别墅建筑立面图的绘制，别墅建筑剖面图的绘制，别墅建筑室内设计图的绘制。此外，本书还附有AutoCAD 2011常用命令的用法，方便读者查询。

本书配套的DVD多媒体教学光盘中包括27节播放时间近21小时的多媒体视频教程和书中实例的素材文件、图块文件，方便读者学习和练习实践。

本书将AutoCAD基础知识和建筑行业设计实例相结合，突出了实用性与专业性，使读者能够很快地掌握AutoCAD 2011建筑工程设计的方法和技巧。本书适合想要学习或正在学习使用AutoCAD进行建筑辅助设计的人员阅读，同时也适合大中专工科院校和职业院校的师生以及相关电脑培训学校使用，还可供建筑工程技术人员学习参考。

图书在版编目（CIP）数据

AutoCAD 2011建筑设计标准实例教程. 案例应用篇/
张日晶，刘昌丽，胡仁喜编著. —北京：科学出版社，
2011.4

ISBN 978-7-03-030506-0

Ⅰ. ①A… Ⅱ. ①张… ②刘… ③胡… Ⅲ. ①建筑设计—计算机辅助设计—应用软件，AutoCAD 2011 Ⅳ. ①TU201.4

中国版本图书馆 CIP 数据核字（2011）第 039075 号

责任编辑：赵东升　高　莹／责任校对：杨慧芳
责任印刷：新世纪书局　　／封面设计：彭琳君

科 学 出 版 社 出版

北京东黄城根北街 16 号
邮政编码：100717
http://www.sciencep.com

中国科学出版集团新世纪书局策划

北京市鑫山源印刷有限公司

中国科学出版集团新世纪书局发行　各地新华书店经销

*

2011 年 5 月 第 一 版　　　　开本：16 开
2011 年 5 月第一次印刷　　　　印张：21.5
印数：1—3 000　　　　　　　　字数：523 000

定价：39.80 元（含 1DVD 价格）

（如有印装质量问题，我社负责调换）

前言

AutoCAD 软件是美国 Autodesk 公司开发的通用计算机辅助绘图与设计软件，经过多年的发展，其功能不断完善，现已覆盖机械、建筑、服装、电子、气象、地理等各个学科，在全球建立了牢固的用户网络。多年来，AutoCAD 历经市场风雨考验，以其开放性的平台和简单易行的操作方法，现已成为工程设计领域应用最为广泛的计算机辅助绘图与设计软件。

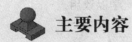 ## 主要内容

本书结合典型的建筑设计实例，详细讲解了 AutoCAD 2011 建筑设计知识要点，让读者在学习项目案例制作的过程中掌握 AutoCAD 2011 软件的操作技巧，同时培养工程设计能力。全书分为 3 篇，共 14 章，具体内容如下。

基础知识篇——介绍必要的基本操作方法和技巧

本篇主要介绍了 AutoCAD 基本操作和建筑设计的基础理论、基本规则，内容包括 AutoCAD 2011 入门，文本、表格与尺寸标注，快速绘图工具，建筑设计图样概述等。通过对以上内容的学习，读者将了解建筑工程制图的基本理论及 AutoCAD 制图的方法。

高层建筑篇——详细介绍某高层住宅小区的设计过程

本篇结合建筑工程的相关制图标准，通过设计高层住宅小区的项目案例系统地介绍了高层建筑工程制图的基本流程和操作方法，内容包括某住宅楼建筑施工图总体概述、某住宅小区规划总平面图的绘制、某住宅小区 1 号楼建筑平面图的绘制、某住宅小区 1 号楼建筑立面图的绘制、某住宅楼建筑剖面图及详图的绘制等内容。通过本篇的学习，读者将掌握建筑工程图的制作流程和制作技巧，提升设计技能。

别墅设计篇——详细介绍某乡村别墅的设计过程

本篇通过设计乡村别墅的项目案例系统地介绍了室内外工程制图的基本流程和操作方法，内容包括别墅总平面图的设计、别墅建筑平面图的绘制、别墅建筑立面图的绘制、别墅建筑剖面图的绘制、别墅建筑室内设计图的绘制。通过本篇的学习，读者将进一步掌握建筑工程图的制图技巧，提升建筑设计岗位技能。

此外，本书附录还提供了 AutoCAD 2011 常用命令的用法，方便读者查阅。

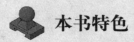 ## 本书特色

市面上关于 AutoCAD 建筑设计方面的书籍浩如烟海，而本书能够在众多竞争对手中脱颖而出，是因为本书具有以下三大特色。

资深一线培训师与设计专家执笔

由国内一线培训师与设计专家结合多年教学经验与工作实践经验，历时多年精心编写，力求全面细致地展现出 AutoCAD 在建筑设计领域的各种功能和使用方法。

实例丰富，来自工程设计施工现场

全书共分为 3 篇，分别通过大量实例介绍了 AutoCAD 和建筑设计基础知识、高层住宅小区设计案例、别墅设计案例等内容。其中，高层住宅小区设计和别墅设计两个项目案例是目前最具代表性的建筑设计案例，直接来自工程设计施工现场，高度真实，完全实用。

紧贴行业应用，提升设计技能

本书全面介绍 AutoCAD 在建筑设计中的应用，将专业知识融于实践操作中，让读者了解 AutoCAD 建筑工程设计的流程，真正掌握技能，提高设计水平，学以致用。

 ## 配套光盘

本书配套的 DVD 多媒体教学光盘中包括 27 节播放时间近 21 小时的多媒体视频教程和书中实例的素材文件、图块文件，方便读者学习和练习实践。

 ## 本书作者

本书由三维书屋工作室总策划，由张日晶、刘昌丽、胡仁喜三位老师编写。王佩楷、袁涛、李鹏、周广芬、周冰、李瑞、董伟、王敏、王渊峰、王兵学、王艳池等同志也为本书的出版提供了大力支持，值此图书出版发行之际，向他们表示衷心的感谢。

 ## 适用对象

本书将 AutoCAD 基础知识和建筑行业设计实例相结合，突出了实用性与专业性，使读者能够很快掌握 AutoCAD 2011 建筑工程设计的方法和技巧。本书适合想要学习或正在学习使用 AutoCAD 进行建筑辅助设计的人员，同时也适合大中专工科院校和职业院校的师生以及相关电脑培训学校使用，还可供建筑工程技术人员学习参考。

由于编者水平有限，书中不足之处在所难免，敬请广大读者批评指正，联系邮箱：win760520@126.com。

编　者

2011 年 3 月

目　录

第 1 篇　基础知识篇

第2篇　高层建筑篇

第3篇　别墅设计篇

第1篇 基础知识篇

本篇主要介绍 AutoCAD 的相关基础知识和建筑制图的相关基础理论与基本规则。

通过本篇的学习，读者将掌握建筑工程制图的基础理论及 AutoCAD 的制图技巧。

◆ 学习建筑设计的基础理论
◆ 掌握 AutoCAD 制图的基本方法

第**1**章

AutoCAD 2011 入门

本章主要学习 AutoCAD 2011 绘图的基础知识，了解如何设置图形的系统参数，熟悉建立新的图形文件和打开已有文件的方法等，为后面进入系统学习准备必要的基础知识。

学习目标

- ◆ 操作界面
- ◆ 基本输入操作
- ◆ 图层设置
- ◆ 绘图辅助工具

1.1　AutoCAD 2011 操作界面

　　AutoCAD 的操作界面用于显示、编辑图形，一个完整的 AutoCAD 操作界面如图 1-1 所示。它包括标题栏、绘图区、十字光标、菜单栏、功能区、工具栏、坐标系、命令行窗口、状态栏、布局标签和滚动条等。

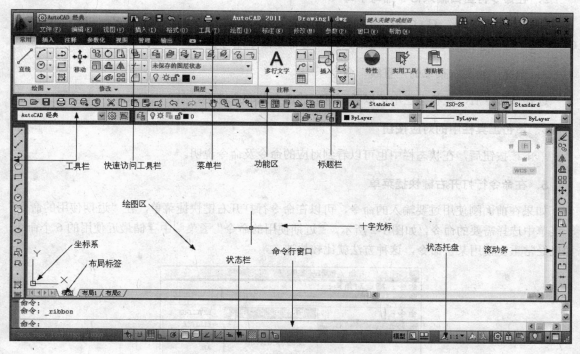

图 1-1　AutoCAD 2011 的操作界面

1.2　基本输入操作

　　在 AutoCAD 中，有一些基本的输入操作方法，这些基本方法是进行 AutoCAD 绘图的必备基础知识，也是深入学习 AutoCAD 功能的前提。

1.2.1　命令输入方式

　　AutoCAD 交互绘图必须输入必要的指令和参数才可以进行。这里有多种 AutoCAD 命令输入的方式（以画直线为例），下面分别进行介绍。

1. 在命令行窗口输入命令名

　　命令字符可不区分大小写。执行命令时，在命令行提示中经常会出现命令选项。例如，输入绘制直线命令 LINE 后，命令行提示如下。

```
命令：LINE↙
指定第一点：（在屏幕上指定一点或输入一个点的坐标）
指定下一点或［放弃(U)］：
```

选项中不带括号的提示为默认选项，因此可以直接输入直线段的起点坐标或在屏幕上指定一点。如果要选择其他选项，则应该先输入该选项的标识字符，如"放弃"选项的标识字符 U，然后按系统提示输入数据即可。在命令选项的后面有时候还带有尖括号，尖括号内的数值为默认数值。

2．在命令行窗口输入命令缩写字母

例如，L（LINE）、C（CIRCLE）、A（ARC）、Z（ZOOM）、R（REDRAW）、M（MORE）、CO（COPY）、PL（PLINE）、E（ERASE）等都是命令缩写字母。

3．选择"绘图"菜单的"直线"命令

选择该命令后，在状态栏中可以看到对应的命令及命令说明。

4．单击工具栏中的对应按钮

单击该按钮后，在状态栏中也可以看到对应的命令及命令说明。

5．在命令行打开右键快捷菜单

如果在前面刚使用过要输入的命令，可以在命令行打开右键快捷菜单，在"近期使用的命令"子菜单中选择需要的命令，如图 1-2 所示。"近期使用的命令"子菜单中存储最近使用的 6 个命令，如果经常重复使用某些命令，这种方法就比较快速。

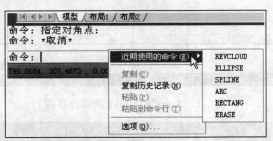

图 1-2　命令行右键快捷菜单

6．在绘图区打开右键快捷菜单

如果用户要重复使用上次使用的命令，可以直接在绘图区右击，在弹出的快捷菜单中重复执行上次使用的命令，如图 1-3 所示。这种方法适用于重复执行某个命令。

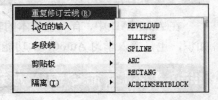

图 1-3　绘图区右键快捷菜单

1.2.2　命令的重复、撤销和重做

1．命令的重复

在命令行窗口中按 Enter 键可重复利用上一个命令，不管上一个命令是完成了还是被取消了。

2．命令的撤销

在命令执行的任何时刻都可以取消和终止命令的执行。

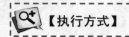【执行方式】

命令行：UNDO
菜单：编辑→放弃
快捷键：Esc

3．命令的重做

已被撤销的命令还可以恢复重做。

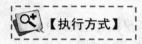【执行方式】

命令行：REDO
菜单：编辑→重做

该命令可以一次执行多重放弃和重做操作。单击"放弃"或
"重做"按钮右侧的下三角按钮，在列表中可以选择要放弃或重
做的操作，如图 1-4 所示。

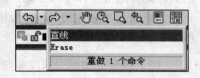

图 1-4　放弃或重做

1.2.3　坐标系与数据的输入方法

1．坐标系

AutoCAD 采用两种坐标系：世界坐标系（WCS）和用户坐标系。用户最初进入 AutoCAD 时的
坐标系就是世界坐标系，它是固定的坐标系。世界坐标系也是坐标系统中的基准，绘制图形时多数
情况都是在这个坐标系下进行的。

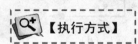【执行方式】

命令行：UCS
菜单：工具→新建 UCS
工具栏：UCS→UCS

AutoCAD 有两种视图显示方式：模型空间和图纸空间。模型空间是指单一视图显示法，用户通常
使用的都是这种显示方式；图纸空间是指在绘图区域创建图形的多视图，用户可以对其中每一个视图进
行单独操作。在默认情况下，当前 UCS 与 WCS 重合。图 1-5（a）为模型空间下的 UCS 坐标系按钮，
通常放在绘图区左下角处；若当前 UCS 和 WCS 重合，则出现一个 W 字，如图 1-5（b）所示；也可以
指定它放在当前 UCS 的实际坐标原点位置，此时出现一个十字，如图 1-5（c）所示；图 1-5（d）为图
纸空间下的坐标系按钮。

(a)   (b)   (c)   (d)

图 1-5 坐标系按钮

2．数据的输入方法

在 AutoCAD 2011 中，点的坐标可以用直角坐标、极坐标、球面坐标和柱面坐标来表示，每一种坐标又分别具有两种坐标输入方式：绝对坐标和相对坐标。其中，直角坐标和极坐标最为常用，下面介绍它们的输入方法。

（1）直角坐标法：利用点的 X、Y 坐标值表示的坐标。

在命令行中输入点的坐标，如输入"15,18"，则表示输入了一个 X、Y 坐标值分别为 15、18的点，此为绝对坐标输入方式，表示该点的坐标是相对于当前坐标原点的坐标值，如图 1-6（a）所示；如果输入"@10,20"，则为相对坐标输入方式，表示该点的坐标是相对于前一点的坐标值，如图 1-6（c）所示。

（2）极坐标法：用长度和角度表示的坐标，只能用来表示二维点的坐标。

在绝对坐标输入方式下，表示为"长度<角度"，如"25<50"，其中长度为该点到坐标原点的距离，角度为该点至原点的连线与 X 轴正向的夹角，如图 1-6（b）所示。

在相对坐标输入方式下，表示为"@长度<角度"，如"@25<45"，其中长度为该点到前一点的距离，角度为该点与前一点的连线和 X 轴正向的夹角，如图 1-6（d）所示。

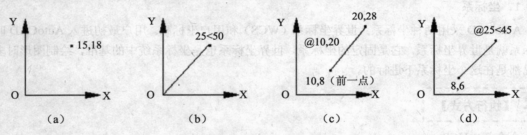

图 1-6 数据输入方法

3．动态数据输入

单击状态栏中的 按钮，系统打开动态输入功能，用户可以在屏幕上动态地输入某些参数数据。例如，绘制直线时，在光标附近会动态地显示"指定第一点"，以及后面的坐标框，当前显示的是光标所在位置，用户可以输入数据，两个数据之间以逗号隔开，如图 1-7 所示。指定第一点后，系统动态显示直线的角度，同时要求输入线段长度值，如图 1-8 所示，其输入效果与"@长度<角度"方式相同。

下面分别讲述点与距离值的输入方法。

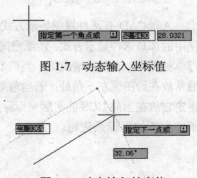

图 1-7 动态输入坐标值

图 1-8 动态输入长度值

（1）点的输入

绘图过程中，常需要输入点的位置，AutoCAD 提供了以下几种输入点的方式。

① 用键盘直接在命令行窗口中输入点的坐标。直角坐标有两种输入方式，分别为"x, y"（点的绝对坐标值，如"100, 50"）和"@x, y"（相对于上一点的相对坐标值，如"@ 50, -30"）。坐标值均相对于当前的用户坐标系。

极坐标的输入方式为"长度<角度"（其中，长度为点到坐标原点的距离，角度为原点至该点连线与 X 轴的正向夹角，如"20<45"）或"@长度<角度"（相对于上一点的相对极坐标值，如"@50<-30"）。

② 用鼠标等定标设备移动光标在屏幕上单击直接取点。

③ 用目标捕捉方式捕捉屏幕上已有图形的特殊点（如端点、终点、中心点、插入点、交点、切点和垂足点等）。

④ 直接距离输入。先用鼠标拖拉出线段确定方向，然后用键盘输入距离，这样有利于准确控制对象的长度等参数。例如，绘制一条 10mm 长的线段，命令行提示与操作如下。

```
命令:LINE ↙
指定第一点：（在屏幕上指定一点）
指定下一点或〔放弃(U)〕：
```

这时在屏幕上移动鼠标指明线段的方向，但不要单击鼠标确认，如图 1-9 所示，然后在命令行输入 10，这样就在指定方向上准确地绘制了长度为 10mm 的线段。

图 1-9　绘制直线

（2）距离值的输入

在 AutoCAD 绘图中，有时需要提供高度、宽度、半径和长度等距离值。AutoCAD 提供了两种输入距离值的方式：一种是利用键盘在命令行窗口中直接输入数值；另一种是在屏幕上拾取两点，以两点间的距离值定出所需数值。

1.3 图层

AutoCAD 中的图层就如同手工绘图中使用的重叠透明的图纸，如图 1-10 所示。用户可以使用图层来组织不同类型的信息。在 AutoCAD 中，图形的每个对象都位于一个图层上，所有图形对象都具有图层、颜色、线型和线宽 4 个基本属性。绘制的时候，图形对象将创建在当前的图层上。每个 CAD 文档中图层的数量是不受限制的，每个图层都有自己的名称。

墙壁

电器

家具

全部图层

图 1-10　图层示意图

1.3.1 创建图层

新建的 CAD 文档中只能自动创建一个名为 0 的特殊图层。默认情况下，图层 0 将被指定使用

7 号颜色、Continuous 线型、"默认"线宽以及 Normal 打印样式。用户不能删除或重命名图层 0。通过创建新的图层，可以将类型相似的对象指定给同一个图层，使其相关联。例如，可以将构造线、文字、标注和标题栏置于不同的图层上，并为这些图层指定通用特性。通过将对象分类放到各自的图层中，可以快速有效地控制对象的显示并对其进行更改。

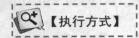【执行方式】

命令行：LAYER

菜单：格式→图层

工具栏：图层→图层特性管理器 （如图 1-11 所示）

图 1-11   "图层"工具栏

【操作过程】

执行上述命令后，系统打开"图层特性管理器"窗口，如图 1-12 所示。

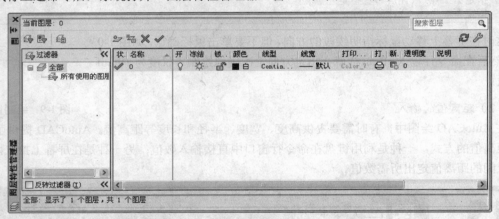

图 1-12   "图层特性管理器"窗口

单击"图层特性管理器"窗口中的"新建图层"按钮，建立新图层，默认的图层名为"图层 1"。用户可以根据绘图需要，更改图层名，如实体层、中心线层或标准层等。

在一个图形中可以创建的图层数以及在每个图层中可以创建的对象数是无限的。图层最长可使用 255 个字符的字母或数字命名。图层特性管理器按图层名的字母顺序排列图层。

⠿ 说明

如果要建立多个图层，无须重复单击"新建图层"按钮，可以使用以下方法。在建立一个新的图层"图层 1"后，改变图层名，在其后输入一个逗号"，"，这样就会又自动建立一个新图层"图层 1"，改变图层名，再输入一个逗号，又一个新的图层建立了，依次建立各个图层；也可以按两次 Enter 键，建立另一个新的图层。图层的名称也可以更改，直接双击图层名称，输入新的名称即可。

在每个图层属性设置中，包括图层名称、关闭/打开图层、冻结/解冻图层、锁定/解锁图层、图层线条颜色、图层线条线型、图层线条宽度、图层打印样式以及图层是否打印等 9 个参数。下面对部分参数设置进行重点讲述。

1. 设置图层线条颜色

在工程制图中，整个图形包含多种不同功能的图形对象，如实体、剖面线与尺寸标注等。为了便于直观区分它们，有必要针对不同的图形对象使用不同的颜色，如实体层使用白色，剖面线层使用青色等。

要更改图层的颜色时，单击图层所对应的颜色按钮，弹出"选择颜色"对话框，如图 1-13 所示。它是一个标准的颜色设置对话框，可以使用"索引颜色"、"真彩色"和"配色系统" 3 个选项卡来选择颜色。系统显示的 RGB 配比，即 Red（红）、Green（绿）和 Blue（蓝） 3 种颜色。

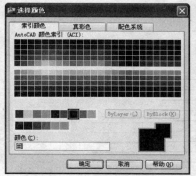 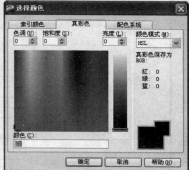 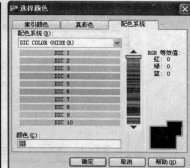

图 1-13　"选择颜色"对话框

2. 设置图层线型

线型是指作为图形基本元素的线条的组成和显示方式，如实线、点画线等。在许多绘图工作中，常以线型划分图层。在绘图时，只需将该图层设为当前工作层，即可绘制出符合线型要求的图形对象，极大地提高了绘图效率。

单击图层所对应的线型按钮，弹出"选择线型"对话框，如图 1-14 所示。默认情况下，在"已加载的线型"列表框中，系统只添加了 Continuous 线型。单击"加载"按钮。打开"加载或重载线型"对话框，如图 1-15 所示，可以看到 AutoCAD 还提供了许多其他的线型。选择所需线型，单击"确定"按钮，即可把该线型加载到"已加载的线型"列表框中。用户可以按住 Ctrl 键选择各种线型同时加载。

 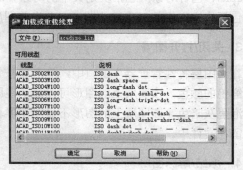

图 1-14　"选择线型"对话框　　　　　图 1-15　"加载或重载线型"对话框

3．设置图层线宽

线宽设置，顾名思义，就是线条的宽度。用不同宽度的线条表现图形对象的类型，可以提高图形的表达能力和可读性。例如，绘制外螺纹时，大径使用粗实线，小径使用细实线。

单击图层所对应的线宽按钮，弹出"线宽"对话框，如图1-16所示。选择一个线宽，单击"确定"按钮，完成对图层线宽的设置。

图层线宽的默认值为0.25mm。当状态栏为"模型"状态时，显示的线宽与计算机的像素有关。线宽为零时，显示为一个像素的线宽。单击状态栏中的"显示/隐藏线宽"按钮，屏幕上显示的图形线宽与实际线宽成比例，如图1-17所示，但线宽不随着图形的放大和缩小而变化。线宽功能关闭时，不显示图形的线宽，图形的线宽均为默认宽度值。用户可以在"线宽"对话框中选择需要的线宽。

图1-16 "线宽"对话框

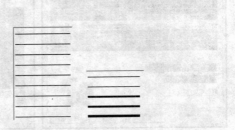

图1-17 线宽显示效果图

1.3.2 编辑图层

1．切换当前图层

不同的图形对象需要绘制在不同的图层中，在绘制前，需要将当前图层切换到所需的图层。打开"图层特性管理器"窗口，选择图层，单击"置为当前"按钮✔ 完成设置。

2．删除图层

在"图层特性管理器"窗口的图层列表中选择要删除的图层，单击"删除图层"按钮✖即可删除该图层。从图形文件定义中删除选定的图层，只能删除未参照的图层。参照图层包括图层0及Defpoints、包含对象（包括块定义中的对象）的图层、当前图层和依赖外部参照的图层。不包含对象（包括块定义中的对象）的图层、非当前图层和不依赖外部参照的图层都可以删除。

3．关闭/打开图层

在"图层特性管理器"窗口中，单击💡按钮，可以控制图层的可见性。图层打开时，按钮小灯泡呈鲜艳的颜色，该图层上的图形可以显示在屏幕上或绘制在绘图仪上。单击该属性按钮后，按钮小灯泡呈灰暗色，该图层上的图形不显示在屏幕上，而且不能被打印输出，但仍然作为图形的一部分保留在文件中。

4．冻结/解冻图层

在"图层特性管理器"窗口中，单击☼按钮，可以冻结图层或将图层解冻。按钮呈雪花灰暗色时，该图层是冻结状态；按钮呈太阳鲜艳色时，该图层是解冻状态。冻结图层上的对象不能显示，也不能打印，同时还不能编辑该图层上的图形对象。在冻结了图层后，该图层上的对象不影响其他图层上对象的显示和打印。例如，在使用 HIDE 命令消隐的时候，被冻结图层上的对象不隐藏其他的对象。

5．锁定/解锁图层

在"图层特性管理器"窗口中，单击 🔓 按钮，可以锁定图层或将图层解锁。锁定图层后，该图层上的图形依然显示在屏幕上并可以打印输出，还可以在该图层上绘制新的图形对象，但用户不能对该图层上已有的图形进行编辑操作。用户可以对当前图层进行锁定，也可对锁定图层上的图形进行查询和对象捕捉。锁定图层可以防止对图形的意外修改。

6．打印

在"图层特性管理器"窗口中，单击 🖶 按钮，显示是否打印选定图层。即使关闭图层的打印，仍将显示该图层上的对象。将不会打印已关闭或冻结的图层，而不管"打印"设置。

7．视口冻结（仅在布局选项卡上可用）

在"图层特性管理器"窗口中，单击 🖫 按钮，即可在当前布局视口中冻结选定的图层。可以在当前视口中冻结或解冻图层，而不影响其他视口中的图层可见性。

1.4　绘图辅助工具

要快速顺利地完成图形绘制工作，有时要借助一些辅助工具，如用于准确确定绘制位置的精确定位工具和调整图形显示范围与方式的显示工具等。下面简略介绍这两种重要的辅助绘图工具。

1.4.1　精确定位工具

在绘制图形时，可以使用直角坐标和极坐标精确定位点，但是有些点（如端点、中心点等）的坐标是不知道的，要想精确地指定这些点是很难的，有时甚至是不可能的。而 AutoCAD 2011 已经很好地解决了这个问题，它提供了精确定位工具，使用这类工具可以很容易地在屏幕中捕捉到这些点，进行精确的绘图。

1．栅格

AutoCAD 的栅格由有规则的点的矩阵组成，延伸到指定为图形界限的整个区域。使用栅格与在坐标纸上绘图十分相似，利用栅格可以对齐对象并直观显示对象之间的距离。如果放大或缩小图形，可能需要调整栅格间距，使其更适合新的比例。虽然栅格在屏幕上可见，但它并不是图形对象，因此它不会被打印成图形的一部分，也不会影响在何处绘图。

单击状态栏中的"栅格显示"按钮或按 F7 键可打开或关闭栅格。启用栅格并设置栅格在 X 轴方向和 Y 轴方向上的间距的方法如下。

【执行方式】

命令行：DSETTINGS（或 DS、SE 或 DDRMODES）

菜单：工具→草图设置

快捷菜单："栅格显示"按钮处右击→设置

【操作过程】

执行上述命令，系统打开"草图设置"对话框，如图 1-18 所示。

如果需要显示栅格，选中"启用栅格"复选框。在"栅格 X 轴间距"文本框中，输入栅格点之间的水平距离，单位为 mm。如果使用相同的间距设置垂直和水平分布的栅格点，则按 Tab 键。否则，在"栅格 Y 轴间距"文本框中输入栅格点之间的垂直距离。

另外，用户还可以使用 GRID 命令通过命令行方式设置栅格，功能与"草图设置"对话框类似，不再赘述。

图 1-18 "草图设置"对话框

说明

如果栅格的间距设置得过小，当进行"显示栅格"操作时，AutoCAD 将在文本窗口中显示"栅格太密，无法显示"的信息，而不在屏幕上显示栅格点；或者使用"缩放"命令时，将图形缩放至很小，也会出现同样的提示，不显示栅格。

2．捕捉

捕捉是指 AutoCAD 2011 可以生成一个隐含分布于屏幕上的栅格，这种栅格能够捕捉光标，使光标只能落到其中的一个栅格点上。捕捉可分为"矩形捕捉"和"等轴测捕捉"两种类型。默认设置为"矩形捕捉"，即捕捉点的阵列类似于栅格，如图 1-19 所示。用户可以指定捕捉模式在 X 轴方向和 Y 轴方向上的间距，也可改变捕捉模式与图形界限的相对位置。捕捉与栅格的不同之处在于，捕捉间距的值必须为正实数，并且捕捉模式不受图形界限的约束。"等轴测捕捉"表示捕捉模式为等轴测模式，此模式是绘制等轴测图时的工作环境，如图 1-20 所示。在"等轴测捕捉"模式下，栅格和光标十字线成绘制等轴测图时的特定角度。

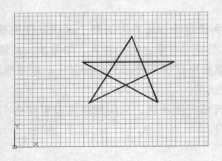

图 1-19 "矩形捕捉"实例

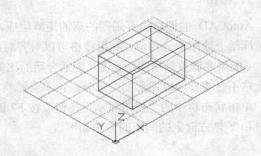

图 1-20 "等轴测捕捉"实例

在绘制图 1-19 和图 1-20 中的图形时，输入参数点时光标只能落在栅格点上。两种模式的切换方法是，打开"草图设置"对话框，进入"捕捉和栅格"选项卡，在"捕捉类型"选项组中，通过单选按钮可以切换"矩形捕捉"模式与"等轴测捕捉"模式。

3．极轴捕捉

极轴捕捉是在创建或修改对象时，按事先给定的角度增量和距离增量来追踪特征点，极轴捕捉相对于初始点，且满足指定的极轴距离和极轴角的目标点。

极轴追踪设置主要是设置追踪的距离增量和角度增量，以及与之相关联的捕捉模式。这些设置可以通过"草图设置"对话框的"捕捉和栅格"选项卡与"极轴追踪"选项卡来实现，如图 1-21 和图 1-22 所示。

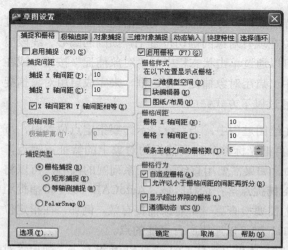
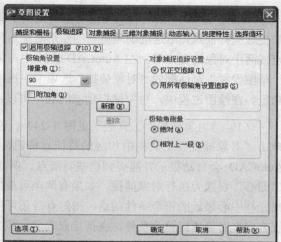

图 1-21　"捕捉和栅格"选项卡　　　　图 1-22　"极轴追踪"选项卡

（1）设置极轴距离

在"草图设置"对话框的"捕捉和栅格"选项卡中，可以设置极轴距离，单位为 mm。绘图时，光标将按指定的极轴距离增量进行移动。

（2）设置极轴角度

在"草图设置"对话框的"极轴追踪"选项卡中，可以设置极轴角的增量角度。设置时，可使用"增量角"下拉列表框中的 90°、45°、30°、22.5°、18°、15°、10° 和 5° 等极轴角增量，也可以直接输入其他任意角度。光标移动时，如果接近极轴角，将显示对齐路径和工具栏提示。例如，当极轴角增量设置为 30°，光标移动 90° 时，显示的对齐路径如图 1-23 所示。

图 1-23　设置极轴角度实例

"附加角"复选框用于设置极轴追踪时是否采用附加角度追踪。选中"附加角"复选框，通过"新建"按钮或"删除"按钮来新建、删除附加角角度值。

（3）对象捕捉追踪设置

在"极轴追踪"选项卡中，"对象捕捉追踪设置"选项组用于设置对象捕捉追踪的模式。如果选择"仅正交追踪"选项，则当采用追踪功能时，系统仅在水平和垂直方向上显示追踪数据；如果选择"用所有极轴角设置追踪"选项，则当采用追踪功能时，系统不仅可以在水平和垂直方向上显示追踪数据，还可以在设置的极轴追踪角度与附加角度所确定的一系列方向上显示追踪数据。

（4）极轴角测量

在"极轴追踪"选项卡中，"极轴角测量"选项组用于设置极轴角的角度测量采用的参考基准。"绝对"指相对水平方向逆时针测量，"相对上一段"是以上一段对象为基准进行测量。

4．对象捕捉

AutoCAD 2011 给所有的图形对象都定义了特征点，"对象捕捉"则是指在绘图过程中，通过捕捉这些特征点，迅速准确地将新的图形对象定位在现有对象的确切位置上，如圆的圆心、线段中点或两个对象的交点等。在 AutoCAD 2011 中，可以通过单击状态栏中的"对象捕捉"按钮，或在"草图设置"对话框的"对象捕捉"选项卡中选中"启用对象捕捉"复选框，来完成启用对象捕捉功能。在绘图过程中，对象捕捉功能的利用可以通过以下方式完成。

（1）"对象捕捉"工具栏（见图 1-24）：在绘图过程中，当系统提示需要指定点位置时，可单击"对象捕捉"工具栏中相应的特征点按钮，再把光标移动到要捕捉的对象上的特征点附近，AutoCAD 会自动提示并捕捉到这些特征点。例如，如果需要用直线连接一系列圆的圆心，可以将"圆心"设置为执行对象捕捉。如果有两个可能的捕捉点落在选择区域，AutoCAD 2011 将捕捉距离光标中心最近的符合条件的点。指定点时还可能需要检查哪一个对象捕捉有效。例如，在指定位置有多个对象捕捉符合条件，在指定点之前，按 Tab 键可以遍历所有可能的点。

（2）对象捕捉快捷菜单：在需要指定点位置时，还可以按住 Ctrl 键或 Shift 键右击，弹出"对象捕捉"快捷菜单，如图 1-25 所示。从该菜单上同样可以选择某一种特征点执行对象捕捉。把光标移动到要捕捉的对象上的特征点附近，即可捕捉到这些特征点。

图 1-24　"对象捕捉"工具栏　　　　　　　　　　　图 1-25　对象捕捉快捷菜单

（3）使用命令行：当需要指定点位置时，在命令行中输入相应特征点的关键字，把光标移动到要捕捉的对象上的特征点附近，即可捕捉到这些特征点。对象捕捉特征点的关键字如表 1-1 所示。

表 1-1　对象捕捉特征点的关键字

模式	关键字	模式	关键字	模式	关键字
临时追踪点	TT	捕捉自	FROM	端点	END
中点	MID	交点	INT	外观交点	APP
延长线	EXT	圆心	CEN	象限点	QUA
切点	TAN	垂足	PER	平行线	PAR
节点	NOD	最近点	NEA	无捕捉	NON

:::::- 说明

（1）对象捕捉不可单独使用，必须配合其他的绘图命令一起使用。仅当 AutoCAD 提示输入点时，对象捕捉才生效。如果试图在命令提示下使用对象捕捉，AutoCAD 将显示错误信息。

（2）对象捕捉只影响屏幕上可见的对象，包括锁定图层、布局视口边界和多段线上的对象；不能捕捉不可见的对象，如未显示的对象、关闭或冻结图层上的对象或虚线的空白部分。

5．自动对象捕捉

在绘制图形的过程中，使用对象捕捉的频率非常高，如果每次在捕捉时都要先选择捕捉模式，将使工作效率大大降低。出于此种考虑，AutoCAD 提供了自动对象捕捉模式。如果启用自动捕捉功能，当光标距指定的捕捉点较近时，系统会自动精确地捕捉这些特征点，并显示出相应的标记以及该捕捉的提示。选择"草图设置"对话框中的"对象捕捉"选项卡，选中"启用对象捕捉追踪"复选框，即可利用自动捕捉，如图 1-26 所示。

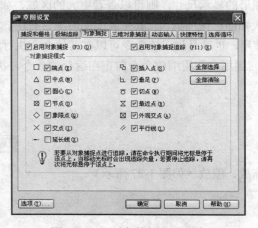

图 1-26　"对象捕捉"选项卡

:::::- 说明

用户可以设置自己经常要用的捕捉方式。一旦设置了运行捕捉方式后，在每次运行时，所设定的目标捕捉方式就会被激活，而不是仅对一次选择有效。当同时使用多种方式时，系统将捕捉距光标最近，同时又满足多种目标捕捉方式之一的点。当光标距要获取的点非常近时，按 Shift 键将暂时不获取对象点。

6. 正交绘图

正交绘图模式即在命令的执行过程中，光标只能沿 X 轴或者 Y 轴移动。所有绘制的线段和构造线都将平行于 X 轴或 Y 轴，因此它们成 90° 相交，即正交。使用正交绘图，对于绘制水平和垂直线非常有用，在绘制构造线时经常使用。而且当捕捉模式为等轴测模式时，它还迫使直线平行于 3 个等轴测中的一个。

设置正交绘图可以直接单击状态栏中的"正交模式"按钮或按 F8 键，这样就会在命令窗口中显示开/关提示信息。当然，也可以在命令行中输入 ORTHO 命令，执行开启或关闭正交绘图命令。

> **说明**
>
> "正交"模式将光标限制在水平或垂直（正交）轴上。因为不能同时打开"正交"模式和极轴追踪，因此"正交"模式打开时，AutoCAD 会关闭极轴追踪。如果再次打开极轴追踪，AutoCAD 将关闭"正交"模式。

1.4.2 图形显示工具

对于一个较为复杂的图形来说，在观察整幅图形时往往无法对其局部细节进行查看和操作，而当在屏幕上显示一个细部时又看不到其他部分。为解决这类问题，AutoCAD 提供了缩放、平移、视图、鸟瞰视图和视口命令等一系列图形显示控制命令，可以用来任意地放大、缩小或移动屏幕上的图形显示，或者同时从不同的角度、不同的部位来显示图形。AutoCAD 2011 还提供了重画和重新生成命令来刷新屏幕、重新生成图形。

1. 图形缩放

图形缩放命令类似于照相机的镜头，可以放大或缩小屏幕所显示的范围，只改变视图的比例，但是对象的实际尺寸并不发生变化。当放大图形一部分的显示尺寸时，可以更清楚地查看这个区域的细节；相反，如果缩小图形的显示尺寸，则可以查看更大的区域，如整体浏览。

图形缩放功能在绘制大幅面机械图纸，尤其是装配图时非常有用，它是使用频率最高的命令之一。这个命令可以透明地使用，也就是说，该命令可以在其他命令执行时运行。完成缩放命令的执行后，AutoCAD 会自动返回到用户利用缩放命令前正在运行的命令。执行图形缩放的方法如下。

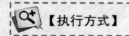
【执行方式】

命令行：ZOOM
菜单：视图→缩放
工具栏：标准→实时缩放、缩放（如图 1-27 所示）

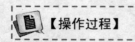
【操作过程】

执行上述命令后，命令行提示如下。

图 1-27　"缩放"工具栏

[全部(A)/中心(C)/动态(D)/范围(E)/上一个(P)/比例(S)/窗口(W)]/对象(O)]<实时>：

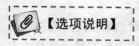【选项说明】

（1）缩放

这是"缩放"命令的默认操作，即在输入 ZOOM 命令后，按 Enter 键，将自动利用实时缩放操作。实时缩放就是可以通过上下移动鼠标交替进行放大和缩小。在使用实时缩放时，系统会显示一个"＋"号或"－"号。当缩放比例接近极限时，AutoCAD 将不再与光标一起显示"＋"号或"－"号。需要从实时缩放操作中退出时，可按 Enter 键、Esc 键或从菜单中选择"取消"命令退出。

（2）全部（A）

执行 ZOOM 命令后，在提示文字后输入 A，即可执行"全部（A）"缩放操作。不论图形有多大，该操作都将显示图形的边界或范围，即使对象不包括在边界以内，它们也将被显示。因此，使用"全部（A）"缩放选项，可以查看当前视口中的整个图形。

（3）中心（C）

通过确定一个中心点，该选项可以定义一个新的显示窗口。操作过程中需要指定中心点以及输入比例或高度。默认新的中心点就是视图的中心点，默认的输入高度就是当前视图的高度，按 Enter 键后，图形将不会被放大。输入比例，数值越大，则图形放大倍数越大。也可以在数值后面紧跟一个 X，如 3X，表示在放大时不是按照绝对值变化，而是按相对于当前视图的相对值缩放。

（4）动态（D）

通过操作一个表示视口的视图框，可以确定所需显示的区域。选择该选项，在绘图窗口中出现一个小的视图框，左右拖动鼠标可以改变该视图框的大小，定形后释放鼠标，再拖动视图框，确定图形中的放大位置，系统将清除当前视口并显示一个特定的视图选择屏幕。这个特定屏幕由有关当前视图及有效视图的信息所构成。

（5）范围（E）

"范围（E）"选项可以使图形缩放至整个显示范围。图形的范围由图形所在的区域构成，剩余的空白区域将被忽略。应用这个选项，图形中所有的对象都尽可能地被放大。

（6）上一个（P）

在绘制一幅复杂的图形时，有时需要放大图形的一部分以进行细节的编辑，当编辑完成后，有时希望回到前一个视图，这种操作可以使用"上一个（P）"选项来实现。当前视口由"缩放"命令的各种选项或移动视图、视图恢复、平行投影或透视命令引起的任何变化，系统都将做保存。每一个视口最多可以保存 10 个视图。连续使用"上一个（P）"选项可以恢复前 10 个视图。

（7）比例（S）

"比例（S）"选项提供了 3 种使用方法。在提示信息下，直接输入比例系数，AutoCAD 将按照此比例因子放大或缩小图形的尺寸。如果在比例系数后面加一个 X，则表示相对于当前视图计算的比例因子。使用比例因子的第 3 种方法就是相对于图形空间，例如，可以在图纸空间阵列布排或打印出模型的不同视图。为了使每一张视图都与图纸空间单位成比例，可以使用"比例（S）"选项，每一个视图可以有单独的比例。

（8）窗口（W）

"窗口（W）"选项是最常使用的选项。通过确定一个矩形窗口的两个对角来指定所需缩放的区域，对角点可以由鼠标指定，也可以输入坐标确定。指定窗口的中心点将成为新的显示屏幕的中心点。窗口中的区域将被放大或缩小。利用 ZOOM 命令时，可以在没有选择任何选项的情况下，利用鼠标在绘图窗口中指定缩放窗口的两个对角点。

⠿ 说明

这里所提到的诸如放大、缩小或移动的操作，仅是对图形在屏幕上的显示进行控制，图形本身并没有任何改变。

2. 图形平移

当图形幅面大于当前视口时，例如，使用图形缩放命令将图形放大，如果需要在当前视口之外观察或绘制一个特定区域，可以使用图形平移命令来实现。平移命令能够将在当前视口以外的图形的一部分移进来查看或编辑，但不会改变图形的缩放比例。执行图形平移的方法如下。

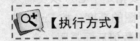【执行方式】

命令行：PAN

菜单：视图→平移

工具栏：标准→实时平移

快捷菜单：绘图窗口中右击→平移

激活"平移"命令之后，光标将变成一只"小手"，可以在绘图窗口中任意移动，以示当前正处于平移模式。单击并按住鼠标左键将光标锁定在当前位置，即"小手"已经抓住图形，然后拖动图形使其移动到所需位置处。释放鼠标将停止平移图形。用户可以反复按下鼠标左键，拖动，松开，将图形平移到其他位置。

平移命令预先定义了一些不同的菜单选项与按钮，它们可用于在特定方向上平移图形。在激活"平移"命令后，这些选项可以从"视图"→"平移"子菜单中利用。

（1）实时：它是平移命令中最常用的选项，也是默认选项。前面提到的平移操作都是指实时平移，即通过拖动鼠标来实现任意方向上的平移。

（2）点：这个选项要求确定位移量，这就需要确定图形移动的方向和距离。用户可以通过输入点的坐标或用鼠标指定点的坐标来确定位移。

（3）左：选择该选项后，移动图形，将使屏幕左部的图形进入显示窗口。

（4）右：选择该选项后，移动图形，将使屏幕右部的图形进入显示窗口。

（5）上：选择该选项后，向底部平移图形时，将使屏幕顶部的图形进入显示窗口。

（6）下：选择该选项后，向顶部平移图形时，将使屏幕底部的图形进入显示窗口。

第2章

文本、表格与尺寸标注

　　文字注释是图形中很重要的一部分内容，进行各种设计时，通常不仅要绘出图形，还要在图形中标注一些文字，如技术要求、注释说明等，对图形对象加以解释。AutoCAD提供了多种写入文字的方法。图表在 AutoCAD 图形中也有大量的应用，如明细表、参数表和标题栏等。AutoCAD 新增的图表功能使绘制图表变得方便快捷。尺寸标注是绘图设计过程当中非常重要的一个环节。AutoCAD 2011 提供了方便、准确的标注尺寸功能。本章将重点介绍文本的注释和编辑功能、表格的使用，以及尺寸标注的方法等知识。

学习目标

- ◆ 文本标注
- ◆ 表格
- ◆ 尺寸标注

2.1 文本标注

文本是建筑图形的基本组成部分，在图签、说明、图纸目录等处都要用到文本。本节将讲述文本标注的基本方法。

2.1.1 设置文字样式

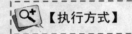 【执行方式】

命令行：STYLE 或 DDSTYLE
菜单：格式→文字样式
工具栏：文字→文字样式 A

 【操作过程】

执行上述命令，系统打开"文字样式"对话框，如图 2-1 所示。

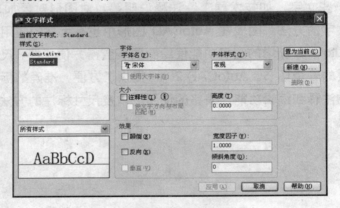

图 2-1   "文字样式"对话框

利用该对话框可以新建文字样式或修改当前文字样式。如图 2-2~图 2-4 所示为不同的文字样式。

建筑设计
建筑设计
建筑设计

图 2-2   不同宽度比例、倾斜角度、不同高度字体

ABCDEFGHIJKLMN   ABCDEFGHIJKLMN

（a）   （b）

图 2-3   文字倒置标注与反向标注

abcd
a
b
c
d

图 2-4   垂直标注文字

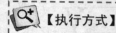 2.1.2　单行文本标注

【执行方式】

命令行：TEXT 或 DTEXT
菜单：绘图→文字→单行文字
工具栏：文字→单行文字 **AI**

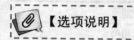【操作过程】

命令：TEXT✓
当前文字样式：Standard　文字高度：0.2000　注释性：否
指定文字的起点或〔对正(J)/样式(S)〕：

【选项说明】

（1）指定文字的起点

在此提示下直接在作图屏幕上选择一点作为文本的起始点，命令行提示如下。

指定高度 <0.2000>：（确定字符的高度）
指定文字的旋转角度 <0>：（确定文本行的倾斜角度）
输入文字：（输入文本）
输入文字：（输入文本或按 Enter 键）
…

（2）对正（J）

在上面的提示下输入 J，用来确定文本的对齐方式，对齐方式决定文本的哪一部分与所选的插入点对齐。执行此选项，命令行提示如下。

输入选项〔对齐(A)/布满(F)/居中(C)/中间(M)/右对齐(R)/左上(TL)/中上(TC)/右上(TR)/
左中(ML)/正中(MC)/右中(MR)/左下(BL)/中下(BC)/右下(BR)〕：

【选项说明】

左上：向左对正，向下溢出。
中上：置中对正，向下溢出。
右上：向右对正，向下溢出。
左中：向左对正，向上和向下溢出。
正中：置中对正，向上和向下溢出。
右中：向右对正，向上和向下溢出。
左下：向左对正，向上溢出。
中下：置中对正，向上溢出。
右下：向右对正，向上溢出。

在此提示下选择一个选项作为文本的对齐方式。当文本串水平排列时，AutoCAD 为标注文本串定义了如图 2-5 所示的顶线、中线、基线和底线，各种对齐方式如图 2-6 所示，图中大写字母对应上述提示中各命令。

图 2-5　文本行的底线、基线、中线和顶线

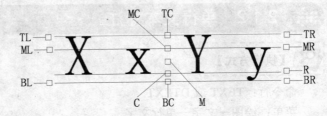

图 2-6　文本的对齐方式

　　实际绘图时，有时需要标注一些特殊字符，如直径符号、上画线或下画线、温度符号等，由于这些符号不能直接从键盘上输入，AutoCAD 提供了一些控制码，用来实现这些要求。控制码用两个百分号（％％）加一个字符构成，AutoCAD 常用的控制码如表 2-1 所示。

表 2-1　AutoCAD 常用控制码

符号	功能	符号	功能
%%O	上画线	\u+0278	电相位
%%U	下画线	\u+E101	流线
%%D	"度"符号	\u+2261	标识
%%P	正负符号	\u+E102	界碑线
%%C	直径符号	\u+2260	不相等
%%%	百分号%	\u+2126	欧姆
\u+2248	几乎相等	\u+03A9	欧米加
\u+2220	角度	\u+214A	低界线
\u+E100	边界线	\u+2082	下标 2
\u+2104	中心线	\u+00B2	上标 2
\u+0394	差值		

∷∷∷ 2.1.3　多行文本标注

【执行方式】

　　命令行：MTEXT
　　菜单：绘图→文字→多行文字
　　工具栏：绘图→多行文字 Ⓐ 或文字→多行文字 Ⓐ

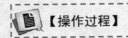
【操作过程】

　　命令：MTEXT↙
　　当前文字样式："Standard"　　文字高度：1.9122　　注释性：否
　　指定第一角点：（指定矩形框的第一个角点）
　　指定对角点或 [高度(H)/对正(J)/行距(L)/旋转(R)/样式(S)/宽度(W)/栏(C)]：

 【选项说明】

1. 指定对角点

指定对角点后，系统打开如图 2-7 所示的"文字格式"工具栏和多行文字编辑器，可利用此工具栏与编辑器输入多行文本并对其格式进行设置。该工具栏与 Word 软件界面类似，不再赘述。

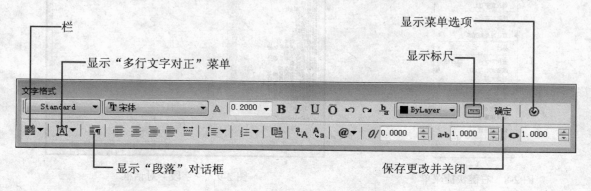

（a）

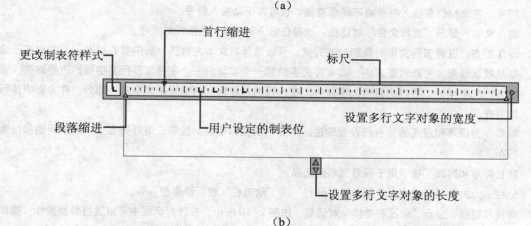

（b）

图 2-7 "文字格式"对话框和多行文字编辑器

2. 其他选项

（1）对正（J）：确定所标注文本的对齐方式。

（2）行距（L）：确定多行文本的行间距，这里所说的行间距是指相邻两文本行的基线之间的垂直距离。

（3）旋转（R）：确定文本行的倾斜角度。

（4）样式（S）：确定当前的文本样式。

（5）宽度（W）：指定多行文本的宽度。

在多行文字绘制区域右击，系统打开右键快捷菜单，如图 2-8 所示。该快捷菜单提供标准编辑选项和多行文字特有的选项，菜单顶层的选项是基本编辑选项，包括全部选择、剪切、复制和粘贴等；后面的选项是多行文字编辑器特有的选项。

♦ 插入字段：显示"字段"对话框如图 2-9 所示，从中可以选择要插入到文字中的字段。关闭该对话框后，字段的当前值将显示在文字中。

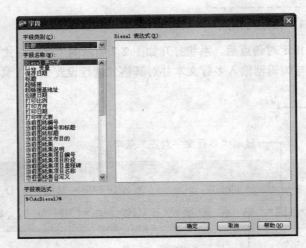

图 2-8　右键快捷菜单　　　　　　　　图 2-9　"字段"对话框

♦ 符号：在光标位置插入符号或不间断空格，也可以手动插入符号。

♦ 输入文字：显示"选择文件"对话框，选择任意 ASCII 或 RTF 格式的文件。

♦ 段落对齐：设置多行文字对象的对齐方式。可以选择将文本左对齐、居中或右对齐。"左对齐"选项是默认设置。可以对正文字，或者将文字的第一个和最后一个字符与多行文字框的边界对齐，或使多行文字框的边界内的每行文字居中。在一行的末尾输入的空格是文字的一部分，并会影响该行的对齐。

♦ 段落：为段落和段落的第一行设置缩进。指定制表位和缩进、控制段落对齐方式、段落间距和段落行距。

♦ 项目符号和列表：显示用于编号列表的选项。

♦ 分栏：为当前多行文字对象指定"不分栏"、"动态栏"或"静态栏"等。

♦ 查找和替换：显示"查找和替换"对话框，如图 2-10 所示。在该对话框中可以进行替换操作，操作方式与 Word 编辑器中替换操作类似，不再赘述。

♦ 改变大小写：改变选定文字的大小写。可以选择"大写"或"小写"。

♦ 自动大写：将所有新输入的文字转换成大写。自动大写不影响已有的文字。要改变已有文字的大小写，则需选择文字后右击，然后在快捷菜单中选择"改变大小写"命令。

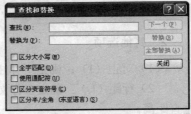

图 2-10　"查找和替换"对话框

♦ 字符集 ：显示代码页菜单。选择一个代码页并将其应用到选定的文字。

♦ 合并段落：将选定的段落合并为一段并用空格键替换每段的 Enter 键。

♦ 删除格式：清除选定文字的粗体、斜体或下划线格式。

♦ 背景遮罩：用设定的背景对标注的文字进行遮罩。单击该命令，系统会打开"背景遮罩"对话框，如图 2-11 所示。

图 2-11　"背景遮罩"对话框

♦ 编辑器设置：显示"文字格式"工具栏的选项列表。

2.1.4 多行文本编辑

【执行方式】

命令行：DDEDIT
菜单：修改→对象→文字→编辑
工具栏：文字→编辑 A

【操作过程】

命令：DDEDIT✓
选择注释对象或［放弃(U)］:

要求选择要修改的文本，同时光标变为拾取框，用拾取框选取对象。如果选取的文本是用 TEXT 命令创建的单行文本，可对其直接进行修改。如果选取的文本是用 MTEXT 命令创建的多行文本，选取后则打开多行文字编辑器（见图 2-7），可根据前面的介绍对各项设置或内容进行修改。

2.2 表格

在旧版本中，绘制表格必须采用绘制图线等编辑命令来完成，这样的操作过程繁琐而复杂，不利于提高绘图效率。在 AutoCAD 2011 中，新增加了"表格"绘图功能，有了该功能，创建表格就变得非常容易，用户可以直接插入设置好样式的表格，而不用绘制由单独的图线组成的栅格。

2.2.1 设置表格样式

【执行方式】

命令行：TABLESTYLE
菜单：格式→表格样式
工具栏：样式→表格样式

【操作过程】

执行上述命令，系统打开"表格样式"对话框，如图 2-12 所示。

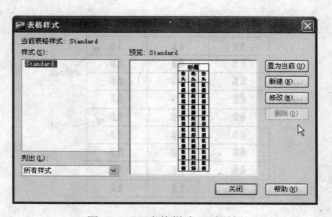

图 2-12 "表格样式"对话框

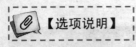

【选项说明】

（1）新建

单击"新建"按钮，系统打开"创建新的表格样式"对话框，如图 2-13 所示。输入新的表格样式名称后，单击"继续"按钮，系统打开"新建表格样式"对话框，如图 2-14 所示。从中可以定义新的表格样式，分别控制表格中的数据、列标题和总标题的有关参数，如图 2-15 所示。

图 2-13 "创建新的表格样式"对话框

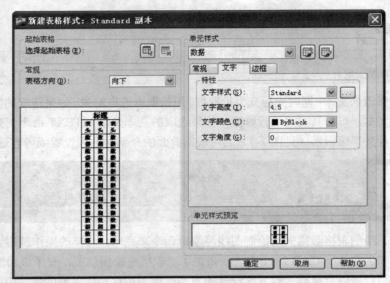

图 2-14 "新建表格样式"对话框

图 2-16 为数据"文字样式"为 Standard，"文字高度"为 4.5，"文字颜色"为"红色"，"填充颜色"为"黄色"，"对齐"为"右下"；没有列标题行，标题"文字样式"为 Standard，"文字高度"为 6，"文字颜色"为"蓝色"，"填充颜色"为"无"，"对齐"为"正中"；表格方向为"向上"，水平单元边距和垂直单元边距都为 1.5 的表格样式。

图 2-15 表格样式

图 2-16 表格示例

（2）修改

对当前表格样式进行修改，方式与新建表格样式相同。

2.2.2　创建表格

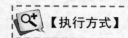
【执行方式】

命令行：TABLE
菜单：绘图→表格
工具栏：绘图→表格

【操作过程】

执行上述命令，系统打开"插入表格"对话框，如图 2-17 所示。

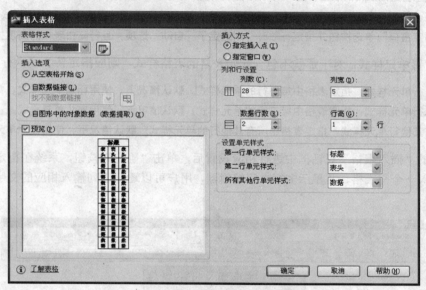

图 2-17　"插入表格"对话框

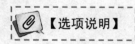
【选项说明】

（1）表格样式：在要从中创建表格的当前图形中选择表格样式。通过单击"启动'表格样式'对话框"按钮，用户可以创建新的表格样式。

（2）插入选项：指定插入表格的方式。

♦　从空表格开始：创建可以手动填充数据的空表格。

♦　自数据链接：从外部电子表格中的数据创建表格。

♦　自图形中的对象数据（数据提取）：启动"数据提取"向导。

（3）预览：显示当前表格样式的样例。

（4）插入方式：指定表格的插入位置。

♦ 指定插入点：指定表格左上角的位置。可以使用定点设备，也可以在命令提示下输入坐标值。如果表格样式将表格的方向设置为由下而上读取，则插入点位于表格的左下角。

♦ 指定窗口：指定表格的大小和位置。可以使用定点设备，也可以在命令提示下输入坐标值。选定此选项时，行数、列数、列宽和行高取决于窗口的大小以及列和行设置。

（5）列和行设置：设置列和行的数目和大小。

♦ 列数：选择"指定窗口"单选按钮并指定列宽时，"自动"选项将被选定，且列数由表格的宽度控制。如果已指定包含起始表格的表格样式，则可以选择要添加到此起始表格的其他列的数量。

♦ 列宽：指定列的宽度。选择"指定窗口"单选按钮并指定列数时，则选定了"自动"选项，且列宽由表格的宽度控制。最小列宽为一个字符。

♦ 数据行数：指定行数。选择"指定窗口"单选按钮并指定行高时，则选定了"自动"选项，且行数由表格的高度控制。带有标题行和表格头行的表格样式最少应有三行。最小行高为一个文字行。如果已指定包含起始表格的表格样式，则可以选择要添加到此起始表格的其他数据行的数量。

♦ 行高：按照行数指定行高。文字行高基于文字高度和单元边距，这两项均在表格样式中设置。选择"指定窗口"单选按钮并指定行数时，则选定了"自动"选项，且行高由表格的高度控制。

（6）设置单元样式：对于那些不包含起始表格的表格样式，则应指定新表格中行的单元格式。

♦ 第一行单元样式：指定表格中第一行的单元样式。默认情况下，使用标题单元样式。

♦ 第二行单元样式：指定表格中第二行的单元样式。默认情况下，使用表头单元样式。

♦ 所有其他行单元样式：指定表格中所有其他行的单元样式。默认情况下，使用数据单元样式。

在上面的"插入表格"对话框中进行相应设置后，单击"确定"按钮，系统在指定的插入点或窗口自动插入一个空表格，并显示多行文字编辑器，用户可以逐行逐列输入相应的文字或数据，如图 2-18 所示。

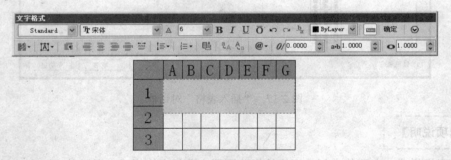

图 2-18　多行文字编辑器

2.2.3　编辑表格文字

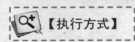【执行方式】

命令行：TABLEDIT
定点设备：表格内双击
快捷菜单：编辑单元文字

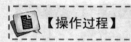

【操作过程】

执行上述命令，系统打开图 2-18 所示的多行文字编辑器，用户可以编辑指定表格单元中的文字。

2.3. 尺寸标注

尺寸标注相关命令的菜单方式集中在"标注"菜单中，工具栏方式集中在"标注"工具栏中，如图 2-19 和图 2-20 所示。

图标	名称
	快速标注(Q)
	线性(L)
	对齐(G)
	弧长(H)
	坐标(O)
	半径(R)
	折弯(J)
	直径(D)
	角度(A)
	基线(B)
	连续(C)
	标注间距(P)
	标注打断(K)
	多重引线(E)
	公差(T)…
	圆心标记(M)
	检验(I)
	折弯线性(J)
	倾斜
	对齐文字(X)
	标注样式(S)…
	替代(V)
	更新(U)
	重新关联标注(N)

图 2-19 "标注"菜单

图 2-20 "标注"工具栏

2.3.1 设置尺寸样式

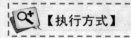

【执行方式】

命令行：DIMSTYLE
菜单：格式→标注样式 或 标注→标注样式
工具栏：标注→标注样式

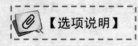**【操作过程】**

执行上述命令，系统打开"标注样式管理器"对话框，如图 2-21 所示。利用此对话框可方便直观地定制和浏览尺寸标注样式，包括创建新的标注样式、修改已存在的标注样式、设置当前尺寸标注样式、样式重命名以及删除一个已有样式等。

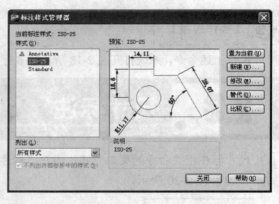

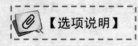**【选项说明】**

1．"置为当前"按钮

图 2-21　"标注样式管理器"对话框

单击此按钮，则将在"样式"列表框中选中的样式设置为当前样式。

2．"新建"按钮

创建一个新的尺寸标注样式。单击此按钮，AutoCAD 打开"创建新标注样式"对话框，如图 2-22 所示，利用此对话框可创建一个新的尺寸标注样式，单击"继续"按钮，系统打开"新建标注样式"对话框，如图 2-23 所示，利用此对话框可对新样式的各项特性进行设置。

在"新建标注样式"对话框中，包含 7 个选项卡，分别对其进行说明。

（1）线

该选项卡对尺寸的尺寸线、延伸线的各个参数进行设置，如图 2-23 所示。包括尺寸线的颜色、线宽、超出标记、基线间距、隐藏等参数，延伸线的颜色、线宽、超出尺寸线、起点偏移量、隐藏等参数。

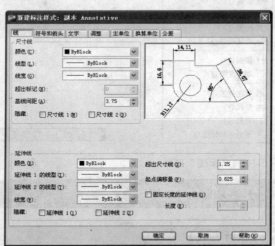

图 2-22　"创建新标注样式"对话框　　　　图 2-23　"新建标注样式"对话框

（2）符号和箭头

该选项卡对箭头、圆心标记、弧长符号和半径折弯标注的各个参数进行设置，如图 2-24 所示。包括箭头的大小、引线、形状等参数，圆心标记的类型大小等参数、弧长符号位置、半径折弯标注的折弯角度、线性折弯标注的折弯高度因子以及折断标注的折断大小等参数。

（3）文字

该选项卡对文字的外观、位置、对齐方式等参数进行设置，如图 2-25 所示。其中包括文字外观的"文字样式"、"文字颜色"、"填充颜色"、"文字高度"、"分数高度比例"和"绘制文字边框"等参数；文字位置的"垂直"、"水平"和"从尺寸线偏移"等参数；文字对齐的"水平"、"与尺寸线对齐"和"ISO 标准" 3 种方式。如图 2-26 所示为尺寸文本在垂直方向放置的 4 种不同情形，如图 2-27 所示为尺寸文本在水平方向放置的 5 种不同情形。

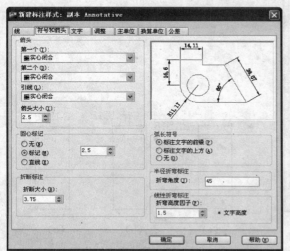

图 2-24 "符号和箭头"选项卡

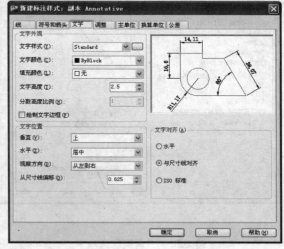

图 2-25 "文字"选项卡

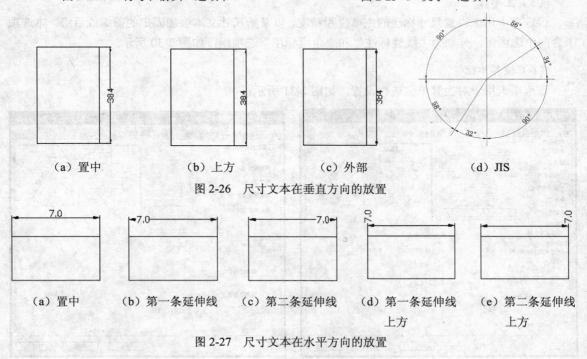

（a）置中　　　　（b）上方　　　　（c）外部　　　　（d）JIS

图 2-26 尺寸文本在垂直方向的放置

（a）置中　（b）第一条延伸线　（c）第二条延伸线　（d）第一条延伸线　（e）第二条延伸线
　　　　　　　　　　　　　　　　　　　　　　　　　　上方　　　　　　　上方

图 2-27 尺寸文本在水平方向的放置

（4）调整

该选项卡对调整选项、文字位置、标注特征比例和优化等参数进行设置，如图 2-28 所示。其中包括调整选项选择、文字不在默认位置时的放置位置和标注特征比例选择等参数。图 2-29 为文本不在默认位置时的放置位置的 3 种不同情形。

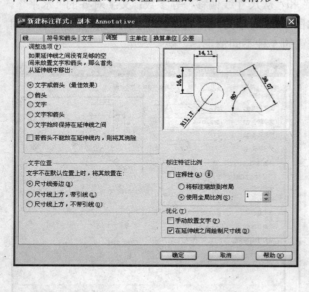

图 2-28   "调整"选项卡

图 2-29   尺寸文本的位置

（5）主单位

该选项卡用来设置尺寸标注的主单位和精度，以及给尺寸文本添加固定的前缀或后缀。本选项卡含两个选项组，分别为"线性标注"和"角度标注"选项组，如图 2-30 所示。

（6）换算单位

该选项卡用于对换算单位进行设置，如图 2-31 所示。

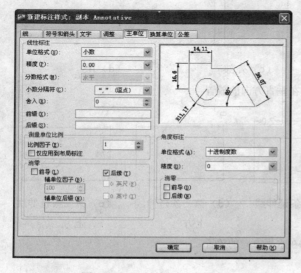

图 2-30   "主单位"选项卡   图 2-31   "换算单位"选项卡

（7）公差

该选项卡用于对尺寸公差进行设置，如图 2-32 所示。其中"方式"下拉列表中列出了 AutoCAD 提供的 5 种标注公差的形式，分别是"无"、"对称"、"极限偏差"、"极限尺寸"和"基本尺寸"，其中"无"表示不标注公差，即上面的通常标注情形，其他 4 种标注情况如图 2-33 所示。在"精度"、"上偏差"、"下偏差"、"高度比例"、"垂直位置"等文本框中可以输入或选择相应的参数值。

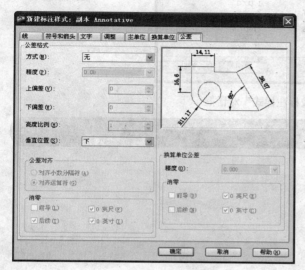

| 对称 | 极限偏差 | 极限尺寸 | 基本尺寸 |

图 2-32 "公差"选项卡   图 2-33 公差标注的形式

::::: 说明

系统自动在上偏差数值前加一个"＋"号，在下偏差数值前加一个"－"号。如果上偏差是负值或下偏差是正值，都需要在输入的偏差值前加负号。例如，下偏差是+0.005，则需要在"下偏差"文本框中输入 －0.005。

3．"修改"按钮

修改一个已经存在的尺寸标注样式。单击此按钮，AutoCAD 弹出"修改标注样式"对话框，该对话框中的各选项与"新建标注样式"对话框中完全相同，可以对已有标注样式进行修改。

4．"替代"按钮

设置临时覆盖尺寸标注样式。单击此按钮，AutoCAD 打开"替代当前样式"对话框，该对话框中各选项与"新建标注样式"对话框完全相同，用户可以改变选项的设置以覆盖原来的设置，但这种修改只对指定的尺寸标注起作用，而不影响当前尺寸变量的设置。

5．"比较"按钮

比较两个尺寸标注样式在参数上的区别或浏览一个尺寸标注样式的参数设置。单击此按钮，AutoCAD 打开"比较标注样式"对话框，如图 2-34 所示。可以把比较结果复制到剪贴板上，然后再粘贴到其他的 Windows 应用软件中。

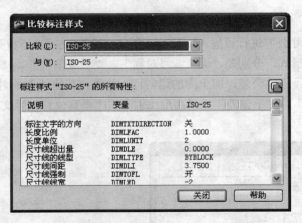

图 2-34 "比较标注样式"对话框

⁙ 2.3.2 尺寸标注的类型

1. 线性标注

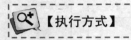【执行方式】

命令行：DIMLINEAR
菜单：标注→线性
工具栏：标注→线性

【操作过程】

命令：DIMLINEAR↙
指定第一个延伸线原点或 <选择对象>：

在此提示下有两种选择，直接按 Enter 键选择要标注的对象或确定尺寸界线的起始点，进行操作后命令行提示如下。

指定尺寸线位置或[多行文字(M)/文字(T)/角度(A)/水平(H)/垂直(V)/旋转(R)]：

【选项说明】

（1）指定尺寸线位置：确定尺寸线的位置。用户可以移动鼠标指针选择合适的尺寸线位置，然后按 Enter 键或单击鼠标，系统则自动测量所标注线段的长度并标注出相应的尺寸。

（2）多行文字（M）：利用多行文本编辑器确定尺寸文本。

（3）文字（T）：在命令行提示下输入或编辑尺寸文本。

选择此选项后，命令行提示如下。

输入标注文字 <默认值>：

其中，默认值是 AutoCAD 自动测量得到的被标注线段的长度，直接按 Enter 键即可采用此长度值，也可输入其他数值代替默认值。当尺寸文本中包含默认值时，可使用尖括号"<>"表示默认值。

（4）角度（A）：确定尺寸文本的倾斜角度。

（5）水平（H）：水平标注尺寸，不论标注哪个方向的线段，尺寸线均水平放置。

（6）垂直（V）：垂直标注尺寸，不论标注哪个方向的线段，尺寸线总保持垂直。

（7）旋转·(R)·：输入尺寸线旋转的角度值，旋转标注尺寸。

对齐标注的尺寸线与所标注的轮廓线平行；坐标尺寸标注点的纵坐标或横坐标；角度标注，标注两个对象之间的角度；直径或半径标注，标注圆或圆弧的直径或半径；圆心标记则标注圆或圆弧的中心或中心线，具体由"新建（修改）标注样式"对话框的"符号和箭头"选项卡中的"圆心标记"选项组决定。上面所述这几种尺寸标注与线性标注类似，在此不再赘述。

2．基线标注

基线标注用于产生一系列基于同一条尺寸界线的尺寸标注，适用于长度尺寸标注、角度标注和坐标标注等。在使用基线标注方式之前，应该先标注出一个相关的尺寸，如图 2-35 所示。基线标注两平行尺寸线间距由"新建（修改）标注样式"对话框的"线"选项卡中的"尺寸线"选项组中的"基线间距"文本框中的值决定。

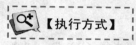【执行方式】

命令行：DIMBASELINE

菜单：标注→基线

工具栏：标注→基线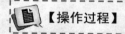

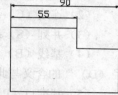

图 2-35　基线标注

【操作过程】

命令：DIMBASELINE✓
指定第二条延伸线原点或 ［放弃(U)/选择(S)］ <选择>：

直接确定另一个尺寸的第二条尺寸界线的起点，AutoCAD 以上次标注的尺寸为基准标注，标注出相应尺寸。

直接按 Enter 键，命令行提示如下。

选择基准标注：（选取作为基准的尺寸标注）

连续标注又称为尺寸链标注，用于产生一系列连续的尺寸标注，后一个尺寸标注均把前一个尺寸标注的第二条尺寸界线作为它的第一条尺寸界线。与基线标注相同，在使用连续标注方式之前，应该先标注出一个相关的尺寸。其标注过程与基线标注类似，如图 2-36 所示。

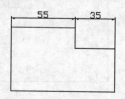

图 2-36　连续标注

3．快速标注

快速尺寸标注命令 QDIM 使用户可以交互地、动态地、自动化地进行尺寸标注。在 QDIM 命令中可以同时选择多个圆或圆弧标注直径或半径，也可以同时选择多个对象进行基线标注和连续标注，选择一次即可完成多个标注，因此可以节省时间，提高工作效率。

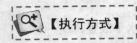

【执行方式】

命令行：QDIM
菜单：标注→快速标注
工具栏：标注→快速标注

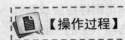

【操作过程】

命令：QDIM↙
选择要标注的几何图形：（选择要标注尺寸的多个对象后按 Enter 键）
指定尺寸线位置或〔连续(C)/并列(S)/基线(B)/坐标(O)/半径(R)/直径(D)/基准点(P)/
　　　　　　　编辑(E)/设置(T)〕<连续>：

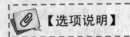

【选项说明】

（1）指定尺寸线位置：直接确定尺寸线的位置，按照默认尺寸标注类型标注出相应尺寸。

（2）连续（C）：产生一系列连续的尺寸标注。

（3）并列（S）：产生一系列交错的尺寸标注，如图 2-37 所示。

（4）基线（B）：产生一系列基线尺寸标注。后面的"坐标（O）"、"半径（R）"、"直径（D）"的含义与此类似。

（5）基准点（P）：为基线标注和连续标注指定一个新的基准点。

（6）编辑（E）：对多个尺寸标注进行编辑。系统允许对已存在的尺寸标注添加或移去尺寸点。选择此选项，命令行提示如下。

指定要删除的标注点或〔添加(A)/退出(X)〕<退出>：

在此提示下确定要移去的点之后按 Enter 键，AutoCAD 对尺寸标注进行更新。如图 2-38 所示为图 2-37 删除中间两个标注点后的尺寸标注。

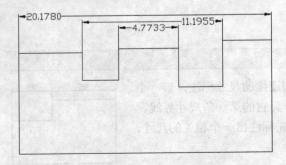

图 2-37　交错尺寸标注

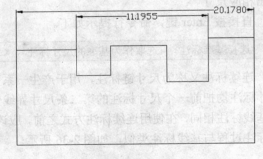

图 2-38　删除标注点

4．引线标注

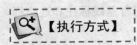

【执行方式】

命令行：QLEADER

【操作过程】

命令：QLEADER✓
指定第一个引线点或〔设置(S)〕＜设置＞：
指定下一点：（输入指引线的第二点）
指定下一点：（输入指引线的第三点）
指定文字宽度 ＜0.0000＞：（输入多行文本的宽度）
输入注释文字的第一行 ＜多行文字(M)＞：（输入单行文本或按 Enter 键打开多行文字编辑器
　　　　　　　　　　　　　　　　　　　　　　输入多行文本）
输入注释文字的下一行：（输入另一行文本）
输入注释文字的下一行：（输入另一行文本或按 Enter 键）

　　也可以在上面操作过程中选择"设置(S)"
项打开"引线设置"对话框进行相关参数设置，
如图 2-39 所示。

　　另外还有 LEADER 命令也可以进行引线标
注，与 QLEADER 命令类似，不再赘述。

5. 形位公差标注

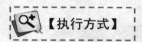
【执行方式】

命令行：TOLERANCE
菜单：标注→公差
工具栏：标注→公差

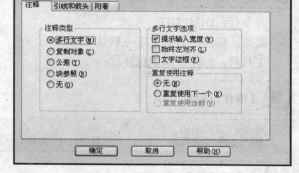

图 2-39　　"引线设置"对话框

【操作过程】

　　执行上述命令，系统打开如图 2-40 所示的"形位公差"对话框。单击"符号"项下面的黑方块，系统打开如图 2-41 所示的"特征符号"窗口，可以从中选择公差代号。"公差 1（2）"项白色文本框左侧的黑块用于控制是否在公差值之前加一个直径符号，单击则出现一个直径符号，再单击则又消失；白色文本框用于确定公差值，在其中输入一个具体数值。右侧黑块用于插入"包容条件"符号，单击则打开图 2-42 所示的"附加符号"窗口，可从中选取所需符号。

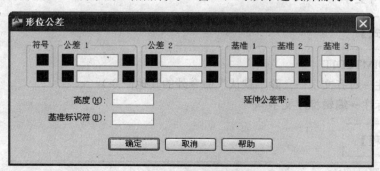

图 2-40　　"形位公差"对话框

图 2-41 "特征符号"窗口   图 2-42 "附加符号"窗口

2.3.3 尺寸编辑

1. 编辑尺寸

【执行方式】

命令行：DIMEDIT
菜单：标注→对齐文字→默认
工具栏：标注→编辑标注

【操作过程】

命令：DIMEDIT✓
输入标注编辑类型 〔默认(H)/新建(N)/旋转(R)/倾斜(O)〕 <默认>：

【选项说明】

（1）<默认>：按尺寸标注样式中设置的默认位置和方向放置尺寸文本，如图 2-43（a）所示。

（2）新建（N）：打开多行文字编辑器，可利用此编辑器对尺寸文本进行修改。

（3）旋转（R）：改变尺寸文本行的倾斜角度。尺寸文本的中心点不变，使文本沿给定的角度方向倾斜排列，如图 2-43（b）所示。

（4）倾斜（O）：修改长度型尺寸标注的尺寸界线，使其倾斜一定角度，与尺寸线不垂直，如图 2-43（c）所示。

2. 编辑尺寸文字

【执行方式】

命令行：DIMTEDIT
菜单：标注→对齐文字→（除"默认"命令外的其他命令）
工具栏：标注→编辑标注文字

【操作过程】

命令：DIMTEDIT✓
选择标注：（选择一个尺寸标注）
为标注文字指定新位置或〔左对齐(L)/右对齐(R)/居中(C)/默认(H)/角度(A)〕：

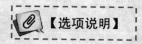
【选项说明】

（1）为标注文字指定新位置：更新尺寸文本的位置，使用鼠标将文本拖动到新的位置。

（2）左对齐（L）/右对齐（R）：使尺寸文本沿尺寸线左（右）对齐，如图 2-43（d）或（e）所示。

（3）居中（C）：将尺寸文本放在尺寸线上的中间位置，如图 2-43（a）所示。

（4）默认（H）：将尺寸文本按默认位置放置。

（5）角度（A）：改变尺寸文本行的倾斜角度。

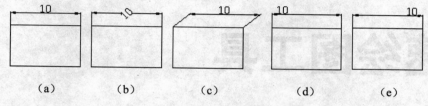

图 2-43　尺寸标注的编辑

第**3**章

快速绘图工具

　　为了方便绘图，提高绘图效率，AutoCAD 提供了一些快速绘图工具，包括图块、设计中心和工具选项板等。这些工具的共同特点是可以将分散的图形通过一定的方式组织成一个单元，在绘图时将这些单元插入到图形中，达到提高绘图速度和图形标准化的目的。

学习目标

◆ 图块的操作及属性
◆ 设计中心与工具选项板

3.1 . 图块

把一组图形对象组合成图块加以保存，需要时可以把图块作为一个整体以任意比例和旋转角度插入到图中任意位置，这样不仅避免了大量的重复工作，提高绘图速度和工作效率，而且可以大大节省磁盘空间。

3.1.1　图块的操作

1. 图块定义

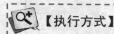【执行方式】

命令行：BLOCK
菜单：绘图→块→创建
工具栏：绘图→创建块

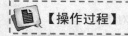【操作过程】

执行上述命令，系统打开如图 3-1 所示的"块定义"对话框，利用该对话框定义对象和基点以及其他参数，可定义图块并命名。

2. 图块保存

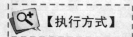【执行方式】

命令行：WBLOCK

【操作过程】

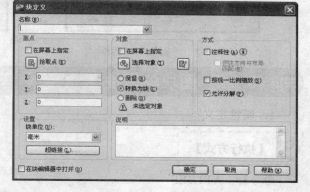

图 3-1　"块定义"对话框

执行上述命令，系统打开如图 3-2 所示的"写块"对话框。利用此对话框可把图形对象保存为图块或把图块转换成图形文件。

说明

以 BLOCK 命令定义的图块只能插入到当前图形。以 WBLOCK 保存的图块则既可以插入到当前图形，也可以插入到其他图形。

3. 图块插入

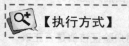【执行方式】

命令行：INSERT
菜单：插入→块

工具栏：插入→插入块 或绘图→插入块

【操作过程】

执行上述命令，系统打开"插入"对话框，如图 3-3 所示。利用此对话框设置插入点位置、插入比例以及旋转角度，可以指定要插入的图块及插入位置。

图 3-2 "写块"对话框

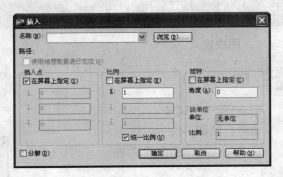

图 3-3 "插入"对话框

3.1.2 图块的属性

1. 属性定义

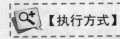【执行方式】

命令行：ATTDEF

菜单：绘图→块→定义属性

【操作过程】

执行上述命令，系统打开"属性定义"对话框，如图 3-4 所示。

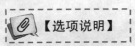【选项说明】

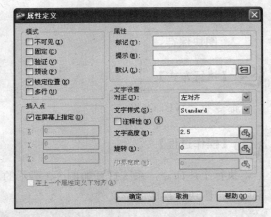

图 3-4 "属性定义"对话框

（1）"模式"选项组

◆ "不可见"复选项：选中此复选项，属性为不可见显示方式，即插入图块并输入属性值后，属性值在图中并不显示出来。

◆ "固定"复选项：选中此复选项，属性值为常量，即属性值在属性定义时给定，在插入图块时 AutoCAD 不再提示输入属性值。

◆ "验证"复选项：选中此复选项，当插入图块时 AutoCAD 重新显示属性值让用户验证该值是否正确。

◆ "预设"复选项：选中此复选项，当插入图块时 AutoCAD 自动将事先设置好的默认值赋予属性，而不再提示输入属性值。

◆　"锁定位置"复选项：选中此复选项，当插入图块时，AutoCAD 锁定块参照中属性的位置。解锁后，属性可以相对于使用夹点编辑的块的其他部分移动，并且可以调整多行文字属性的大小。

◆　"多行"复选项：指定属性值可以包含多行文字。选定此选项后，可以指定属性的边界宽度。

（2）"属性"选项组

◆　"标记"文本框：输入属性标签。属性标签可由除空格和感叹号以外的所有字符组成。AutoCAD 自动将小写字母改为大写字母。

◆　"提示"文本框：输入属性提示。属性提示是插入图块时 AutoCAD 要求输入属性值的提示。如果不在此文本框中输入文本，则以属性标签作为提示。如果在"模式"选项组中选中"固定"复选框，即设置属性为常量，则不需设置属性提示。

◆　"默认"文本框：设置默认的属性值。可将使用次数较多的属性值作为默认值，也可以不设默认值。

其他各选项组比较简单，不再赘述。

2. 修改属性定义

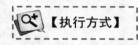【执行方式】

命令行：DDEDIT
菜单：修改→对象→文字→编辑

【操作过程】

命令：DDEDIT✓
选择注释对象或〔放弃(U)〕：

在此提示下选择要修改的属性定义，AutoCAD 打开"编辑属性定义"对话框，如图 3-5 所示。可在该对话框中修改属性定义。

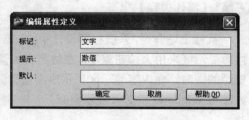

图 3-5　"编辑属性定义"对话框

3. 图块属性编辑

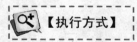【执行方式】

命令行：EATTEDIT
菜单：修改→对象→属性→单个
工具栏：修改 II→编辑属性

【操作过程】

命令：EATTEDIT✓
选择块：

选择块后，系统打开"增强属性编辑器"对话框，如图 3-6 所示。该对话框不仅可以编辑属性值，还可以编辑属性的文字选项和图层、线型、颜色等特性值。

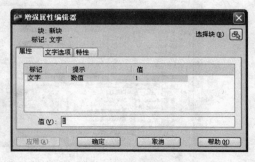

图 3-6　"增强属性编辑器"对话框

3.2 设计中心与工具选项板

使用 AutoCAD 2011 设计中心可以轻松地组织设计内容，并把它们拖动到自己的图形中。工具选项板是"工具选项板"窗口中选项卡形式的区域，提供组织、共享和放置块及填充图案的有效方法。工具选项板还可以包含由第三方开发人员提供的自定义工具。也可以利用设计中心组织内容，并将其创建为工具选项板。设计中心与工具选项板的使用大大方便了绘图，提高绘图的效率。

3.2.1 设计中心

1. 启动设计中心

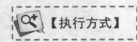【执行方式】

命令行：ADCENTER
菜单：工具→选项板→设计中心
工具栏：标准→设计中心 ▦
快捷键：Ctrl+2

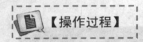【操作过程】

执行上述命令，系统打开设计中心。第一次启动设计中心时，它默认打开的选项卡为"文件夹"。内容显示区采用大按钮显示，左边的资源管理器采用 tree view 显示方式显示系统的树形结构，浏览资源的同时，在内容显示区显示所浏览资源的有关细目或内容，如图 3-7 所示。也可以搜索资源，方法与 Windows 资源管理器类似。

2. 利用设计中心插入图形

设计中心一个最大的优点是可以将系统文件夹中的 DWG 图形当成图块插入到当前图形中去。

01 从文件夹列表或查找结果列表框选择要插入的对象，拖动对象到打开的图形。

02 右击，从快捷菜单中选择"比例"、"旋转"等命令，如图 3-8 所示。

图 3-7　AutoCAD 2011 设计中心的资源管理器和内容显示区　　　图 3-8　右键快捷菜单

03 在相应的命令行提示下输入比例和旋转角度等数值。

被选择的对象根据指定的参数插入到图形当中。

3.2.2 工具选项板

1. 打开工具选项板

【执行方式】

命令行：TOOLPALETTES

菜单：工具→选项板→工具选项板

工具栏：标准→工具选项板窗口 ▣

快捷键：Ctrl+3

【操作过程】

执行上述命令，系统自动打开工具选项板窗口，如图 3-9 所示。该工具选项板中包含系统预设置的 3 个选项板。右击，在系统打开的快捷菜单中选择"新建选项板"命令，如图 3-10 所示，系统新建一个空白选项板，可以对该选项板命名，如图 3-11 所示。

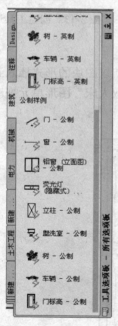

图 3-9 工具选项板窗口

图 3-10 快捷菜单

图 3-11 新建选项板

2. 将设计中心内容添加到工具选项板

在 DesignCenter 文件夹上右击，系统打开快捷菜单，从中选择"创建块的工具选项板"命令，如图 3-12 所示。设计中心中储存的图元就出现在工具选项板中新建的 DesignCenter 选项卡上，如图 3-13 所示。这样就可以将设计中心与工具选项板结合起来，建立一个快捷方便的工具选项板。

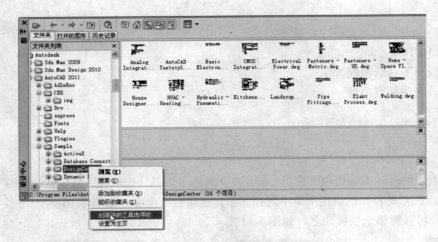

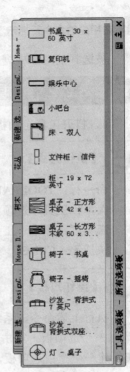

图 3-12　快捷菜单　　　　　　　　　　　　　　图 3-13　创建工具选项板

3．利用工具选项板绘图

只需要将工具选项板中的图形单元拖动到当前图形中，该图形单元就以图块的形式插入到当前图形中。如图 3-14 所示的是将工具选项板中"建筑"选项卡中的"床-双人床"图形单元拖动到当前图形的效果。

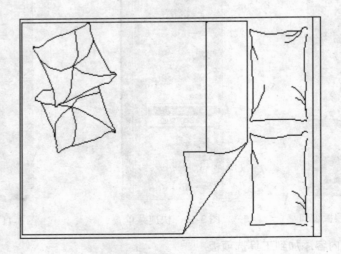

图 3-14　双人床

第4章

建筑设计图样概述

建筑对于大部分人来说并不陌生，我们都生活在一定的建筑物之中，但是建筑制图对于很多人而言，却是比较生涩难懂的。建筑图样要依据一定的标准来绘制。本章主要讲解建筑总平面图、平面图、立面图、剖面图、详图的内容以及绘制步骤。

学习目标

- ◆ 建筑总平面图绘制
- ◆ 建筑平面图绘制
- ◆ 建筑立面图绘制
- ◆ 建筑剖面图绘制
- ◆ 建筑详图绘制

4.1 建筑总平面图的绘制

总平面图用来表达整个建筑基地的总体布局，表达新建建筑物及构筑物的位置、朝向，以及与周边环境的关系，它是建筑设计中必不可少的要件。如图 4-1 所示为某小区的总平面图。

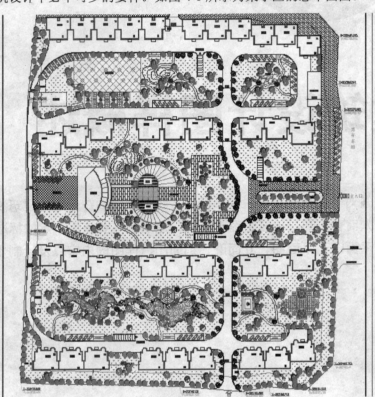

图 4-1　某小区的总平面图

4.1.1　总平面图绘制概述

总平面专业设计成果包括设计说明书、设计图纸，以及按照合同所规定的鸟瞰图、模型等。总平面图只是其中的设计图纸部分。在不同的设计阶段，总平面图除了具备其基本功能外，表达设计意图的深度和倾向也有所不同。

在方案设计阶段，总平面图着重体现新建建筑物的体积大小、形状以及与周边道路、房屋、绿地、广场和红线之间的空间关系，同时传达室外空间的设计效果。由此可见，方案图在具有必要的技术性的基础上，还强调艺术性的体现。就目前的情况来看，除了绘制 CAD 线条图外，还需对线条图进行套色、渲染处理或制作鸟瞰图、模型等。总之，设计者要尽量展现自己设计方案的优点及魅力，以在竞争中胜出。

在初步设计阶段，设计者需要进一步推敲总平面设计中涉及的各种因素和环节（如道路红线、建筑红线或用地界线、建筑控制高度、容积率、建筑密度、绿地率、停车位数，以及总平面布局、周围环境、空间处理、交通组织、环境保护、文物保护、分期建设等），推敲方案的合理性、科学性和可实施性，进一步准确落实各种技术指标，深化竖向设计，为施工图的设计做准备。

在施工图设计阶段，总平面专业成果包括图纸目录、设计说明、设计图纸和计算书。其中设计图纸包括总平面图、竖向布置图、土方图、管道综合图、景观布置图和详图等。总平面图是新建房屋定位、放线，以及布置施工现场的依据，可见，总平面图必须详细、准确、清楚地表达出设计思想。

4.1.2 总平面图中的图例说明

1. 绘制建筑物

（1）新建建筑物：采用粗实线表示，如图 4-2 所示。当有需要时可以在右上角用点数或数字来表示建筑物的层数，如图 4-3 和图 4-4 所示。

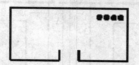
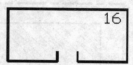

图 4-2　新建建筑物图例　　　图 4-3　以点表示层数（4 层）　　　图 4-4　以数字表示层数（16 层）

（2）旧建筑物：采用细实线表示，如图 4-5 所示。与新建建筑物图例一样，也可以采用在右上角用点数或数字来表示建筑物的层数。

（3）计划扩建的预留地或建筑物：采用虚线表示，如图 4-6 所示。

（4）拆除的建筑物：采用打上叉号的细实线表示，如图 4-7 所示。

图 4-5　旧建筑物图例　　　图 4-6　计划中的建筑物图例　　　图 4-7　拆除的建筑物图例

（5）坐标：如图 4-8 和图 4-9 所示。注意两种不同坐标的表示方法。

（6）新建的道路：如图 4-10 所示。其中，R8 表示道路的转弯半径为 8m，30.10 为路面中心的标高。

图 4-8　测量坐标图例　　　图 4-9　施工坐标图例　　　图 4-10　新建的道路图例

（7）旧道路：如图 4-11 所示。

（8）计划扩建的道路：如图 4-12 所示。

（9）拆除的道路：如图 4-13 所示。

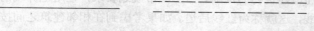
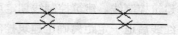

图 4-11　旧的道路图例　　　图 4-12　计划扩建的道路图例　　　图 4-13　拆除的道路图例

2．用地范围

建筑师手中得到的地形图（或基地图）中一般都标明了本建设项目的用地范围。实际上，并不是所有用地范围内都可以布置建筑物。在此，关于场地界限的几个概念及其关系需要明确，也就是常说的红线及退红线问题。

（1）建设用地边界线

建设用地边界线指业主获得土地使用权的土地边界线，也称为地产线、征地线，如图 4-14 所示的 ABCD 范围。用地边界线范围表明地产权所属，是法律上权利和义务关系界定的范围，但并不是所有用地面积都可以用来开发建设。如果其中包括城市道路或其他公共设施，则要保证它们的正常使用（如图 4-14 所示的用地界限内就包括了城市道路）。

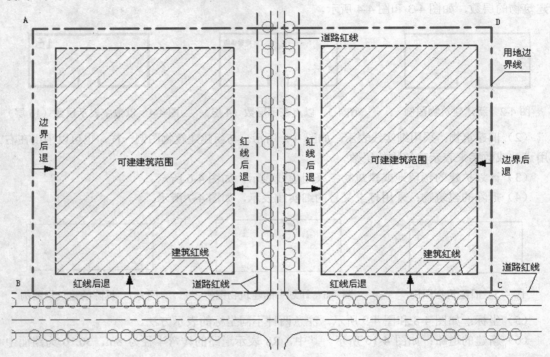

图 4-14　各用地控制线之间的关系

（2）道路红线

道路红线是指规划的城市道路路幅的边界线。也就是说，两条平行的道路红线之间为城市道路（包括居住区级道路）用地。建筑物及其附属设施的地下、地表部分，如基础、地下室、台阶等不允许突出道路红线。地上部分主体结构不允许突出道路红线，在满足当地城市规划部门的要求下，允许窗罩、遮阳、雨篷等构件突出，具体规定详见《民用建筑设计通则》（GB50357-2005）。

（3）建筑红线

建筑红线是指城市道路两侧控制沿街建筑物或构筑物（如外墙、台阶等）靠邻街面的界线，又称建筑控制线。建筑控制线划定可建造建筑物的范围。由于城市规划要求，在用地界线内需要由道路红线后退一定距离确定建筑控制线，这就称为红线后退。如果考虑到在相邻建筑之间按规定留出防火间距、消防通道和日照间距时，也需要由用地边界后退一定的距离，这叫做后退边界。在后退的范围内可以修建广场、停车场、绿化、道路等，但不可以修建建筑物。至于建筑突出物的相关规定，与道路红线相同。

在拿到基地图时，除了明确地物、地貌外，还要清楚其中对用地范围的具体限定，为建筑设计做准备。

4.1.3　绘制总平面图的一般步骤

一般情况下，在 AutoCAD 2011 中绘制总平面图一般包括以下 4 步。

（1）地形图的处理
包括地形图的插入、描绘、整理、应用等。

（2）总平面布置
包括建筑物、道路、广场、停车场、绿地、场地出入口布置等内容。

（3）各种文字及标注
包括文字、尺寸、标高、坐标、图表、图例等内容。

（4）布图
包括插入图框、调整图面等。

4.2　建筑平面图的绘制

建筑平面图（除屋顶平面图外）是指用假想的水平剖切面，在建筑各层窗台上方将整幢房屋剖开所得到的水平剖面图。建筑平面图是表达建筑物的基本图样之一，它主要反映建筑物的平面布局情况。如图 4-15 所示为某学生宿舍楼底层、标准层和屋顶平面图。

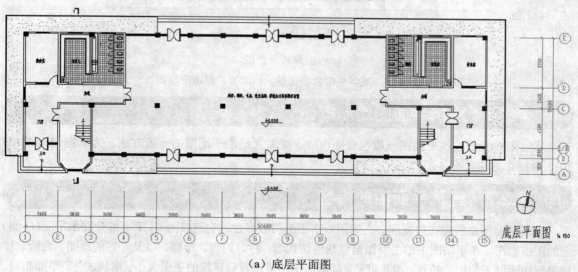

（a）底层平面图

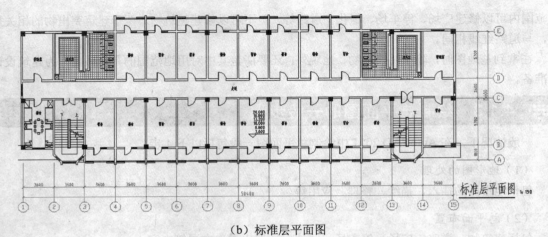

（b）标准层平面图

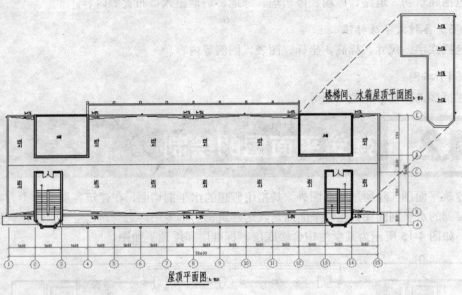

（c）屋顶平面图

图 4-15　某学生宿舍楼底层、标准层、屋顶平面图

4.2.1　建筑平面图绘制概述

本节主要介绍建筑平面图一般包含的内容、类型及绘制平面图的一般方法，为掌握 AutoCAD 2011 的操作方法做准备。

4.2.2　建筑平面图的内容

建筑平面图是假想在门窗洞口之间用一水平剖切面将建筑物剖成两半，下半部分在水平面（H 面）上的正投影图。在平面图中的主要图形包括剖切到墙、柱、门窗、楼梯，以及看到的地面、台阶、楼梯等剖切面以下的构件轮廓。由此可见，从平面图中可以看到建筑的平面大小、形状、空间平面布局、内外交通及联系、建筑构件、配件大小及材料等内容。为了清晰准确地表达这些内容，除了按制图知识和规范绘制建筑构件、配件平面图形外，还需要标注尺寸及文字说明、设置图面比例等。

4.2.3　建筑平面图的类型

1. 根据剖切位置不同分类

根据剖切位置不同，建筑平面图可分为地下层平面图、底层平面图、X 层平面图、标准层平面图、屋顶平面图、夹层平面图等。

2. 按不同的设计阶段分类

按不同的设计阶段，建筑平面图可分为方案平面图、初设平面图和施工平面图。不同阶段图纸表达的深度不同。

4.2.4　绘制建筑平面图的一般步骤

建筑平面图一般分为以下 10 个步骤。

（1）绘图环境设置。
（2）轴线绘制。
（3）墙线绘制。
（4）柱绘制。
（5）门窗绘制。
（6）阳台绘制。
（7）楼梯、台阶绘制。
（8）室内布置。
（9）室外周边景观（底层平面图）。
（10）尺寸、文字标注。

根据工程的复杂程度，上面绘图顺序有可能小范围调整，但总体顺序基本不变。

4.3　建筑立面图的绘制

建筑立面图是指用正投影法对建筑各个外墙面进行投影所得到的正投影图。与平面图一样，建筑的立面图也是表达建筑物的基本图样之一，它主要反映建筑物的立面形式和外观情况，这是因为建筑物给人的外表美感主要来自其立面的造型和装修。建筑立面图用来进行研究建筑立面的造型和装修。反映主要入口或比较显著地反映建筑物外貌特征的一面的立面图叫做正立面图，其他面的立面图相应地称为背立面图和侧立面图。如果按照房屋的朝向来分，可以称为南立面图、东立面图、西立面图和北立面图。如果按照轴线编号来分，也可以有①～⑥立面图、Ⓐ～Ⓚ立面图等。建筑立面图使用大量图例来表示很多细部，这些细部的构造和做法，一般都另有详图。如果建筑物有一部分立面不平行于投影面，可以将这一部分展开到与投影面平行，再画出其立面图，然后在图名后注写"展开"字样。如图 4-16 所示是一个某学生宿舍楼建筑正立面图。

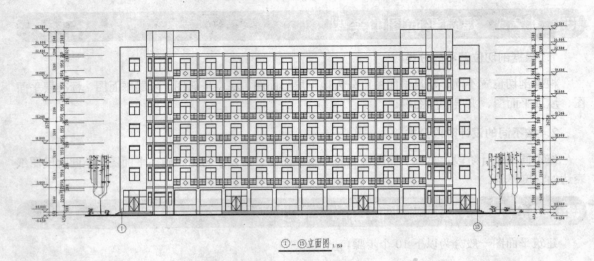

图 4-16　某学生宿舍楼正立面图

4.3.1　建筑立面图的图示内容

建筑立面图的图示内容主要包括以下 4 个方面。

（1）室内外的地面线、房屋的勒脚、台阶、门窗、阳台、雨篷；室外的楼梯、墙和柱；外墙的预留孔洞、檐口、屋顶、雨水管、墙面修饰构件等。

（2）外墙各个主要部位的标高。

（3）建筑物两端或分段的轴线和编号。

（4）标出各个部分的构造、装饰节点详图的索引符号。使用图例和文字说明外墙面的装饰材料和做法。

4.3.2　建筑立面图的命名方式

建筑立面图命名的目的在于能够一目了然地识别其立面的位置。由此可见，各种命名方式都是围绕"明确位置"这一主题来实施的。至于采取哪种方式，则视具体情况而定。

1．以相对主入口的位置特征命名

以相对主入口的位置特征命名的建筑立面图称为正立面图、背立面图和侧立面图。这种方式一般适用于建筑平面图方正、简单，入口位置明确的情况。

2．以相对地理方位的特征命名

以相对地理方位的特征命名，建筑立面图通常称为南立面图、北立面图、东立面图和西立面图。这种方式一般适用于建筑平面图规整、简单，而且朝向相对正南正北偏转不大的情况。

3．以轴线编号来命名

以轴线编号来命名是指用立面起止定位轴线来命名，如①-⑥立面图、Ⓔ-Ⓐ立面图等。这种方式命名准确，便于查对，特别适用于平面较复杂的情况。

根据国家标准 GB/T 50104，有定位轴线的建筑物，宜根据两端定位轴线号编注立面图名称；无定位轴线的建筑物可按平面图各面的朝向确定名称。

4.3.3　绘制建筑立面图的一般步骤

从总体上来说，立面图是在平面图的基础上引出定位辅助线确定立面图样的水平位置及大小，然后根据高度方向的设计尺寸确定立面图样的竖向位置及尺寸，从而绘制出一个个图样。绘制立面图的一般步骤如下。

（1）绘图环境设置。

（2）确定定位辅助线：包括墙、柱定位轴线、楼层水平定位辅助线及其他立面图样的辅助线。

（3）立面图样绘制：包括墙体外轮廓及内部凹凸轮廓、门窗（幕墙）、入口台阶及坡道、雨篷、窗台、窗楣、壁柱、檐口、栏杆、外露楼梯、各种线脚等内容。

（4）配景：包括植物、车辆、人物等。

（5）尺寸、文字标注。

（6）线型、线宽设置。

> **说明**
>
> 对上述绘制步骤需要说明的是，并不是将所有的辅助线绘制完成后才绘制图样，一般是由总体到局部、由粗到细，一项一项地完成。如果将所有的辅助线一次绘出，则会密密麻麻，无法分清。

4.4　建筑剖面图的绘制

建筑剖面图就是假想使用一个或多个垂直于外墙轴线的铅垂剖切面，将建筑物剖开后所得到的投影图，简称剖面图。剖面图的剖切方向一般是横向（平行于侧面），当然这也不是绝对的要求。剖切位置一般选择在能反映出建筑物内部构造比较复杂和典型的部位，并应通过门窗的位置。多层建筑物应该选择在楼梯间或层高不同的位置。剖面图上的图名应与平面图上所标注的剖切符号的编号一致，剖面图的断面处理和平面图的处理相同。如图 4-17 所示为某学生宿舍楼 1-1 剖面图。

4.4.1　建筑剖面图的图示内容

剖面图的数量是根据建筑物的具体情况和施工需要来确定的，其图示内容包括以下 6 个方面。

（1）墙、柱及其定位轴线。

（2）室内底层地面、地沟、各层的楼面、顶棚、屋顶、门窗、楼梯、阳台、雨篷、墙洞、防潮层、室外地面、散水、脚踢板等能看到的内容。习惯上可以不画基础的大放脚。

（3）各个部位完成面的标高：室内外地面、各层楼面、各层楼梯平台、檐口或女儿墙顶面、楼梯间顶面、电梯间顶面的标高。

（4）各部位的高度尺寸：包括外部尺寸和内部尺寸。外部尺寸包括门、窗洞口的高度，层间高度，以及总高度。内部尺寸包括地坑深度、隔断、搁板、平台、室内门窗的高度。

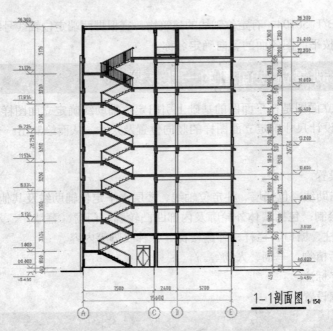

图 4-17　某学生宿舍楼 1-1 剖面图

（5）楼面和地面的构造。一般采用引出线指向所说明的部位，按照构造的层次顺序，逐层加以文字说明。

（6）详图的索引符号。

4.4.2　剖切位置及投射方向的选择

根据规范规定，剖面图的剖切部位应根据图纸的用途或设计深度，在平面图上选择空间复杂、能够反映全貌、构造特征，以及具有代表性的部位剖切。

投射方向一般宜向左、向上，当然也需要根据工程情况而定。剖切符号标在底层平面图中，短线的指向为投射方向。剖面图编号标在投射方向一侧，剖切线若有转折，应在转角的外侧加注与该符号相同的编号。

4.4.3　绘制建筑剖面图的一般步骤

建筑剖面图一般在平面图、立面图的基础上，并参照平、立面图绘制。其一般绘制步骤如下。

（1）绘图环境设置。

（2）确定剖切位置和投射方向。

（3）绘制定位辅助线：包括墙、柱定位轴线，楼层水平定位辅助线及其他剖面图样的辅助线。

（4）剖面图样及看线绘制：包括剖到和看到的墙柱、地坪、楼层、屋面、门窗（幕墙）、楼梯、台阶及坡道、雨篷、窗台、窗楣、檐口、阳台、栏杆、各种线脚等内容。

（5）配景：包括植物、车辆、人物等。

（6）尺寸、文字标注。

至于线型、线宽的设置，则贯穿到绘图过程中去。

4.5 建筑详图的绘制

前面介绍的平面、立面、剖面图均是全局性的图纸，由于比例的限制，不可能将一些复杂的细部或局部做法表示清楚，因此需要将这些细部和局部的构造、材料及相互关系采用较大的比例详细绘制出来，以指导施工。这样的建筑图形称为详图，也称大样图。对于局部平面（如厨房、卫生间）放大绘制的图形，习惯叫做放大图。需要绘制详图或局部平面放大图的位置一般包括室内外墙节点、楼梯、电梯、厨房、卫生间、门窗、室内外装饰等。

内外墙节点一般用平面和剖面表示，常用比例为 1∶20。平面节点详图表示出墙、柱或构造柱的材料和构造关系。剖面节点详图即常说的墙身详图，需要表示出墙体与室内外地坪、楼面、屋面的关系，同时表示出相关的门窗洞口、梁或圈梁、雨篷、阳台、女儿墙、檐口、散水、防潮层、屋面防水、地下室防水等构造的做法。墙身详图可以从室内外地坪、防潮层处开始一直画到女儿墙压顶。为了节省图纸，在门窗洞口处可以断开，也可以重点绘制地坪、中间层、屋面处的几个节点，而将中间层重复使用的节点集中到一个详图中表示。节点编号一般由上到下编号。如图 4-18 所示为某学生宿舍楼外墙结构详图。

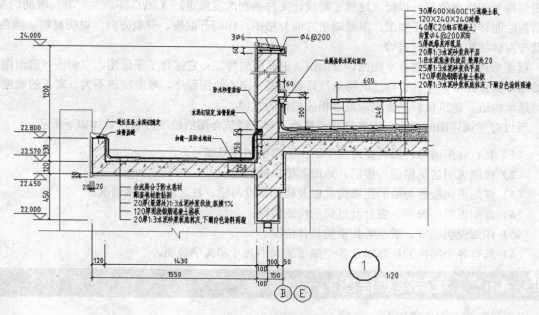

图 4-18　某学生宿舍楼外墙结构详图

4.5.1 建筑详图的图示内容

楼梯详图包括平面、剖面和节点 3 部分。平面、剖面常用 1∶50 的比例绘制，楼梯中的节点详图可以根据对象大小酌情采用 1∶5、1∶10、1∶20 等比例。楼梯平面图与建筑平面图不同之处在于：它只需绘制出楼梯及四面相接的墙体；而且，楼梯平面图需要准确地表示出楼梯间净空、梯段长度、梯段宽度、踏步宽度和级数、栏杆（栏板）的大小及位置，以及楼面、平台处的标高等。楼梯间剖面图只需绘制出与楼梯相关的部分，相邻部分可用折断线断开。选择在底层第一跑梯并能够剖到门窗的位置剖切，向底层另一跑梯段方向投射。尺寸需要标注层高、平台、梯段、门窗洞口、栏杆高度等竖向尺寸，并应标注出室内外地坪、平台、平台梁底面的标高。水平方向需要标注定位轴线及编号、轴线尺寸、平台、梯段尺寸等。梯段尺寸一般用"踏步宽（高）×级数=梯段宽（高）"的形式表示。此外，楼梯剖面上还应注明栏杆构造节点详图的索引编号。

电梯详图一般包括电梯间平面图、机房平面图和电梯间剖面图 3 部分，常用 1：50 的比例绘制。平面图需要表示出电梯井、电梯厅、前室相对定位轴线的尺寸及自身的净空尺寸，表示出电梯图例及配重位置、电梯编号、门洞大小及开取形式、地坪标高等。机房平面需表示出设备平台位置及平面尺寸、顶面标高、楼面标高，以及通往平台的梯子形式等内容。剖面图需要剖在电梯井、门洞处，表示出地坪、楼层、地坑、机房平台的竖向尺寸和高度，标注出门洞高度。为了节约图纸，中间相同部分可以折断绘制。

厨房、卫生间放大图根据其大小可酌情采用 1：30、1：40、1：50 的比例绘制。需要详细表示出各种设备的形状、大小、位置、地面设计标高、地面排水方向，以及坡度等，对于需要进一步说明的构造节点，需标明详图索引符号、绘制节点详图或引用图集。

门窗详图包括立面图、断面图、节点详图等内容。立面图常用 1：20 的比例绘制，断面图常用 1：5 的比例绘制，节点图常用 1：10 的比例绘制。标准化的门窗可以引用有关标准图集，说明其门窗图集编号和所在位置。根据《建筑工程设计文件编制深度规定》（2003 年版），非标准的门窗、幕墙需绘制详图。如委托加工，需绘制出立面分格图，标明开取扇、开取方向，说明材料、颜色，以及与主体结构的连接方式等。

就图形而言，详图兼有平面图、立面图、剖面图的特征，它综合了平面图、立面图、剖面图绘制的基本操作方法，并具有自己的特点，只要掌握一定的绘图程序，难度应该不大。真正的难度在于对建筑构造、建筑材料、建筑规范等相关知识的掌握。

通过对建筑详图的说明，读者已经清楚地了解了建筑详图的绘制内容，具体如下所示。

（1）具有详图编号，而且要对应平面图上的剖切符号编号。

（2）详细说明建筑屋面、楼层、地面和檐口的构造。

（3）详细说明楼板与墙的连接情况以及楼梯梯段与梁、柱之间的连接情况。

（4）详细说明门窗顶、窗台及过梁的构造情况。

（5）详细说明勒脚、散水等构造的具体情况。

（6）具有各个部位的标高以及各个细部的大小尺寸和文字说明。

4.5.2　绘制建筑详图的一般步骤

详图绘制的一般步骤如下。

（1）图形轮廓绘制：包括断面轮廓和看线。

（2）材料图例填充：包括各种材料图例选用和填充。

（3）符号、尺寸、文字等标注：包括设计深度要求的轴线及编号、标高、索引、折断符号和尺寸、说明文字等。

第 2 篇 高层建筑篇

本篇将结合建筑工程的相关制图标准，通过高层建筑设计工程 CAD 案例系统地介绍大型高层建筑工程制图的基本知识及要点，深度描述建筑工程专业 AutoCAD 制图的具体操作手段及应用技巧。

通过本篇的学习，读者将掌握建筑工程制图理论及其相应的 AutoCAD 制图技巧。

- ◆ 学习建筑设计的基本知识
- ◆ 掌握大型高层建筑设计制图的基本方法
- ◆ 掌握复杂建筑设计制图的基本方法

第5章

某住宅楼建筑施工图
总体概述

在前面的章节中，讲解了 AutoCAD 2011 的基础知识和基本操作。然而，就平面图形来说，AutoCAD 建筑设计应用的高级阶段是施工图的绘制。在这个阶段，操作的难点已经不再是具体操作命令的使用，而是综合、熟练地应用 AutoCAD 的各种命令及功能，按照《房屋建筑制图统一标准》（GB/T50001-2001）、《建筑制图标准》（GB/T50104-2001）、《总图制图标准》（GB/T50103-2001）和建设部颁发的《建筑工程设计文件编制深度规定》（2003 年版）的要求，结合工程设计的实际情况，将施工图编制出来。

为了让读者进一步深化这一部分的内容，本章选取某住宅楼施工图为例，首先简要介绍工程概况，然后按照施工图编排顺序逐项说明其编制方法及要点。

学习目标

◆ 工程及施工图概况

◆ 建筑施工图封面、目录的制作

◆ 施工图设计说明的制作

5.1　工程及施工图概况

本节简要介绍工程概况和建筑施工图概况，为后面设计的展开进行必要的准备。

5.1.1　工程概况

工程概况应主要介绍工程所处的地理位置、工程建设条件（包括地形、水文地质情况、不同深度的土壤分析、冻结期和冻层厚度、冬雨季时间、主导风向等因素）、工程性质、名称、用途、规模以及建筑设计的特点及要求。

本例中的工程为建设于我国华北地区某大城市的一个花园住宅小区中的 1 号商住楼，南北朝向，左侧依河，南面临街，环境优雅。该住宅楼地上部分 18 层，1～3 层为商场，4～18 层为住宅，分甲乙两个对称单元，总建筑面积为 12455.60m²。地下 1 层为储藏及设备用房，建筑面积为 588.60m²。基地建筑面积为 588.60m²，建筑高度为 60.60m，室内外高差 0.60m，±0.00 标高相当于绝对标高 5.63m 处。

该住宅楼设计使用年限为 50 年，工程等级为二级，地上部分耐火等级为二级，地下部分为一级，屋面防水等级为二级，抗震设防烈度为 7 度，结构形式为钢筋混凝土剪力墙结构。

5.1.2　建筑施工图概况

建筑施工图是在总体规划的前提下，根据建设任务要求和工程技术条件，表达房屋建筑的总体布局、房屋的空间组合设计、内部房间布置情况、外部形状、建筑各部分的构造做法及施工要求等的图形，它是整个设计的先行，处于主导地位，是房屋建筑施工的主要依据，也是结构设计、设备设计的依据，但必须与其他设计工种配合。

建筑施工图包括基本图和详图，其中基本图有总平面图、建筑平面图、立面图和剖面图等，详图有墙身、楼梯、门窗、厕所、檐口以及各种装修构造的详细做法。

建筑施工图的图示特点如下。

（1）施工图主要用正投影法绘制，在图幅大小允许时，可将平面图、立面图、剖面图按投影关系画在同一张图纸上，如图幅过小，可分别画在几张图纸上。

（2）施工图一般用较小比例绘制，在小比例图中无法表达清楚的结构，需要配以比例较大的详图来表达。

（3）为使作图简便，"国家标准"规定了一系列的图形符号来代表建筑构配件、卫生设备、建筑材料等，这些图形符号称为"图例"。为读图方便，"国家标准"还规定了许多标注符号。

本例中的施工图包括封面、目录、施工图设计说明、设计图纸 4 个部分。其中，施工图设计说明包括文字部分、装修做法表、门窗统计表；设计图纸包括各层平面图 7 张、立面图 4 张、剖面图 1 张和详图 4 张（楼梯、门窗、外墙和电梯）。由于整个小区项目较大，总图归属总平面专业图纸体系，故未列入建筑专业范围。

5.2 建筑施工图封面、目录的制作

本节简要介绍施工图的封面和目录制作的基本方法和大体内容。

5.2.1 制作施工图封面

对于图纸封面，各设计单位的制作风格不尽相同。但是，不管采用怎样的风格，其必要内容是不可少的。根据建设部颁发的《建筑工程设计文件编制深度规定》（2003 年版）（以下简称《规定》）要求，总封面应该包括项目名称、编制单位名称、项目的设计编号、设计阶段、编制单位法定代表人、技术负责人和项目总负责人的姓名及其签字或授权盖章，以及编制日期（即出图年月）等内容。

本例图纸总封面包含了如下内容。如图 5-1 所示，供读者参考。

（1）项目名称。

（2）编制单位名称。

（3）项目的设计编号。

（4）设计阶段。

（5）编制单位法定代表人、技术总负责人和项目总负责人的姓名及其签字或授权盖章。

（6）编制日期（即出图年、月）。

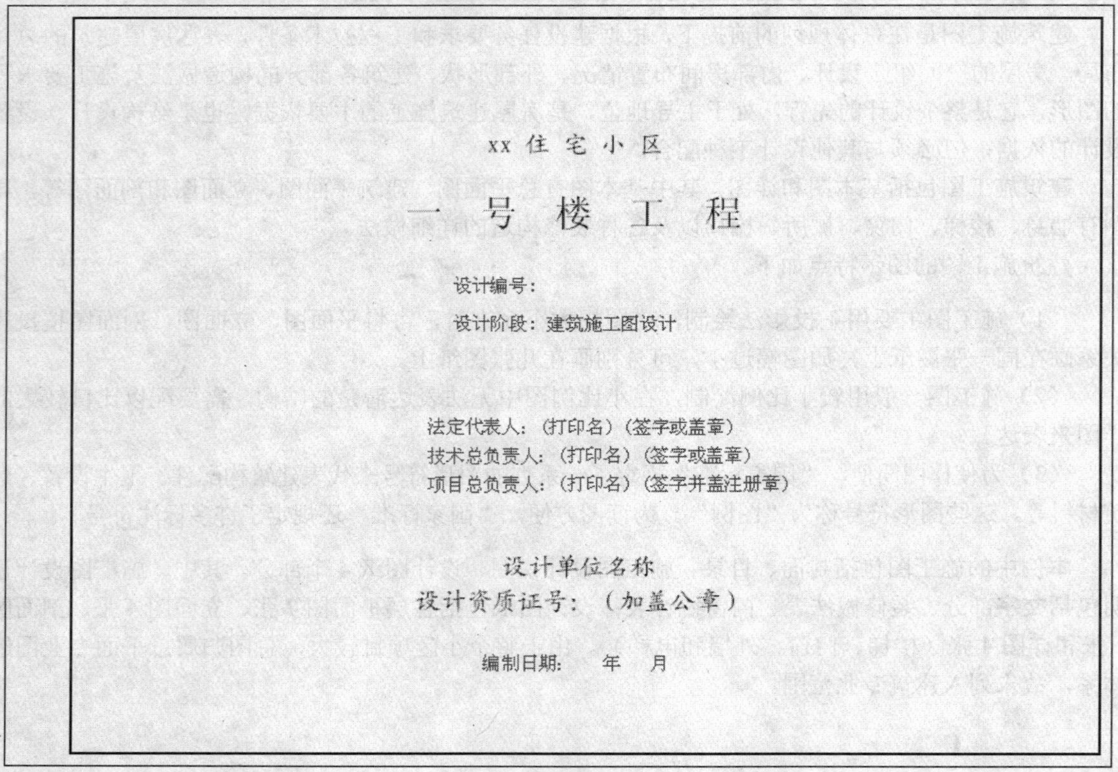

xx 住 宅 小 区

一 号 楼 工 程

设计编号：
设计阶段：建筑施工图设计

法定代表人：（打印名）（签字或盖章）
技术总负责人：（打印名）（签字或盖章）
项目总负责人：（打印名）（签字并盖注册章）

设计单位名称
设计资质证号：（加盖公章）

编制日期： 年 月

图 5-1 施工图纸封面

5.2.2　制作施工图目录

目录用于说明图纸的编排顺序和所在位置。就建筑专业来说，一般图纸编排顺序是：封面、目录、施工图设计说明、装修做法表、门窗统计表、总平面图、各层平面图（由低向高排）、立面图、剖面图、详图（先主要后次要）等。先列新绘制的图纸，后列选用的标准图及重复使用的图纸。

目录的内容基本包括序号、图名、图号、页数、图幅、备注等项目，如果目录单独成页，还应包括工程名称、制表、审核、校正、图纸编号、日期等标题栏的内容。本例目录如图 5-2 所示。

设计单位名称			XX住宅小区			工　号		图　号	建施-01
			1号楼工程(建筑专业)			分　号		页　号	
序号	图　纸　名　称		图　号	重复使用图纸号		实际张数	折合标准张	备　注	
				院　内	院　外				
01	目录		建施-01			1	0.5		
02	施工图设计说明		建施-02			1	1.00		
03	装修一览表		建施-03			1	1.00		
04	装修做法表		建施-04			1	1.00		
05	门窗统计表		建施-05			1	1.00		
06	地下层平面图		建施-06			1	1.00		
07	首层平面图		建施-07			1	1.00		
08	二~三层平面图		建施-08			1	1.00		
09	四层平面组合图		建施-09			1	1.00		
10	甲单元四层平面图		建施-10			1	2.00		
11	甲单元五-十四层平面图		建施-11			1	2.00		
12	甲单元十五-十六层平面图		建施-12			1	2.00		
13	甲单元十七层平面图		建施-13			1	2.00		
14	甲单元十八层平面图		建施-14			1	2.00		
15	十九平面图		建施-15			1	1.00		
16	屋顶平面图		建施-16			1	1.00		
17	⑪-⑱轴立面图		建施-17			1	2.00		
18	⑭-⑪轴立面图		建施-18			1	2.00		
19	⑪-⑭轴立面图		建施-19			1	2.00		
20	⑱-⑪轴立面图		建施-20			1	2.00		
21	1-1剖面图		建施-21			1	2.00		
22	楼梯详图		建施-22			1	2.00		
23	门窗详图		建施-23			1	1.00		
24	外墙详图（一）		建施-24			1	2.00		
25	外墙详图（二）		建施-25			1	2.00		
26	电梯详图及厕所平面详图		建施-26			1	2.00		
27									
28									
29									
30									
制　表		校　正			审　核		日　期		年　月　日

图 5-2　图纸目录

本目录表格较复杂，用线条直接绘制，没有应用 AutoCAD 表格功能。

5.3 施工图设计说明的制作

各专业均有必要的设计说明，对于建筑专业，根据《规定》要求，应包含以下内容。

（1）本项工程施工图设计的依据性文件、批文和相关规范。

（2）项目概况：内容一般应包括建筑名称、建设位置、设计单位、建筑面积、建筑基底面积、建筑工程等级、设计使用年限、建筑层数和建筑高度、防火设计建筑分类和耐火等级、人防工程防护等级、屋面防水等级、地下室防水等级、抗震设防烈度等，以及能够反映建筑规模的主要技术经济指标，如住宅的套型和套数（包括每套的建筑面积、使用面积、阳台建筑面积）、旅馆的客房间数和床位数、医院的门诊人次和住院部的床位数、车库的停车泊位等，如图 5-3 所示。

（3）设计标高：说明±0.00 标高与绝对标高的关系及室内外高差。

（4）室内外装修用料说明。

① 墙体、墙身防潮层、地下室防水、屋面、外墙面、勒脚、散水、台阶、坡道、油漆、涂料等的材料和做法，可用文字说明或部分文字说明，部分直接在图上引注或加注索引号。

② 室内装修部分除用文字说明以外也可用表格形式表达，在表中填写相应的做法或代号；较复杂或较高级的民用建筑应另行委托室内装修设计；凡属二次装修的部分，可不列装修做法表和进行室内施工图设计，但对原建筑设计、结构和设备设计有较大改动时，应征得原设计单位和设计人员的同意。各部分用料说明和室内外装修说明：地下室、墙体、屋面、外墙、防潮层、散水、台阶、坡道等各部分的材料及构造做法。根据设计合同规定的室内外装修设计范围，说明室内外装修材料及做法，可用表格来表示，如图 5-4、图 5-5 所示，室内装修做法表包括部位、名称、楼、地面、踢脚板、墙裙、内墙面、顶棚、备注、门厅、走廊（表列项目可增减）。

（5）门窗表及门窗性能（防火、隔声、防护、抗风压、保温、空气渗透、雨水渗透等）、用料、颜色、玻璃、五金件等的设计要求，如图 5-6、图 5-7 所示。

（6）幕墙工程和特殊屋面工程制作说明。幕墙工程包括玻璃、金属、石材等。特殊屋面工程则包括金属、玻璃、膜结构等。制作说明包括平面图、预埋件安装图等以及防火、安全、隔音构造的要求。电梯（自动扶梯）的型号及功能、载重量、速度、停站数、提升高度等性能说明等。墙体及楼板预留孔洞需封堵时的封堵方式说明。

此外，还可以根据具体情况，对施工图图面表达、建筑材料的选用及施工要求等方面进行必要的说明。总之，施工图设计说明需要条理清楚、说法到位，与设计图纸互为补充、相互协调。

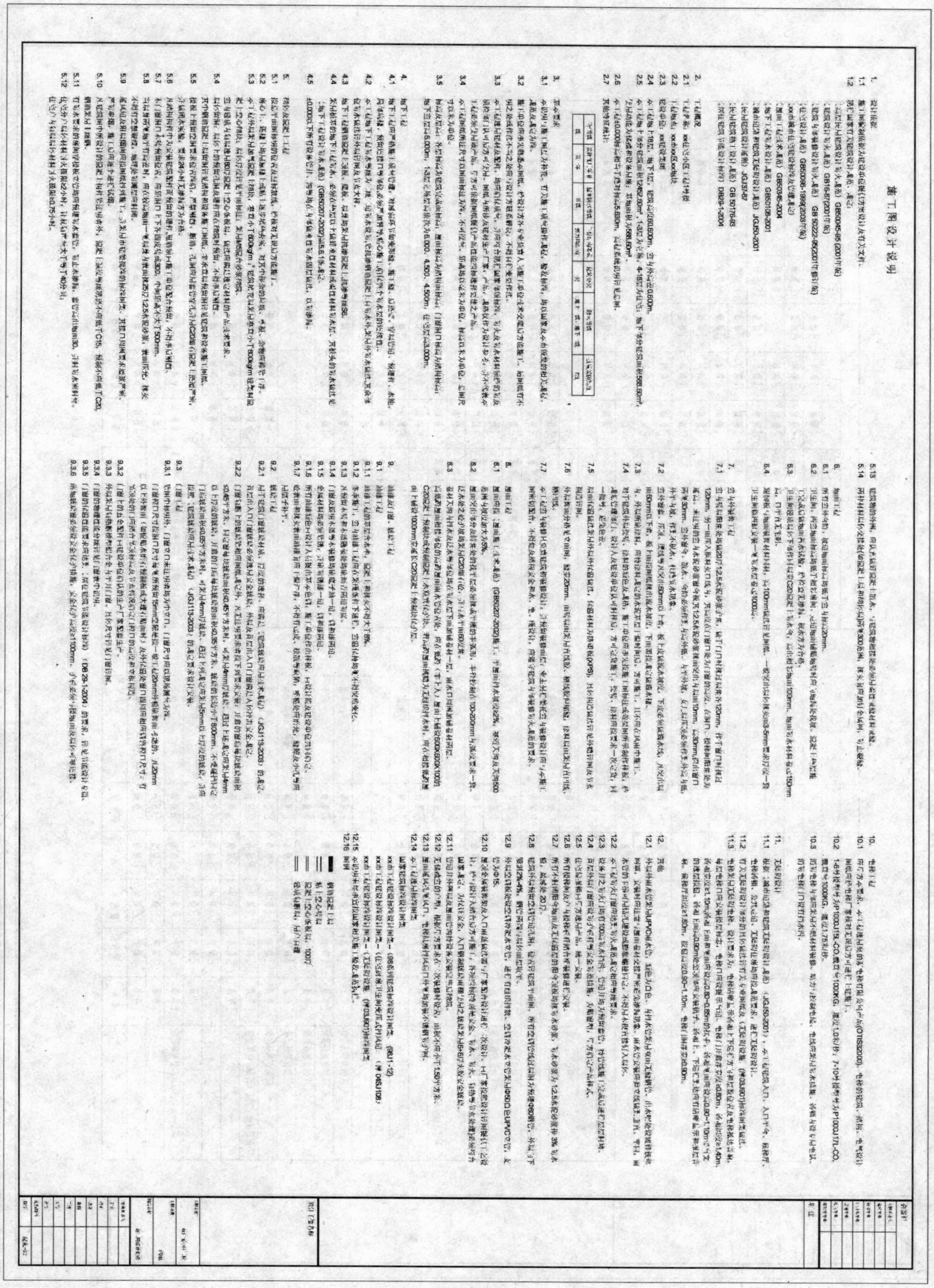

图 5-3　施工图设计说明

装修一览表

层数	部位 / 房间名称	楼、地面	踢脚	内墙面	顶棚	窗台	备注
地下一~二层	电梯前室	地面1	踢脚3	内墙4	顶棚2		
	楼梯间	地面1	踢脚3	内墙4	顶棚5		
	走道	地面1	踢脚3	内墙4	顶棚4.5		顶棚4用于地下1层，顶棚5用于地下2层
	储藏室	地面1	踢脚3	内墙4	顶棚4.5		顶棚做法同上
	自行车库	地面1	踢脚3	内墙4	顶棚4.5		顶棚做法同上
	配电间	地面1	踢脚3	内墙4	顶棚4.5		顶棚做法同上
	报警阀室	地面1	踢脚3	内墙4	顶棚4.5		顶棚做法同上
	设备用房	地面1	踢脚3	内墙4	顶棚4.5		顶棚做法同上
首层	管理室	楼面6	踢脚2	内墙3	顶棚1	窗台1	
	消防控制室	楼面6	踢脚2	内墙3	顶棚1	窗台1	
	商场	楼面6	踢脚2	内墙3	顶棚3	窗台1	顶棚做法待二次装修时统一考虑
	商场卫生间	楼面7		内墙2	顶棚2	窗台1	
	入口门厅	楼面1	踢脚1	内墙1	顶棚3		
	电梯前室	楼面1	踢脚1	内墙1	顶棚3		
	楼梯间	楼面2	踢脚1	内墙1	顶棚1	窗台1	
	起居室、家庭厅	楼面3	踢脚2	内墙1	顶棚1	窗台1	面层为用户精装修部位，用户自理
	厨房、餐厅	楼面3	踢脚2	内墙1	顶棚1	窗台1	精装修面层同上
	卧室、衣帽间	楼面3	踢脚2	内墙1	顶棚1	窗台1	精装修面层同上
	卫生间	楼面4		内墙2	顶棚2	窗台1	精装修面层同上
	走道	楼面3	踢脚2	内墙1	顶棚1	窗台1	精装修面层同上
	阳台	楼面3	踢脚2	内墙1	顶棚1		精装修面层同上
二层	管理室	楼面6	踢脚2	内墙3	顶棚1	窗台1	
	消防控制室	楼面6	踢脚2	内墙3	顶棚1	窗台1	
	商场	楼面6	踢脚2	内墙3	顶棚3	窗台1	顶棚做法待二次装修时统一考虑
	商场卫生间	楼面7		内墙2	顶棚2	窗台1	
	电梯前室	楼面1	踢脚1	内墙1	顶棚3		
	楼梯间	楼面2	踢脚1	内墙1	顶棚1	窗台1	
	起居室、家庭厅	楼面3	踢脚2	内墙1	顶棚1	窗台1	面层为用户精装修部位，用户自理
	厨房、餐厅	楼面3	踢脚2	内墙1	顶棚1	窗台1	精装修面层同上
	卧室、衣帽间、储藏	楼面3	踢脚2	内墙1	顶棚1	窗台1	精装修面层同上
	卫生间	楼面4		内墙2	顶棚2	窗台1	精装修面层同上
	走道	楼面3	踢脚2	内墙1	顶棚1	窗台1	精装修面层同上
	阳台	楼面3	踢脚2	内墙1	顶棚1		精装修面层同上

层数	部位 / 房间名称	楼、地面	踢脚	内墙面	顶棚	窗台	备注
三层	管理室	楼面6	踢脚2	内墙3	顶棚1	窗台1	
	消防控制室	楼面6	踢脚2	内墙3	顶棚1	窗台1	
	商场	楼面6	踢脚2	内墙3	顶棚3	窗台1	顶棚做法待二次装修时统一考虑
	商场卫生间	楼面7		内墙2	顶棚2	窗台1	
	电梯前室	楼面1	踢脚1	内墙1	顶棚3		
	楼梯间	楼面5	踢脚3	内墙3	顶棚5	窗台2	
	起居室、家庭厅	楼面3	踢脚2	内墙1	顶棚1	窗台1	面层为用户精装修部位，用户自理
	厨房、餐厅	楼面3	踢脚2	内墙1	顶棚1	窗台1	精装修面层同上
	卧室、衣帽间、储藏	楼面3	踢脚2	内墙1	顶棚1	窗台1	精装修面层同上
	卫生间	楼面4		内墙2	顶棚2	窗台1	精装修面层同上
	走道	楼面3	踢脚2	内墙1	顶棚1	窗台1	精装修面层同上
	阳台	楼面3	踢脚2	内墙1	顶棚1		精装修面层同上
四~二十九层	电梯前室	楼面1	踢脚1	内墙1	顶棚3		
	楼梯间	楼面5	踢脚3	内墙3	顶棚5	窗台2	
	起居室、家庭厅	楼面3	踢脚2	内墙1	顶棚1	窗台1	面层为用户精装修部位，用户自理
	厨房、餐厅	楼面3	踢脚2	内墙1	顶棚1	窗台1	精装修面层同上
	卧室、衣帽间、储藏	楼面3	踢脚2	内墙1	顶棚1	窗台1	精装修面层同上
	卫生间	楼面4		内墙2	顶棚2	窗台1	精装修面层同上
	走道	楼面3	踢脚2	内墙1	顶棚1	窗台1	精装修面层同上
	阳台	楼面3	踢脚2	内墙1	顶棚1		精装修面层同上
	报警阀室	楼面5	踢脚3	内墙3	顶棚5		
	水箱间	楼面7	踢脚3	内墙3	顶棚5	窗台2	仅用于10号楼
机房层	楼梯间	楼面5	踢脚3	内墙3	顶棚5	窗台2	
	水箱间	楼面7	踢脚3	内墙3	顶棚5	窗台2	仅用于10号楼
	电梯机房	楼面5	踢脚3	内墙3	顶棚5	窗台2	

图 5-4 装修一览表

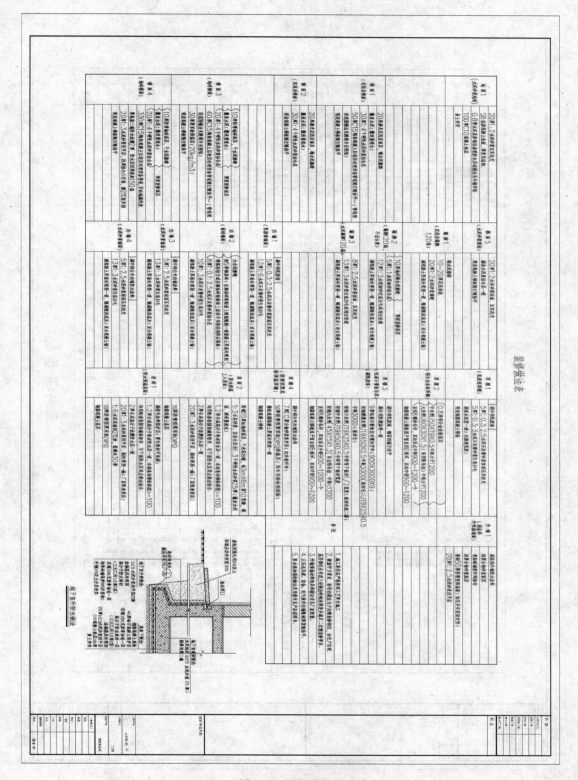

图 5-5 装修做法表

门 窗 统 计 表

门窗名称	洞口尺寸	材料与形式	门窗数量										采用标准图号	备注
			地下室层	首层	2~3层	4层	5~14层	15~16层	17层	18层	19层	总计		
C-1	1800x1820	铝合金平开窗		6			2x10=20		2	2		26	采用门窗详图	凸窗，尺寸以现场测量为准
C-1'	1500x1820	铝合金平开窗					2x10=20					8	采用门窗详图	凸窗，尺寸以现场测量为准
C-2	1500x1820	铝合金平开窗		2		2	2x10=20		2	2		26	采用门窗详图	
C-2'	1500x1820	铝合金平开窗					2x10=20					4	采用门窗详图	凸窗，尺寸以现场测量为准
C-3	1100x1520	铝合金平开窗				2	2x10=20	2x2=4	2			28	采用门窗详图	凸窗，尺寸以现场测量为准
C-4	1100x1520	铝合金平开窗		2		2	2x10=20	2x2=4	2			30	采用门窗详图	凸窗，尺寸以现场测量为准
C-5	2100x2800	铝合金平开窗		2		2	2x10=20	2x2=4	2			30	采用门窗详图	
C-5'	2100x2000	铝合金平开窗							2			2	采用门窗详图	
C-6	2100x1820	铝合金平开窗		2		2	2x10=20	2x2=4	2			30	采用门窗详图	
C-6'	1000x1520	铝合金平开窗										8	采用门窗详图	
C-7	1500x1520	铝合金平开窗		4		4	4x10=40	4x2=8	4	4		76	采用门窗详图	
C-7'	1500x1520	铝合金平开窗		4			4x2=8					8	采用门窗详图	
C-8	1500x500	铝合金平开窗				6	6x10=60	6x2=12	6	2		30	采用门窗详图	
C-8'	1200x1520	铝合金推拉窗	4		4x2=8		6x10=60	6x2=12	6			108	采用门窗详图	
C-10	1200x500	铝合金平开窗										8	采用门窗详图	
C-11	900x1520	铝合金平开窗	2		2x2=4	4	2x10=20	2x2=4	2			38	采用门窗详图	
FM-1	600x1520	乙级防火门					2x10=20	2x2=4	2			38	采用门窗详图	
FM-2	1000x2100	乙级防火门	2		2x2=4	2	2x10=20	2x2=4	2			41	采用门窗详图	
FM-3	1200x2400	乙级防火门	3		2	2	2x10=20	2x2=4	2			38	用于楼梯前室及消防通道
FM-4	1000x2100	乙级防火门			2	4	4x10=40	4x2=8	4			76	用于楼梯间及消防通道入口处
FM-5	1600x2100	乙级防火门				4						30	用于水泵房
FM-6	600x2100	丙级防火门	2		2x2=4	6	6x10=60	6x2=12	6			108	用于电气管井
FM-7	900x2100	丙级防火门	2		2x2=4	4	2x10=20	2x2=4	2	2		38	用于排风管井
FM-8	1500x2100	甲级防火门	1									2	设备用房及消防
FM-9	1500x2100	乙级防火门	8			8	8x10=80	8x2=16	8	8		120	用于住宅入户大堂
M-1	1500x2400	铝合金平开门										30	采用门窗详图	
M-3	900x2100	铝合金平开门				10	10x10=100	10x2=20	10	10	6	156	采用门窗详图	
M-4	800x2100	木平开门	7		4x2=8		18x10=180	9x2=18	9	9		233	采用门窗详图	
M-5	1000x2100	木平开门	4		2x2=4							8	采用门窗详图	
MC-1	1800x2400	铝合金门				4	4x10=40	4x2=8	4	4		60	采用门窗详图	
MC-2	2400x2400	铝合金平开门							2	2		2	采用门窗详图	
YC-1	2400x2200	铝合金平开窗					2x10=20	2x2=4	4	4		24	采用门窗详图	
YC-2	2700x2200	铝合金平开窗					2x10=20	2x2=4	4	4		20	采用门窗详图	
YC-2'	2100x1820	铝合金平开窗							4	4		12	采用门窗详图	
YC-3	2100x2200	铝合金平开窗					2x10=20	2x2=4	2	2		26	采用门窗详图	
YC-4	1750x2200	铝合金平开窗				4	4x10=40	4x2=8	4	4		60	采用门窗详图	

图 5-6　门窗统计表

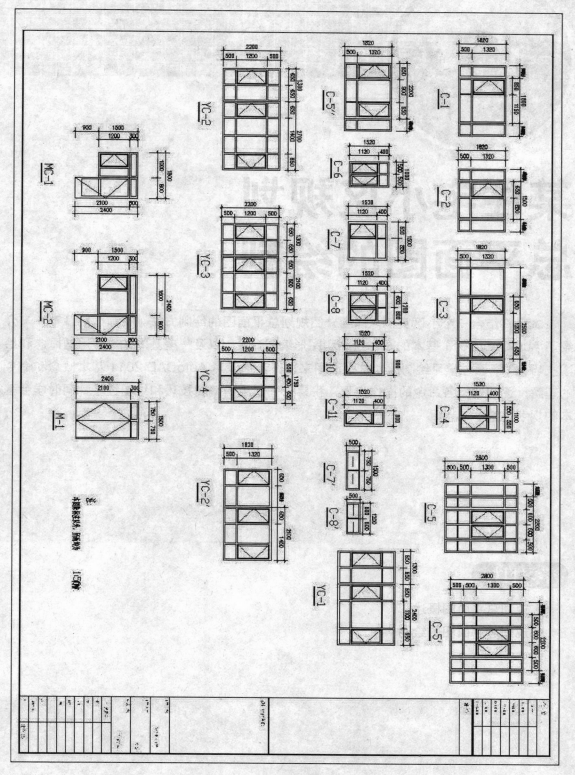

图 5-7　门窗详图汇总

第6章

某住宅小区规划总平面图的绘制

　　本章将结合一个小区实例，详细介绍规划总平面图的绘制方法。在前面的章节中，介绍了 AutoCAD 2011 基本的图形绘制和图形编辑命令，以及一些基本的、常用的概念和绘图技巧。本章通过学习绘制规划总平面图来进一步加深对 AutoCAD 2011 基本概念和命令的理解，逐渐熟悉各命令的操作步骤，积累一些适用的编辑技巧和绘图经验，同时学会基本的规划方法。

学习目标

- ◆ 规划总平面图概述
- ◆ 规划总平面图的绘制

6.1 规划总平面图概述

规划总平面图是将拟建工程周围一定范围内的建筑物，连同周围的环境状况向水平面投影，用相应的图例来表示的图样。总平面图能够反映拟建建筑物的平面状态、所处位置等内容，是建筑施工定位的依据。

本章提供的规划实例为占地 2.31 公顷（hm²）的高层住宅小区，总建筑面积约为 62000m²，拥有商业、居住、运动、休闲等各种不同功能的空间，为业主提供一个安静而又温馨的居住环境。

6.1.1 总平面图的基本知识

规划总平面图是表明一项建设工程总体布置情况的图纸。它是在建设基地的地形图上，将已有的、新建的和拟建的建筑物、构筑物，以及道路、绿化等，按与地形图同样比例绘制出来的平面图。主要表明新建平面形状、层数、室内外地面标高，新建道路、绿化、场地排水和管线的布置情况，并表明原有建筑、道路、绿化等和新建筑的相互关系，以及环境保护方面的要求等。由于建设工程的性质、规模及所在基地的地形、地貌的不同，规划总平面图所包括的内容有的较为简单，有的则比较复杂，必要时还可以分项绘出竖向布置图、管线综合布置图、绿化布置图等。

总平面图的图示内容主要包括：比例、新建建筑的定位、尺寸标注和名称标注、标高。

1. 比例

由于总平面表达的范围较大，所以需采用较小的比例绘制。国家标准《建筑制图标准》（GB/T50104-2001）规定，总平面应采用 1：500、1：1000、1：2000 的比例绘制。总平面图上的尺寸标注，要以米为单位。

2. 新建建筑的定位

新建建筑的具体位置，一般根据原有建筑或道路来定位，如果靠近城市主干道，也可以根据它来定位。当新建成片的建筑或较大的公共建筑时，为了保证放线准确，也常采用坐标来确定每一建筑物、建筑小品以及道路转折点等的位置。另外，在地形起伏较大的地区，还应画出地形等高线。

3. 尺寸标注和名称标注

总平面图上应标注建筑之间的间距、道路的间距尺寸、新建建筑室内地坪和室外整平地面的绝对标高尺寸，各建筑物和环境小品的名称。总平面图上标注的尺寸及标高，一律以米为单位，标注精确到小数点后两位。

4. 标高

平时用来表达建筑各部位（如室内外地面、道路高差等）高度的标注方法。在图中用标高符号加注尺寸数字表示。标高分为绝对标高和相对标高。我国把青岛附近的黄海平均海平面定为标高零点，其他各地的高程都以此为基准，得到的数值即为绝对标高。把建筑底层内地面定为零点，建筑其他各部位的高程都以此为基准，得到的数值即为相对标高。建筑施工图中，除了总平面图外，都标注相对标高。

6.1.2 规划设计的基本知识

规划总平面不是简单的利用 AutoCAD 绘图，而是通过 AutoCAD 将设计意图表达出来。其中建筑布局和绘制都有一定的要求和依据，读者要重点掌握的有以下 5 个方面：基地环境的认知、基地形状与建筑布局形态、规划控制条件的要求、建筑物朝向、绘制方法和步骤。

1. 基地环境的认知

每幢建筑总是处于一个特定的环境中，因此，建筑的布局要充分考虑和周围环境的关系，例如，原有建筑、道路的走向，基地面积大小以及绿化等方面与新建建筑物之间的关系。新规划的建筑要使所在基地形成协调的室外空间和良好的室外环境。

2. 基地形状与建筑布局形态

建筑布局形态与基地的大小、形状和地形有着密切的关系。一般情况下，当场地规模平坦并较小时，常采用简单、规整的行列式；对于场地面积较大的基地，结合基地情况，可采取围合式、点式等布局形式、对于地形较复杂的基地，可以有吊脚、爬坡等多种处理方式；当场地坪图不规则或较狭窄时，则要根据使用性质，结合实际情况，充分考虑基地环境，采取不规则的布局形式。

3. 规划控制条件的要求

新建筑的布局往往受到周围环境的影响，为了与周围环境的协调，就要遵守一些规划的控制条件，一般包括建筑红线和建筑半间距。

建筑红线（又称建筑控制线）是指有关法规或详细规划确定的建筑物，建筑物的基底位置不得超出的界线。因此本书在后面的规划设计中，建筑布局不得超越该红线。

建筑半间距是指规划中相邻地块的建筑各退让一半，作为合理的日照间距。

规划的控制条件远不止以上两条，有兴趣的读者可以查找相关规范以便遵守。

4. 建筑物朝向

影响建筑物朝向的因素主要有日照和风向。根据我国所处的地理位置，建筑物南向或南偏东、偏西少许角度都能获得良好的日照。正确的朝向可以改变室内气温条件、创造舒适的室内环境。例如，如果住宅设计中合理利用夏季主导风向，可以有效解决夏季通风降温的问题。

5. 绘制方法和步骤

规划总平面图是一个水平投影图，绘制时按照一定的比例，在图纸上绘制出建筑的轮廓线及其他设施的水平投影的可见线，以表示建筑物和周围设施在一定范围内的总体布局情况。

规划总平面图的绘制一般有以下 5 个步骤。

（1）设置绘图环境。
（2）建筑布局。
（3）绘制道路与停车场。
（4）绘制环境。
（5）尺寸标注和文字说明。

6.2 规划总平面图的绘制

光盘路径	素材文件：素材文件\第 6 章\6.2 规划总平面图的绘制.dwg
	视频文件：视频文件\第 6 章\6.2 规划总平面图的绘制.avi

绘制思路

本节将在介绍了规划总平面知识的基础上，运用 AutoCAD 2011 设计并绘制某居住区的总平面图。

从总平面图中可以看出，该图采用 1：1 的比例绘制。我们规划的地块北面邻 40m 宽的人民路，东面邻 30m 宽的人民支路。地形基本平坦，为长 165m、宽 162m 的不规则矩形，主要入口在东边。

规划布局主要由退道路红线距离和建筑半间距来定位，该地块初步预测南北向能部 3 列建筑。此外该住宅区还要提供各种绿化景观和游乐设施。

整个设计过程包括：设置绘图环境、建筑布局、绘制道路与停车场、绘制环境、尺寸标注和文字说明共 5 个部分。最后成果如图 6-1 所示。

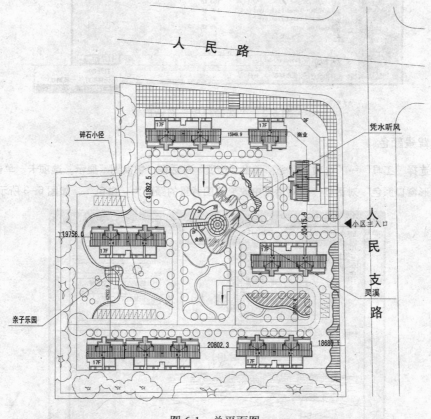

图 6-1　总平面图

6.2.1　设置总平面图绘图环境

绘图环境的初步设置内容包括：新建绘图文件、设置背景颜色、设置绘图单位、图层设置 4 部分。

:::: 注意

规划平面图中文字和标注没有特别的规定，以美观、出图后清楚可见为原则，所以这里不过多讲述"文字样式设置"和"标注样式设置"的问题。

1. 新建绘图文件

启动 AutoCAD 2011，选择"文件"→"新建"命令，或者单击工具栏中的 按钮，系统打开"选择样板"对话框，单击"打开"下拉按钮，从中选择"无样板打开－公制（M）"选项，如图 6-2 所示。

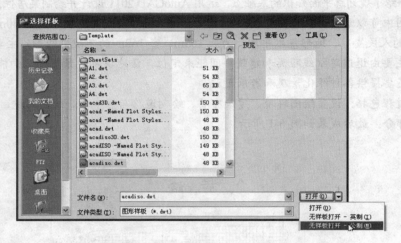

图 6-2　"选择样板"对话框

2. 设置背景颜色

从菜单中选择"工具"→"选项"命令，弹出"选项"对话框，切换到"显示"选项卡，单击"颜色"按钮，弹出"图形窗口颜色"对话框，在对话框中改变绘图背景的颜色为"白色"，如图 6-3 所示。

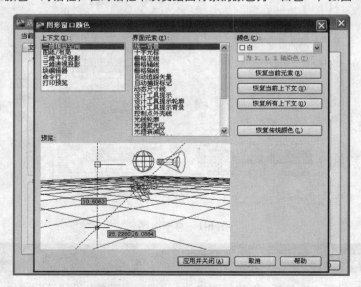

图 6-3　"图形窗口颜色"对话框

3. 设置绘图单位

选择"格式"→"单位"命令，打开"图形单位"对话框，在"长度"选项组的"类型"下拉列表中选择"小数"选项，在"精度"下拉列表中选择 0.00，如图 6-4 所示。

4. 图层设置

用 LAYER 命令或单击"图层"工具栏中的"图层特性管理器"按钮，打开"图层特性管理器"窗口，在该对话框中单击"新建"按钮，然后在动态文本中输入"道路"，按 Enter 键，完成"道路"图层的设置。按照同样的方法，依次完成相关图层的设置。单击颜色和线型处，可根据需要设置图层的颜色和线型，如图 6-5 所示。

图 6-4 "图形单位"对话框

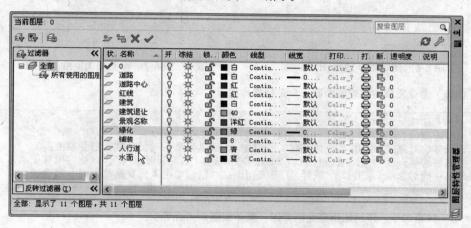

图 6-5 "图层特性管理器"窗口

> **注意**
>
> （1）各图层设置不同颜色、线宽和状态等；
> （2）0 层不做任何设置，也不应在 0 层绘制图样。

6.2.2 建筑布局

通过分析，人民路和人民支路均为城市性干道，因此在人民路和人民支路上布置临街商业门面。同时为了满足小区业主休闲的需要，在中心绿地处设计会所一处。因此建筑布局包括：公共建筑绘制、建筑模块的准备和住宅建筑布置 3 部分。

1. 公共建筑绘制

01 打开素材文件中已经绘制好的建筑地基地形图，如图 6-6 所示，其绘图环境已按 6.2.1 小节设置完毕。

02 选择 0 图层为当前层。

03 利用"直线"命令绘制出商业建筑的一边。按住 F8 键，打开正交（这样绘出来的线都是垂直 XY 轴的直线），命令行提示与操作如下。

```
命令：LINE↙（或L↙）
指定第一点：（用鼠标单击第一个点）
指定下一点或[放弃]：（用鼠标单击第二个点）
指定下一点或[放弃]：↙
```

结束命令，得到人民路临街商业的横向基准线。重复上一步，得到人民支路临街商业的竖向基准线，如图6-7所示。

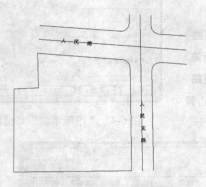
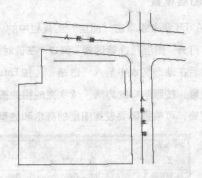

图 6-6　建筑地基地形图　　　　　　　　图 6-7　绘制临街商业基准线

04 利用"偏移"命令完成建筑轮廓绘制，命令行操作如下。

```
命令：OFFSET↙（或O↙）
指定偏移距离或[通过(T)/删除(E)/图层(L)]：<通过>：12000↙
选择要偏移的对象或[退出(E)/放弃(U)]<退出>：（鼠标单击人民路临街商业基准线）
指定要偏移的那一侧的点，或[退出(E)/多个(M)/放弃(U)]<退出>：（鼠标在偏移侧单击）
选择要偏移的对象或[退出(E)/放弃(U)]<退出>：（鼠标单击人民支路临街商业基准线）
指定要偏移的那一侧的点，或[退出(E)/多个(M)/放弃(U)]<退出>：（鼠标在偏移侧单击）
```

05 按 Enter 键，结束命令。得到临街商业的井深，具体如图6-8所示。

06 利用"直线"命令连接两条建筑边，命令行提示与操作如下。

```
命令：L↙
指定第一点：（直接用鼠标单击横向商业建筑基线的左侧第一点）
指定下一点或[放弃]：（用鼠标单击横向商业建筑第二根线的左侧第一点）
指定下一点或[放弃]：↙
```

利用相同的方法，用"直线"命令连接其他建筑边，完成连接如图6-9所示。

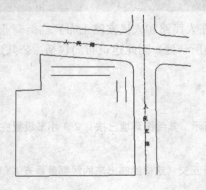
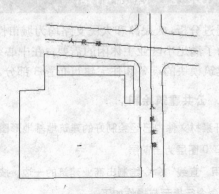

图 6-8　偏移临街商业基准线　　　　　　图 6-9　连接商业建筑轮廓

::: 小技巧

使用 LINE 命令时，若为正交直线，可单击"正交模式"按钮，根据正交方向提示，直接输入下一点的距离即可，而不需要输入@符号；若为斜线，则可单击"极轴追踪"按钮，右击"极轴追踪"按钮，弹出快捷菜单，可以设置斜线的捕捉角度，此时，图形即进入了自动捕捉所需角度的状态，可大大提高制图时输入直线长度的效率，如图 6-10 所示。

同时，右击"对象捕捉"按钮，在打开的快捷菜单中选择"设置"命令，如图 6-11 所示，弹出"草图设置"对话框，如图 6-12 所示，进行对象捕捉设置。绘图时，只需单击"对象捕捉"按钮，程序会自动进行某些点的捕捉，如端点、中点、圆切点等，捕捉对象功能的应用可以极大提高制图速度。使用对象捕捉可指定对象上的精确位置，例如，使用对象捕捉可以绘制到圆心或多段线中点的直线。

图 6-10　"状态栏"命令按钮

图 6-11　右键快捷菜单

若某命令下提示输入某一点（如起始点、中心点或基准点等），都可以指定对象捕捉。在默认情况下，当光标移动到对象的捕捉位置时，将显示标记和工具栏提示。此功能称为 AutoSnap（自动捕捉），它提供了视觉提示，指示哪些对象捕捉正在使用。

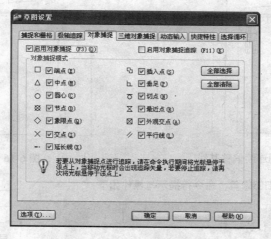

图 6-12　"草图设置"对话框

07 利用"倒角"命令绘制建筑转角处，命令行提示与操作如下。

```
命令：FILLET↙（或 F↙）
模式＝修剪，半径＝0.000
选择第一个对象或［放弃(U)/多段线(P)/半径(R)/修剪(T)/多个(M)］：R↙
指定圆角半径 <0.000>：15000↙
选择第一个对象或［放弃(U)/多线段(P)/半径(R)/修剪(T)/多个(M)］：（用鼠标选取横向商业建筑
基线的右侧第一点）
选择第二个对象，或按住 Shift 键选择要应用角点的对象：（用鼠标选取竖向商业建筑基线的上方第一点）
```

按 Enter 键完成商业建筑转角处圆弧处理，结果如图 6-13 所示。

08 利用"偏移"命令将人民路临街商业基准线向下侧偏移 2250mm，连续偏移 2 次，进行建筑细部绘制，如图 6-14 所示。

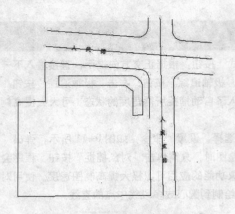

图 6-13　商业建筑转角

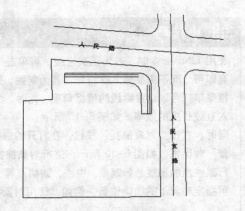

图 6-14　向下侧偏移基线

09 同样利用"偏移"命令，分别将相应直线向右侧偏移 8500mm，连续偏移，偏移到所需位置，如图 6-15 所示。

10 利用"直线"命令连接屋顶分割，结果如图 6-16 所示。

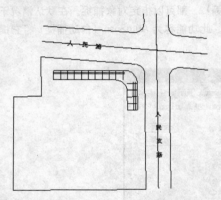

图 6-15　向右侧连续偏移基线

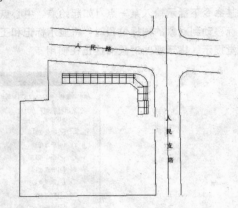

图 6-16　屋顶分割

11 利用"修剪"命令进行细部修剪，命令行提示与操作如下。

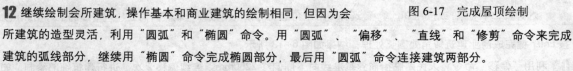

```
命令：TRIM✓（或 TR ✓）
当前设置：投影＝UCS，边＝无
选择剪切边……
选择对象或<全部选择>：（鼠标框选所有线段）
选择对象或 <全部选择>：✓
选择要修剪的对象，或按住 Shift 键选择要延伸的对象，或
[栏选（F）/窗交（C）/投影（P）/边（E）/删除（R）/放弃（U）]：
（鼠标依次单击要裁剪的线段）
```

按 Enter 键，结束命令，完成商业建筑屋顶绘制，结果如图 6-17 所示。

图 6-17　完成屋顶绘制

12 继续绘制会所建筑，操作基本和商业建筑的绘制相同，但因为会所建筑的造型灵活，利用"圆弧"和"椭圆"命令。用"圆弧"、"偏移"、"直线"和"修剪"命令来完成建筑的弧线部分，继续用"椭圆"命令完成椭圆部分，最后用"圆弧"命令连接建筑两部分。

13 利用"圆弧"命令绘制会所建筑第一条边，命令行提示与操作如下。

> 命令：ARC✓（或 A✓）
> 指定圆弧的起点或[圆心(C)]：（直接用鼠标单击第一点）
> 指定圆弧的第二个点或[圆心(C)/端点(E)]：（鼠标单击第二点）
> 指定圆弧的端点：（鼠标单击端点）

按 Enter 键，会所建筑基准边完成。

14 利用"偏移"命令将会所建筑基准线向外偏移 3360mm、6720mm，绘制会所建筑。

15 利用"偏移"命令，偏移距离为 1600mm，完成偏移，如图 6-18 所示。

16 利用"直线"命令连接偏移的几个建筑边。

17 利用"直线"命令，连接上面 14、15 步偏移的 3 条弧线建筑边。为了美观，进行不等连接，最后完成情况如图 6-19 所示。

18 利用"延伸"命令进行线段的延伸，命令行提示与操作如下。

> 命令：EXTEND✓（或 EX✓）
> 当前设置：投影＝UCS，边＝无
> 选择边界的边……
> 选择对象或<全部选择>：（鼠标单击上图平行绘制的直线）
> 选择对象或 <全部选择>：找到 1 个
> 选择对象：✓
> 选择要延伸的对象，或按住 Shift 键选择要延伸的对象，或
> [栏选(F)/窗交(C)/投影(P)/边(E)/放弃(U)]：（依次单击上图中需要延伸的 3 根弧线）

按 Enter 键，结束命令。

19 利用"修剪"命令进行多余线段的修剪，完成商业建筑屋顶绘制，结果如图 6-20 所示。

图 6-18　连续偏移弧线　　　　　　图 6-19　不等连接　　　　　图 6-20　建筑屋顶

20 利用"椭圆"命令绘制椭圆造型的建筑部分，命令行提示与操作如下。

> 命令：ELLIPSE✓
> 指定椭圆的轴端点或[圆弧(A)/中心点(C)]：（鼠标单击一点）
> 指定轴的另一个端点：（鼠标单击另一点）
> 指定另一条半轴长度或[旋转(R)]：（鼠标单击一点）

椭圆建筑造型完成，如图 6-21 所示。

21 利用"圆弧"命令绘制建筑连接部分，如图 6-22 所示。

22 利用"偏移"命令将上步绘制的圆弧建筑边向内偏移 1600mm。

23 利用"延伸"命令进行弧线的延伸。

24 利用"偏移"命令，将所有的会所建筑线向内偏移 160mm，完成会所建筑屋顶绘制，结果如图 6-23 所示。

2. 建筑模块的准备

将建筑屋顶平面做成整体的块，方便在建筑布局中使用。首先打开本书配套光盘中的"第 6 章\图块\jzl-1.dwg"文件，关闭所有的标注层和文字层，设置"建筑"层为当前层，具体步骤如下。

图 6-21 椭圆建筑造型   图 6-22 绘制连接弧线   图 6-23 会所建筑屋顶

01 选择"修改"→"特性匹配"命令将建筑屋顶平面各种线型统一到"建筑"图层上。命令行提示与操作如下。

```
命令：MATCHPROP ✓
选择目标对象或[设置(S)]：（鼠标框选建筑屋顶平面）
选择目标对象或[设置(S)]：✓
```

02 定义块。选择相应的菜单命令或单击相应的工具栏按钮，或在命令行中输入 BLOCK 后按 Enter 键，AutoCAD 打开如图 6-24 所示的"块定义"对话框，在名称一栏输入 jz1；单击"拾取点"按钮后在建筑屋顶平面上选取任意一点；单击"选择对象"按钮后框选整个建筑屋顶平面，单击"确定"按钮，在规划布局中使用的建筑模块制作完成。

3. 住宅建筑布置

打开本书配套光盘中的"第 6 章\图块\ jzl.dwg"文件，依次选择"编辑"→"复制"命令，"编辑"→"粘贴"命令，"修改"→"旋转"命令，"修改"→"复制"命令来完成建筑布置的绘制。

图 6-24 "块定义"对话框

注意

"编辑"→"复制"命令用于两个 CAD 文件之间的复制，"修改"→"复制"命令用于一个 CAD 文件内部的复制。

---

01 在建筑屋顶平面图中选择"复制"命令，命令行提示与操作如下。

```
命令：COPYCLIP✓
选择对象：（鼠标单击 jz1 模块）
```

按 Enter 键结束命令。

02 在规划平面图中选择"粘贴"命令，命令行提示与操作如下。

```
命令：PASTECLIP✓
指定插入点：（单击鼠标）
```

模块调入完成。

注意

如果没有已经绘制好的建筑图形，可以绘制出建筑物的大体轮廓图形代替具体的建筑物图形作为建筑的示意图。在总平面图中允许采用这种示意画法。

---

03 利用"复制"命令进行多个建筑的布置，命令行提示与操作如下。

```
命令：COPY↙（或 co↙ 或 cp↙）
选择对象：（鼠标单击 JZ1 模块↙）
当前设置：　复制模式 ＝ 多个
指定基点或［位移(D)/模式(O)］<位移>：（鼠标单击块所在位置）
指定第二个点或<使用第一个点作为位移>：（鼠标单击住宅建筑布置的位置）
指定第二个点或［退出(E)/放弃(U)］<退出>：（鼠标单击住宅建筑下一个布置的位置）
……
```

如图 6-25 所示。

04 利用"旋转"命令，旋转角度不合适的建筑，命令行提示与操作如下。

```
命令：ROTATE↙（或 RO↙）
UCS 当前的正角方向：ANGDIR=逆时针 ANGBASE=0
选择对象：（鼠标单击需要旋转的住宅块）↙
指定基点：（鼠标单击需要旋转的住宅块某点）
指定旋转角度，或［复制(C)/参照(R)］<0>：键盘输入：-90↙
```

完成需要旋转的建筑，结果如图 6-26 所示。

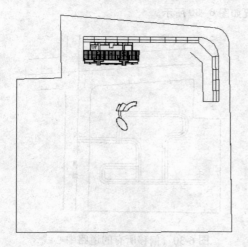

图 6-25　复制并粘贴建筑图形

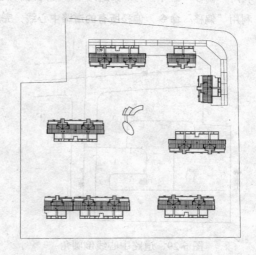

图 6-26　住宅建筑布局

6.2.3　绘制道路与停车场

道路以通达性为原则，为了满足小区的需要，需要配置地面停车和地下停车，因此绘制道路与停车场包括：道路绘制、地面停车场绘制、地下车库入口绘制 3 个部分。

1．道路绘制

将图层设置到"道路中心线"层，利用"直线"命令来完成道路中心线的绘制，如图 6-27 所示。选择"修改"→"偏移"命令来绘制道路，选择"修改"→"特性匹配"命令来修改道路的图层，最后选择"修改"→"圆角"命令绘制道路圆角。

01 利用"直线"命令，绘制道路第一根中心线。根据建筑布局生成的道路布局形成，结果如图 6-28 所示。

02 利用"圆角"命令绘制道路中心线的圆角，圆角半径为 1000mm。

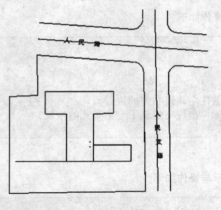

图 6-27　绘制道路转角

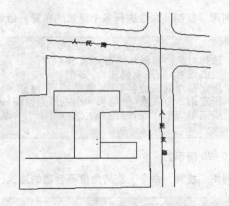

图 6-28　道路中心线

03 利用"圆角"命令，所有的相交道路中心线均要倒圆角，在局部道路狭小的位置半径为 5000mm，完成情况如图 6-29 所示。

04 利用"偏移"命令，将一条道路中心线向两侧偏移 3000mm，生成道路。

05 利用"偏移"命令，偏移所有的道路中心线，完成情况如图 6-30 所示。

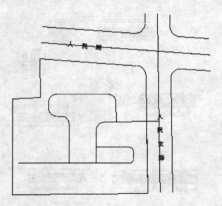

图 6-29　道路中心线倒圆角

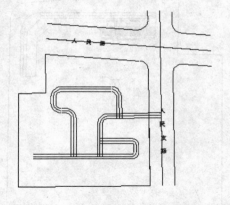

图 6-30　偏移所有的道路中心线

06 利用"修剪"命令对所有的道路线段进行修剪。

07 利用"圆角"命令绘制道路圆角，圆角半径为 5000mm，完成结果如图 6-31 所示。

08 利用"圆"命令，在道路的顶端绘制直径为 12000mm 的圆，并利用"修剪"命令对圆进行修剪，完成的道路图如图 6-32 所示。

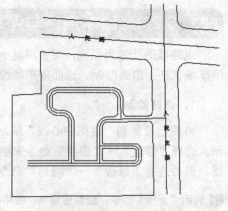

图 6-31　道路绘制完成

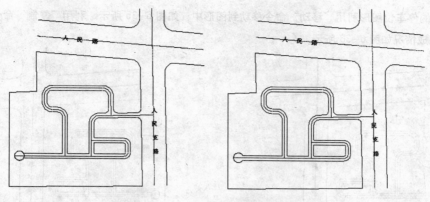

图 6-32　停车场绘制

2．地面停车场绘制

将"道路"图层设置为当前层，利用"矩形"命令，来绘制停车位，选择 BLOCK 命令来编辑停车位块，最后选择"修改"→"复制"命令布置停车场。

01 利用"矩形"命令绘制停车位的轮廓线，命令行提示与操作如下。

```
命令：RECTANG↙（或 REC↙）
指定第一个角点或[倒角(C)/标高(E)/圆角(F)/厚度(T)/宽度(W)]：（直接用鼠标选取一点）
指定另一个角点或[面积(A)/尺寸(D)/旋转(R)]：d↙
指定矩形的长度<0>：2500↙
指定矩形的宽度<0>：5000↙
```

一个停车位绘制完成。

02 利用"直线"命令在上步绘制的矩形框内绘制一条斜线，这样才是一个停车位的完整表达方式，完成情况如图 6-33 所示。

03 然后利用"写块"命令（BLOCK，快捷键 B），弹出如图 6-34 所示的"块定义"对话框，在名称栏中输入 tch；单击"拾取点"按钮后在停车位上选取任意一点；单击"选择对象"按钮后框选整个停车位，然后单击"确定"按钮，在规划布局中使用的停车位模块制作完成。

图 6-33　停车位

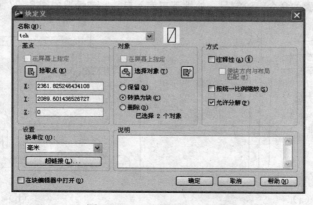

图 6-34　"块定义"对话框

04 将绘制好的停车位图形利用"移动"命令移动到图形中，如图 6-35 所示。利用"复制"命令，复制出其他停车位，完成情况如图 6-36 所示。

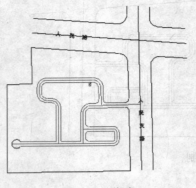

图 6-35　移动

图 6-36　停车场布置

3. 地下车库入口绘制

将图层设置到"道路"层，选择"绘图"→"矩形"命令来绘制地下车库入口，选择"绘图"→"多段线"命令来绘制指引地下车库入口的箭头符号。

01 利用"矩形"命令绘制长为 6000mm，宽为 13000mm 的地下车库入口，如图 6-37（a）所示。

02 利用"多段线"命令绘制箭头，命令行提示与操作如下。

```
命令：PLINE↙（或 PL↙）
指定起点：（直接用鼠标选择一点）
当前宽度为 0.00
指定下一个点或[圆弧(A)/半宽(H)/长度(L)/放弃(U)/宽度(W)]：w↙
指定起点宽度<0.00>：200↙
指定端点宽度<200>：↙
指定下一个点或[圆弧(A)/半宽(H)/长度(L)/放弃(U)/宽度(W)]：（用鼠标单击下一点位置）
指定下一个点或[圆弧(A)/闭合(C)/半宽(H)/长度(L)/放弃(U)/宽度(W)]：w↙
指定起点宽度<200>：1000↙
指定端点宽度<1000>：0↙
指定下一个点或[圆弧(A)/闭合(C)/半宽(H)/长度(L)/放弃(U)/宽度(W)]：（用鼠标单击下一点）
```

按 Enter 键，结束命令。

03 重复（1）、（2）步骤的命令，绘制另一处地下车库入口，完成情况如图 6-37（b）所示。

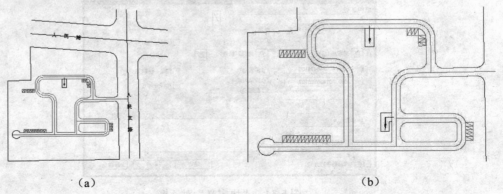

（a）　　　　　　　　　　　　　　　　　　（b）

图 6-37　地下车库入口

6.2.4　绘制建筑环境

绘制环境以舒适性为原则，为了满足小区的使用，设计了水面、步行道和广场。因此绘制环境包括：水池、步行道、广场、灌木和树的绘制 5 个部分。

1. 水池的绘制

水池由自由的曲线组成，选择"绘图"→"多段线"命令绘制。

01 利用"多段线"命令绘制水池轮廓线，命令行提示与操作如下。

```
命令：PLINE↙
指定起点：（用鼠标单击一点）
当前宽度为 0.00
指定下一个点或[圆弧(A)/半宽(H)/长度(L)/放弃(U)/宽度(W)]：a↙
指定圆弧的端点或[角度(A)/圆心(CE)/方向(D)/半宽(H)/直线(L)/半径(R)/第二个点(S)/放弃
(U)/宽度(W)]：s↙
指定圆弧上的第二个点：（用鼠标单击第二点）
指定圆弧的端点：（用鼠标单击端点）
```

按 Enter 键，结束命令。水池的轮廓线绘制完毕，如图 6-38 所示。

02 下面填充水面，选择"绘图"→"图案填充"命令，弹出如图 6-39 所示的"图案填充和渐变色"对话框。单击"图案"后面的 ⋯ 按钮，弹出如图 6-40 所示的"填充图案选项板"对话框，选择 ANSI →ANSI36 样式，单击"确定"按钮，退出"填充图案选项板"对话框。在"比例"下拉列表框中输入 10000。单击"添加：拾取点"按钮 ，暂时退出"图案填充和渐变色"对话框。在刚描绘的水池线中间单击，水池线呈虚线，表示选择成功，按 Enter 键，回到"填充图案选项板"对话框，单击"确定"按钮，填充完成。完成情况如图 6-41 所示。

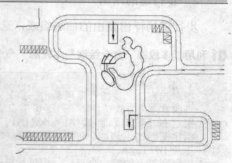

图 6-38　水池的绘制

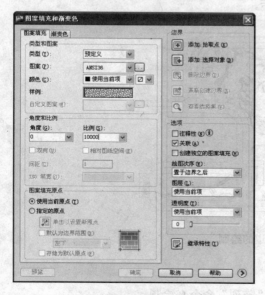

图 6-39　"图案填充和渐变色"对话框

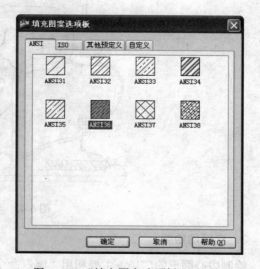

图 6-40　"填充图案选项板"对话框

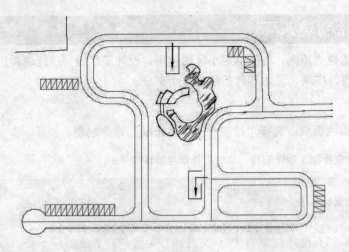

图 6-41　填充水面

2. 步行道的绘制

步行道同样由自由的曲线组成，选择"绘图"→"多段线"命令绘制。

01 利用"多段线"命令绘制基本轮廓，命令行提示与操作如下。

```
命令：PLINE✓
指定起点：（直接用鼠标单击一点）
当前宽度为0.00
指定下一个点或[圆弧(A)/半宽(H)/长度(L)/放弃(U)/宽度(W)]：a✓
指定圆弧的端点或[角度(A)/圆心(CE)/方向(D)/半宽(H)/直线(L)/半径(R)/第二个点(S)/放弃
(U)/宽度(W)]：s✓
指定圆弧上的第二个点：（用鼠标单击第二点）
指定圆弧的端点：（用鼠标单击端点）
```

02 连续绘制多线段，结束命令，完成情况如图 6-42 所示。

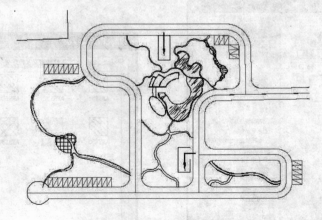

图 6-42　步行道的绘制

3. 广场的绘制

绘制中心圆形的广场，主要利用"圆"命令和"阵列"命令来绘制。

01 利用"圆"命令绘制直径为 12000mm 的圆，如图 6-43 所示。

02 利用"偏移"命令，将上一步绘制的圆向内侧偏移 1500mm，得到广场细部。

03 同（2）步骤，再将（2）步骤所偏移的圆环，依次偏移 1200mm 和 500mm。

04 将（2）、（3）步骤偏移的圆环，均向内侧偏移 200mm，效果如图 6-44 所示。

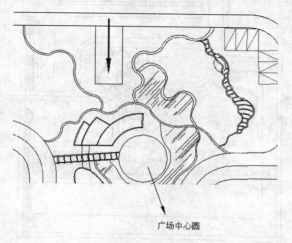

图 6-43　广场的中心圆形

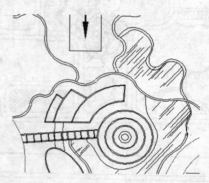

图 6-44　偏移广场的中心圆形

05 随意在圆上绘制一根连接到圆心的线段，如图 6-45 所示。利用"阵列"命令进行阵列，具体操作如下：使用"修改"→"阵列"命令，弹出"阵列"对话框，如图 6-46 所示，单击"环形阵列"单选按钮，单击"选择对象"按钮，暂时退出"阵列"对话框，选择上一步绘制的直线段，按 Enter 键回到对话框，单击"中心点"坐标旁边的按钮，暂时退出"阵列"对话框，单击圆心，在"项目总数"文本框中输入 10，单击"确定"按钮，命令完成。完成情况如图 6-47 所示。

图 6-45　绘制中心圆形的直线段

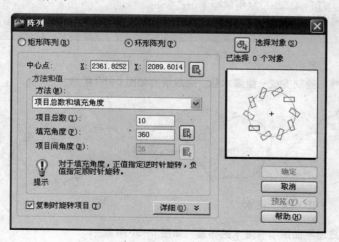

图 6-46　"阵列"对话框

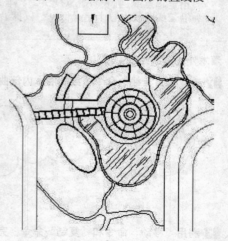

图 6-47　广场

06 利用"直线"命令和"圆弧"命令绘制节点广场，如图 6-48 所示，利用"图案填充"命令完成节点广场的区域填充，最后广场效果如图 6-49 所示。

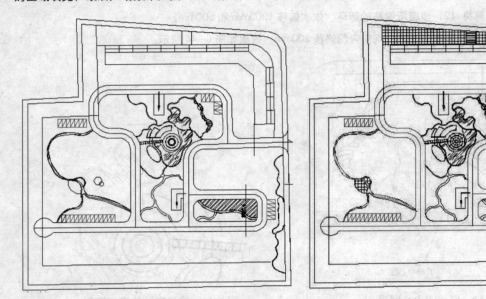

图 6-48　绘制节点广场的填充区域　　　　　　　图 6-49　广场总图绘制

4. 灌木的绘制

选择"绘图"→"修订云线"命令，绘制灌木。

01 利用"修订云线"命令，绘制一个灌木丛，命令行提示与操作如下。

```
命令：REVCLOUD↙
最小弧长：0　最大弧长：0　样式：普通
指定起点或[弧长(A)/对象(O)/样式(S)]<对象>：a↙
指定最小弧长<0>：4000↙
指定最大弧长<4000>：↙
指定起点或[弧长(A)/对象(O)/样式(S)]<对象>：（用鼠标单击选择）
沿云线路径引导十字光标……鼠标沿灌木布置方向移动
修订云线完成。
```

灌木外轮廓线绘制完成。

02 重复修订云线的命令，绘制灌木内部曲线，绘制完成一组灌木丛，完成情况如图 6-50 所示。

图 6-50　灌木

03 利用"移动"命令和"复制"命令，完成总平面图所有灌木的布置，如图 6-51 所示。

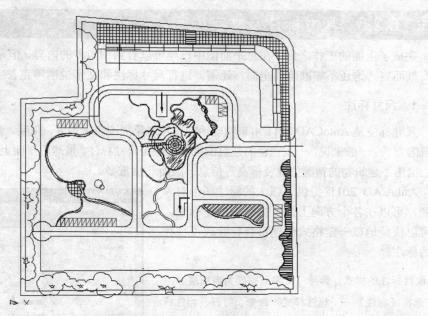

图 6-51　总平面图灌木的布置

5. 树的绘制

独立的树木在图上用简单的圆圈表示，因为要种植成排的行道树，所以利用"圆"命令和"复制"命令绘制树，绘制过程如下。

01 利用"圆"命令，绘制一棵直径为 4000mm 的圆圈树。

02 利用"复制"命令，绘制其他的树，具体效果如图 6-52 所示。

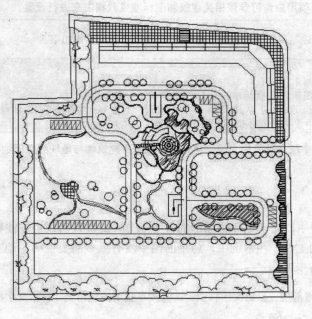

图 6-52　环境总图绘制

6.2.5 尺寸标注及文字说明

完成了上面的工作之后，在总平面图中已经可以看到相当多的内容。但是，对于一幅用于工程的图纸而言，这还不够准确和全面，还需要进行尺寸标注和文字说明等完善工作。

1. 尺寸标注

尺寸标注是 AutoCAD 2011 用来精确地在图形对象周围表示长度、角度、说明和注释等图形尺度信息的方式。一般来说，一张完整的建筑图纸不能缺少尺寸标注。虽然总平面上的尺寸标注内容较少，但它给出了建筑物的精确位置及标高等信息，因而非常重要。

AutoCAD 2011 提供了强大的标注图形对象功能，可以在各个方向上为各类对象创建标注，也可以快捷地以一定格式创建符合行业或项目标准的标注。

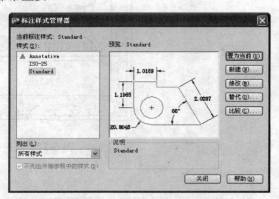

图 6-53 "标注样式管理器"对话框

01 设置标注的样式，选择"文字"图层为当前层。

02 选择"标注"→"标注样式"命令，打开"标注样式管理器"对话框，选择"标注样式"为 Standard，设置如图 6-53 所示，单击"置为当前"按钮，然后单击"关闭"按钮。

注意

建筑制图中标注尺寸线的起始及结束均以斜 45°短线为标记，故在"符号和箭头"项中，均选择"建筑标记"斜短线。其他各项用户均可参照相关建筑制图标准或教科书来进行设置。

03 选择菜单栏中的"标注"→"快速标注"命令，命令行提示与操作如下。

```
命令：QDIM↙
选择要标注的几何图形：（鼠标单击要标注的建筑一侧）
选择要标注的几何图形：（鼠标单击要标注的建筑另一侧）↙
指定尺寸线位置或［连续(C)/并列(S)/基线(B)/坐标(O)/半径(R)/直径(D)/基准点(P)/编辑
(E)/设置(T)]<连续>：（利用鼠标指定尺寸线的位置）
```

04 利用上述命令完成图中所有建筑物之间、建筑物与道路、建筑物与地块线之间的标注，得到如图 6-54 所示的总图尺寸标注结果。

2. 文字说明

在 AutoCAD 2011 中，文字是标记图形的各个部分、提供说明或进行注释的重要手段，是用来表达图形中重要信息的工具。在本例中，总平面图中没有太多需要说明的地方，以层数为例，简要介绍输入文字的方法与步骤。

01 选择"文字"图层为当前层，设置文字样式。选择菜单栏中的"格式"→"文字样式"命令，系统打开如图 6-55 所示的"文字样式"对话框。

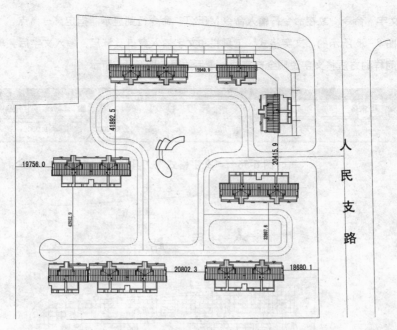

图 6-54　标注总图

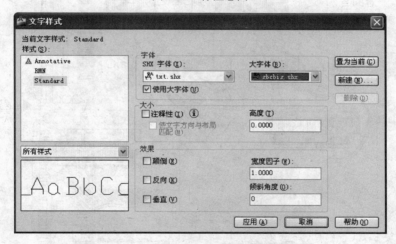

图 6-55　"文字样式"对话框

02 单击"新建"按钮，在打开的"新建文字样式"对话框中输入样式名 name，然后单击"确定"按钮，返回到"文字样式"对话框，在"字体"下拉列表中选择文字样式为 txt.shx，在"高度"文本框中输入 2000，默认其他设置。单击"应用"按钮，完成文本样式设置。

小技巧

多数情况下，同一幅图中的文字可能是同一种字体，但文字高度是不统一的，如标注的文字、标题文字、说明文字等文字高度是不一致的，若在文字样式中文字高度默认为 0，则每次用该样式输入文字时，系统都将提示输入文字高度。输入大于 0.0 的高度值则为该样式的字体被设置了固定的文字高度，使用该字体时，其文字高度不允许改变。

03 利用"多行文字"命令，或在命令行输入命令 MTEXT，命令行则显示"指定第一角点："，鼠标指定一点后，系统打开如图 6-56 所示的"文字格式"工具栏和文字输入窗口及标尺，输入文字后，单击"确定"按钮完成操作。按照同样的方法将文字说明全部完成，最后效果如图 6-57 所示。

图 6-56 "文字格式"工具栏

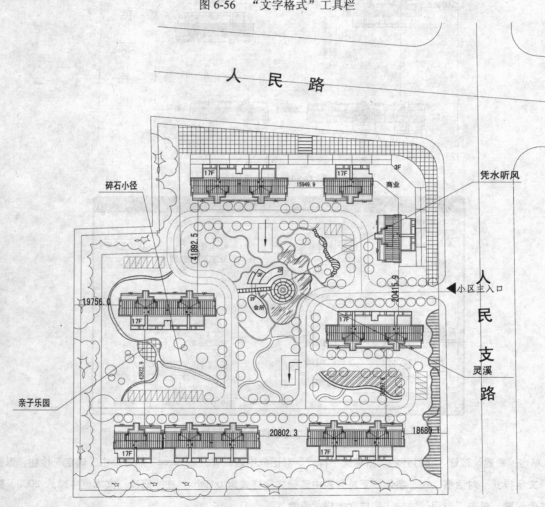

图 6-57 文字标注总图

第7章

某住宅小区 1 号楼
建筑平面图的绘制

　　建筑平面图表示建筑的平面形式、大小尺寸、房间布置、建筑入口、门厅及楼梯布置的情况，表明墙、柱的位置，厚度和所用材料以及门窗的类型、位置等。主要图纸有地下一层平面图，首层平面图，二、三层平面图以及组合平面图，屋顶造型平面图等。本章详细介绍建筑平面图的绘制方法。

学习目标

- ◆ 前期绘图环境设置
- ◆ 地下一层平面图的绘制
- ◆ 首层平面图的绘制
- ◆ 二、三层平面图的绘制
- ◆ 四至十四层组合平面图的绘制
- ◆ 十四至十八层甲单元平面图的绘制
- ◆ 屋顶设备层平面图的绘制
- ◆ 屋顶平面图的绘制

7.1 总体思路

该建筑地下一层、地上一到三层都采用短肢剪力墙结构。随着人们对住宅，特别是高层住宅平面与空间的要求越来越高，原来普通框架结构的露梁露柱，在较高的建筑中难以控制侧向变形，抗震性能比剪力墙弱。普通剪力墙结构的间距不宜过大，在建筑空间的布置利用上受到限制，对建筑空间的严格限定与分隔已不能满足人们对住宅空间的要求。于是在原有剪力墙的基础上，吸收了框架结构的优点，逐步发展形成了能够适应人们新的住宅观念的高层住宅结构形式，即"短肢剪力墙结构"。这种结构既能提供较大较灵活布置的建筑空间，又具有良好的抗震性能。短肢剪力墙仍属于剪力墙结构体系，只是采用较短的剪力墙肢（短肢剪力墙是指墙肢截面高度与厚度之比为 5～8 的剪力墙），而且通常采用 T 形、L 形、J 形、+形等。当这些墙肢截面高度与墙厚之比小于等于 3 时，它已接近于柱的形式，但并非是方柱，因此称为"异形柱"。故从广义角度讲，宜将这种结构体系称为"短肢剪力墙—筒体"（或"一般剪力墙结构体系"）。另外，所谓"筒体"就是以楼电梯间所组成的钢筋混凝土核心筒；所谓"一般剪力墙"就是指墙肢截面高度与墙厚之比大于 8 的剪力墙。因此，这种结构体系已在办公楼、饭店、公寓、教学楼、试验楼、病房楼等各类房屋建筑中得到了广泛的应用。

《高层建筑混凝土结构技术规程》（JGJ3－2002）中已经对"短肢剪力墙—筒体"（或"一般剪力墙体系"）结构体系有设计要求了。

本方案的特点：结合建筑平面、利用间隔墙位置来布置竖向构件，剪力墙的数量可多可少，剪力墙肢可长可短，主要视抗侧力的需要而定，还可以通过不同尺寸和布置以调整刚度和刚度中心的位置；由于减少了剪力墙数量，而代之以轻质填充墙，不仅房屋总重量可以减轻，同时也可以适当降低结构刚度，使地震作用减少，这不仅对基础设计有利，而且对结构抗震较为有利，同时可以降低工程造价，还可以加快施工进度。这种结构体系通常视建筑平面及抗侧力的需要，将中心竖向交通区处理成为筒体，以承受主要水平力。

7.2 前期绘图环境的设置

绘制思路

本节讲述在 AutoCAD 2011 的界面中如何创建一张新图，创建新的图层，以及图形的打开与保存。

7.2.1 创建新图

创建一个新的图形文件，主要包括建立新图和新图的参数设置两部分。

1. 建立新图

选择"文件"→"新建"命令，或者直接单击工具栏中的"新建"按钮 🗋，或者在命令行中输入 NEW，或者按 Ctrl＋N 快捷键，打开"选择样板"对话框，单击"打开"按钮，如图 7-1 所示。

2. 参数设置

01 选择"格式"→"单位"命令或者直接在命令行中输入 UNITS，弹出"图形单位"对话框。

02 将"图形单位"对话框中的"长度"选项组中的"类型"设置为"小数"，"精度"设置为 0，"角度"选项组中的"类型"设置为"十进制度数"，"精度"设置为 0，如图 7-2 所示。

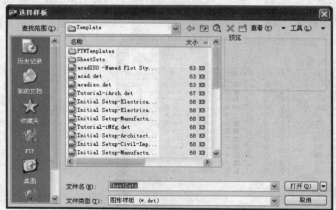

图 7-1 "选择样板"对话框

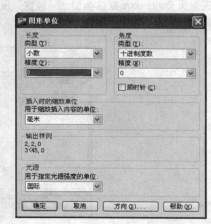

图 7-2 "图形单位"对话框

03 单击"图形单位"对话框中的"确定"按钮，完成绘图环境设置。

7.2.2　创建新图层

图层是用来组织图形中对象分类的工具，将同一对象组织在同一图层中，以便于编辑和修改，并且可以为新建图层设置颜色、线性、线宽等特性，还可以设置图层的打开与关闭、冻结与解冻、锁定与解锁、可打印与不可打印等，按名称或特性对图层进行排序，搜索图层的组。因此，在绘图前要为不同的图形对象设置不同的图层。

1. 新建图层

单击"图层"工具栏中的"图层特性管理器"按钮，或者选择"格式"→"图层"命令，或者在命令行中输入 LAYER，弹出"图层特性管理器"窗口，左侧为树状图而右侧为列表图，树状图显示所有定义的图层组和过滤器；列表图显示当前组或者过滤器中的所有图层，如图 7-3 所示。

图 7-3 "图层特性管理器"窗口

2. 设置图层

单击列表图上边的"新建图层"按钮 ，可新建图层并能够对新建图层进行重命名和特性设置。例如，新建图层并命名为"轴线"，"颜色"设置为"红色"，"线型"设置为 ACAD—IS004W100 类型，"线宽"设置为 0.09，"打印样式"设置为"不可打印"；建立"墙体"图层，"颜色"设置为"白色"，"线型"设置为 Continuous 默认类型，"线宽"设置为 0.35，"打印样式"设置为"可打印"。再分别依次建立其他图层，如图 7-4 所示。

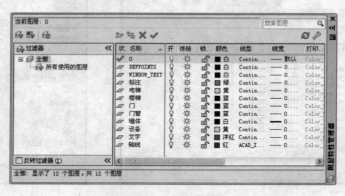

图 7-4　新建图层

> **注意**
>
> 平面图中的墙线一般用粗实线表示，窗和阳台等建筑附件通常用中实线表示，轴线用细点画线表示，标注等其他部分用细实线表示。线的类型不同，线型、线宽、颜色的设置均不同，为以后画图提供很大的方便。

> **小技巧**
>
> 初学者必须首先学会图层的灵活运用。如果图层分类合理，则图样的修改很方便，在修改一个图层时可以把其他的图层都关闭。将图层的颜色设为不同，这样不会画错图层。要灵活使用冻结和关闭功能。

7.2.3　图形文件的打开与保存

1. 保存图层

创建一个新的图形文件并对其完成参数设置后，应对该图层进行保存。

01 选择"文件"→"保存"命令，或者在命令行中输入 SAVE，或者按 Ctrl＋S 快捷键，弹出"图形另存为"对话框。

02 在"图形另存为"对话框中的"保存于"列表框中输入保存地址，"文件名"列表框中输入"某住宅小区 1 号楼建筑平面图"，如图 7-5 所示。

03 单击"保存"按钮，完成设置。

> **注意**
>
> 若对已经命名的图形文件单击"保存"按钮，则不会弹出上述对话框，文件自动保存在原目录中，覆盖原文件。

2. 打开已保存的图形文件

01 选择"文件"→"打开"命令，或者在命令行中输入 OPEN，弹出"选择文件"对话框，如图 7-6 所示。

02 在"选择文件"对话框中，选择刚才保存的文件名，则对话框的右侧出现所选择的文件的预览图像。

03 单击"选择文件"对话框中的"打开"按钮，即可打开"某住宅小区 1 号楼建筑平面图"，为下面正式绘图做准备。

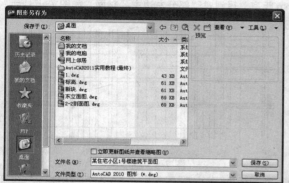

图 7-5　"图形另存为"对话框

图 7-6　"选择文件"对话框

7.3 地下一层平面图的绘制

> **光盘路径**　素材文件：素材文件\第 7 章\7.3 地下一层平面图的绘制.dwg
> 　　　　　　视频文件：视频文件\第 7 章\7.3 地下一层平面图的绘制.avi

 绘制思路

　　地下层设计采用灵活划分的方式，布置有自行车库和机电设备用房。本节先绘制轴线、墙体等主要结构，再绘制门窗、设备，最后添加标注和文字说明。

 **建筑小知识**

　　地下层是指房屋全部或部分在室外地坪以下的部分（包括层高在 2.2m 以下的半地下室），房间地面低于室外地平面的高度超过该房间净高的 1/2 者。

 7.3.1　绘制建筑轴网

　　建筑轴线是控制建筑物尺度以及建筑模数的基本手段，是墙体定位的主要依据。下面绘制主要的轴线。

　　该建筑分为甲、乙两个单元对称布置，一到三层网轴线也是对称布置，故绘制地下一层平面图轴线时只绘制一个单元的轴线即可。

1. 轴线绘制

01 将"轴线"层设为当前图层。

02 利用"直线"命令，按 F8 键打开"正交"模式，绘制一条水平基准轴线，长度为 44000mm，在水平线靠左边适当位置绘制一条竖直基准轴线，长度为 19300mm，如图 7-7 所示。

03 利用"偏移"命令，将水平直线基准轴线向上偏移 3700mm、300mm、500mm、3600mm、750mm、1650mm、150mm、250mm、1950mm、1650mm、200mm、1050mm 距离，得到所有水平方向的轴线。竖直轴线依次向右偏移 500mm、400mm、3800mm、1700mm、1200mm、400mm、1100mm、800mm、1100mm、1100mm、400mm、1700mm、600mm、900mm、1700mm、1800mm、1500mm 距离，得到对称部分左边主要轴网，如图 7-8 所示。

图 7-7　绘制轴线

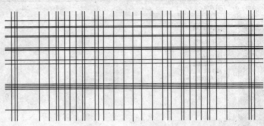

图 7-8　轴线网

> ## ⋮⋮⋮ 注意
>
> 在绘制建筑轴线时，一般选择建筑横向、纵向的最大长度为轴线长度，但当建筑物形体过于复杂时，太长的轴线往往会影响图形效果，因此，也可以仅在一些需要轴线定位的建筑局部绘制轴线。

2．轴号绘制

这些轴线称为定位轴线。在建筑施工图中，房间结构比较复杂，定位轴线很多且不易区分，以便在施工时进行定位放线和查阅图纸，因此需要为其注明编号。下面介绍创建轴线编号的操作步骤。

轴线编号的圆圈采用细实线，一般直径为 8mm，详图中为 10mm。在平面图中水平方向上的编号采用阿拉伯数字，从左至右依次编写。垂直方向上的编号采用大写拉丁字母按从下至上的顺序编写。在简单或者对称的图形中，轴线编号只标在平面图的下方和左侧即可。如果图形比较复杂或不对称，则需在图形的上方和右侧也进行标注。拉丁字母中的 I、O、Z 3 个字母不得作为轴线编号，以免和数字 1、0、2 混淆。

01 单击"图层特性管理器"按钮，新建"标注"图层，"颜色"设置为"绿色"，其他按默认设置。

02 利用"圆"命令，绘制一个直径为 800mm 的圆，如图 7-9 所示。

03 选择菜单栏中的"绘图"→"块"→"定义属性"命令，或者在命令行中输入 ATTDEF 命令，弹出"属性定义"对话框，在对话框中的"标记"文本框中输入 X，表示所设置的属性名称是 X；在"提示"文本框中输入"轴线编号"，表示插入块时的"提示符"；在"默认"文本框中输入 A，表示属性的指定默认值为 A，将"对正"设置为"中间"，"文字样式"设置为"宋体"，"文字高度"设置为 450，如图 7-10 所示。

04 单击"确定"按钮，用鼠标拾取所绘制圆的圆心，按 Enter 键，结果如图 7-11 所示。

05 在命令行中输入 WBLOCK 命令，按 Enter 键，弹出"写块"对话框，如图 7-12 所示。

06 设置参数。在对话框中单击"基点"选项组的"拾取点"按钮，返回绘图区，拾取圆心作为块的基点；单击"对象"选项组的"选择对象"按钮，在绘图区选取圆形及圆内文字，右击，返回对话框，在"文件名和路径"下拉列表框中输入要保存到的路径，将"插入单位"设置为"毫米"；单击"确定"按钮，如图 7-12 所示。

图 7-9 绘制圆

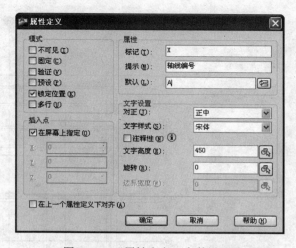

图 7-10 "属性定义"参数设置结果

图 7-11 "块"定义

图 7-12 "写块"对话框

07 利用"直线"命令，在轴线的端部绘制长 3000mm 的轴号引出线。

08 在"绘图"工具栏上单击"插入块"按钮，弹出"插入"对话框，选择前面保存的块，单击"确定"按钮，返回绘图区，插入轴号，修改轴号内字母，如果字母的大小超出圆，则双击字母，弹出"文字格式"工具栏，修改文字字体大小，如图 7-13 所示。

图 7-13 "文字格式"工具栏

09 用上述方法绘制其他轴号，如图 7-14 所示。

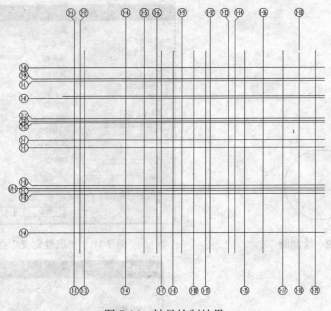

图 7-14 轴号绘制结果

7.3.2 绘制剪力墙

一般的墙体分为承重墙和隔墙，承重墙厚 240mm，隔墙厚 120mm，剪力墙的厚度由结构计算决定。本例的高层地下层采用的剪力墙厚 400mm。绘制墙体的具体步骤如下。

1．创建多线样式

01 选择"格式"→"多线样式"命令，弹出"多线样式"对话框，如图 7-15 所示。

02 在对话框中单击"新建"按钮，弹出"创建新的多线样式"对话框，在"新样式名"文本框输入"墙体"，如图 7-16 所示。单击"继续"按钮，弹出"新建多线样式：墙体"对话框，在对话框的"直线"处选中"起点"和"端点"复选项，如图 7-17 所示，再单击"确定"按钮，完成多线样式的创建。

图 7-15 "多线样式"对话框

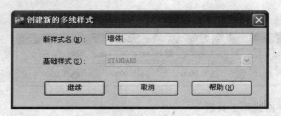

图 7-16 创建多线样式

03 返回"多线样式"对话框，将"墙体"样式置为当前。

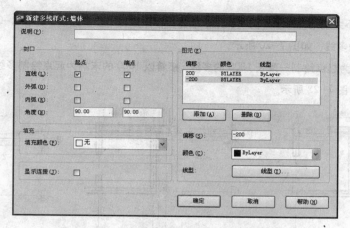

图 7-17　"新建多线样式：墙体"对话框

2．绘制墙体

01 单击"图层控制"列表，将"墙体"设为当前图层。

02 利用"多线"命令。选择"绘图"→"多线"命令，命令行提示与操作如下。

```
命令:MLINE✓
当前设置: 对正 = 无, 比例 = 400.00, 样式 = 墙体
指定起点或 [对正(J)/比例(S)/样式(ST)]:J✓
输入对正类型 [上(T)/无(Z)/下(B)] <无>:Z✓
当前设置: 对正 = 无, 比例 = 400.00, 样式 = 墙体
指定起点或 [对正(J)/比例(S)/样式(ST)]:S✓
输入多线比例 <400.00>:400✓
指定起点或[对正（J）/比例(S)/样式(ST)]: （拾取 1-3 和 1-A 号轴线的交点）
指定下一点: （按 F3 键打开对象捕捉，拾取 1-A 与 1-18 轴线的交点）
```

这样就绘制一条外墙线，绘制多线的起点效果如图 7-18 所示。

03 按同样的方法绘制出所有的外墙线，如图 7-19 所示。

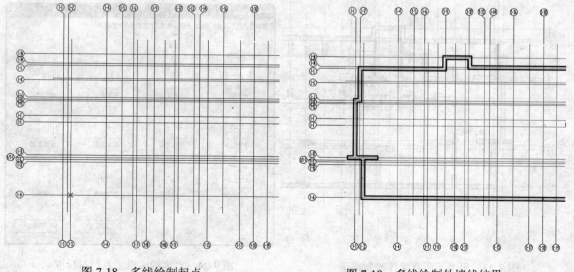

图 7-18　多线绘制起点　　　　　　　图 7-19　多线绘制外墙线结果

04 由于剪力墙分布不太规则，对于开洞和孤立的墙体，需采取如下步骤绘制，如在 1-D 与 1-3 轴线的交点处绘制一条长 1650 的多线，如图 7-20 所示。

05 再以 1650 的末端为起点绘制一条长 1800 的多线，接着以 1800 的末端为起点绘制多线至 1-4 与 1-D 轴线的交点，如图 7-21、图 7-22 所示。

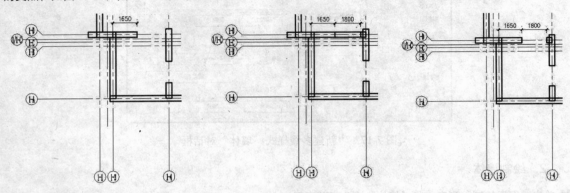

图 7-20 多线绘制内墙 1　　　图 7-21 多线绘制内墙 2　　　图 7-22 多线绘制内墙 3

06 利用"删除"命令，删除长 1800 的多线，这样就完成了这种孤立墙体的绘制。

07 采用上述方法绘制出所有墙体，如图 7-23 所示。

3．编辑和修整墙体

01 选择菜单栏中的"修改"→"对象"→"多线"命令，或者在命令行中输入 MLEDIT 命令，弹出"多线编辑工具"对话框，如图 7-24 所示。该对话框中提供 12 种多线编辑工具，可根据不同的多线交叉方式选择相应的工具进行编辑，一般使用较多的是"T 形打开"或者"T 形合并"工具，使用"T 形合并"工具前后的效果，如图 7-25、图 7-26 所示。

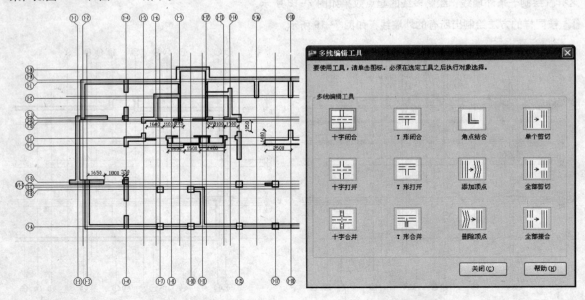

图 7-23 甲单元所有墙体绘制结果　　　　图 7-24 "多线编辑工具"对话框

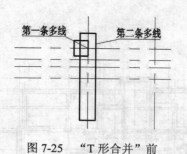

图 7-25　"T 形合并"前

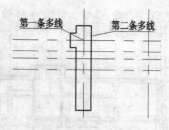

图 7-26　"T 形合并"后

02 由于少数较复杂的墙线结合处无法找到相应的多线编辑工具进行编辑，因此可以利用"分解"命令，将多线分解，然后利用"修剪"命令对该结合处的线条进行修整。

03 另外，一些内部墙体并不在主要轴线上，可以通过添加辅助轴线，并利用"修剪"或"延伸"命令，进行绘制和修整。经过编辑和修整后的墙线，如图 7-27 所示。

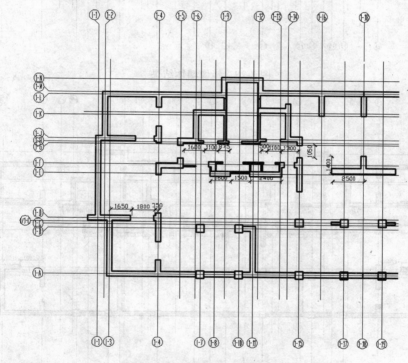

图 7-27　墙线修改结果

:::: 注意

当对多线进行 T 形编辑时，选择多线的顺序很重要：当两条多线的位置呈 T 形时，一定要先选择下方的那条多线；当位置呈⊥形时，一定要先选择上方那条多线；当位置呈⊣形时，一定要先选择左边的那条多线；当位置呈⊢形时，一定要先选择右边那条多线。如不慎操作失误，在命令行中输入 U，撤销上一步操作。

04 利用"镜像"命令，镜像出完全对称的另一半墙体，再补齐 1-18 轴线上的墙体，如图 7-28 所示。

05 利用"复制"命令将上面已经绘制好的轴线编号复制移动到镜像的轴线上方，标上右边部分的轴线，如图 7-29 所示。

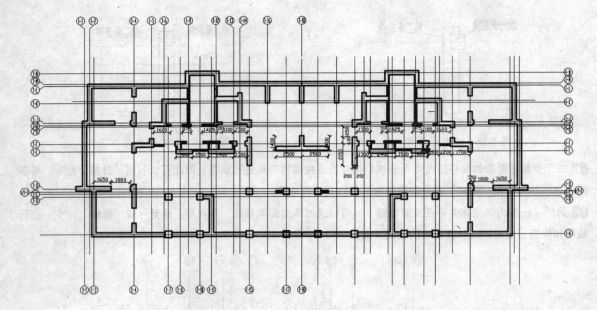

图 7-28　镜像墙体结果

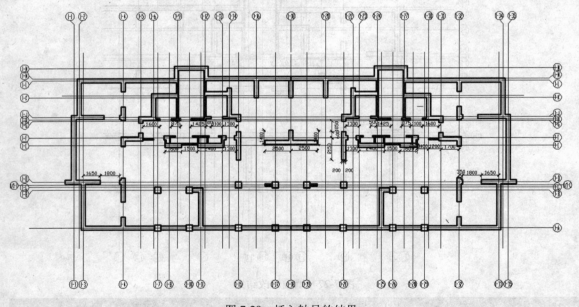

图 7-29　插入轴号的结果

4．填充墙体

01 将"轴线"图层关闭，便于图案填充。

02 单击工具栏中的"图案填充"按钮，弹出"图案填充和渐变色"对话框，单击"图案"后面的...按钮，如图 7-30 所示。弹出"填充图案选项板"对话框，选择"其他预定义"选项卡中的 SOLID 类型图案，单击"确定"按钮，如图 7-31 所示。

03 返回"图案填充和渐变色"对话框，将"颜色"设置为"颜色252"，如图 7-32 所示。

图 7-30　"图案填充和渐变色"对话框

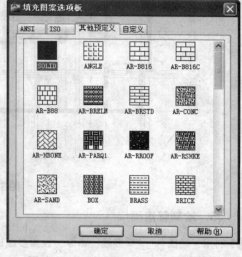

图 7-31　"填充图案选项板"对话框

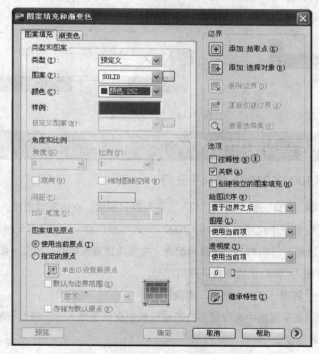

图 7-32　"图案填充和渐变色"对话框

04 单击"添加：拾取点"按钮，返回绘图界面，拾取要填充的剪力墙，将钢筋混凝土剪力墙填充为灰色，再将轴线图层打开，如图 7-33 所示。

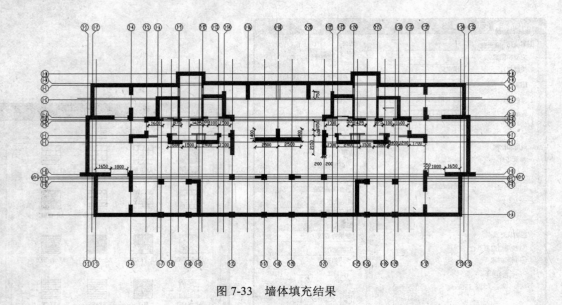

图 7-33　墙体填充结果

5．绘制管道隔墙

01 利用"绘图"→"多线"命令，设置多线比例为 100，在管道处绘制对应的隔墙。

02 利用"直线"命令，按 F8 键关闭正交模式，在管道间内部绘制一条折线，表示管道井中空，结果如图 7-34 所示。

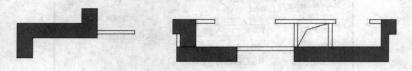

图 7-34　管道井隔墙

7.3.3　绘制平面图中的门

1．绘制 FM－3（1000×2100）防火平开门

01 打开"图层特性管理器"窗口，新建图层"门"，采用默认设置，双击新建图层，将当前图层设为"门"。

02 利用"矩形"命令，绘制一个尺寸为 40mm×1000mm 的矩形门扇，如图 7-35 所示。

03 利用"圆弧"命令，以矩形门扇右上角顶点为起点，右下角顶点为圆心，绘制一条圆心角为 90°，半径为 1000mm 的圆弧，得到如图 7-36 所示的单扇平开门图形。

04 利用"创建块"命令，创建"单扇平开门"图块。

05 利用"插入块"命令，在平面图中选择预留门洞墙线的中点作为插入点，插入"单扇平开门"图块，如图 7-37 所示，完成平开门的绘制。

2．绘制 FM－4（1600×2100）双扇平开门

01 利用上面的方法先绘制 800mm 宽的单扇平开门，如图 7-38 所示。

02 利用"镜像"命令，进行竖直方向的"镜像"操作，得到宽 1600mm 的双扇平开门，如图 7-39 所示。

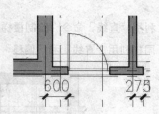

图 7-35　矩形门扇　　　　图 7-36　单扇平开门　　　　图 7-37　插入单扇平开门

03 利用"创建块"命令，创建"双扇平开门"图块。

04 利用"插入块"命令，在平面图中选择预留门洞墙线的中点作为插入点，插入"双扇平开门"图块，如图 7-40 所示，完成双扇平开门的绘制。

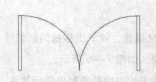

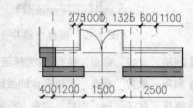

图 7-38　800mm 宽单扇平开门　　图 7-39　1600mm 宽双扇平开门　　图 7-40　插入双扇平开门

05 使用上述方法画出平面图中的其余 FM－6，FM－7 防火门，如图 7-41 所示。

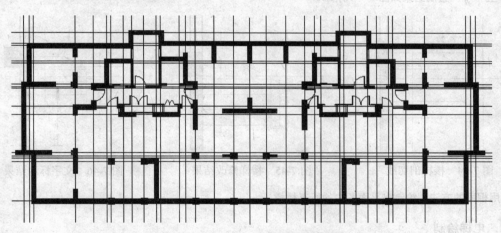

图 7-41　地下层全部门的绘制结果

7.3.4　绘制电梯和楼梯

电梯由机房、井道和地坑 3 部分组成，本例中共有 4 部电梯，但只设两部电梯下到地下一层。

1. 绘制楼梯

一般建筑图中楼梯都有楼梯详图，所以在建筑平面图中并不需要非常精确地绘制楼梯平面图，具体绘制过程如下。

01 打开"图层特性管理器"窗口，新建图层"楼梯"，"颜色"设置为"深蓝色"，其他属性采用默认设置，双击新建图层，将当前图层设为"楼梯"。

02 利用"直线"命令，绘制楼梯间的中点线，再利用"偏移"命令，向左右各偏移 75mm，如图 7-42 所示。

03 同样利用"直线"和"偏移"命令，绘制出楼梯的踏步，如图 7-43 所示。

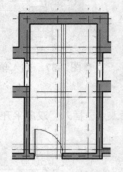 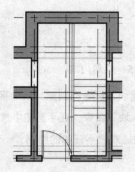

图 7-42　偏移出梯井　　　　　　　　　　　　　　图 7-43　踏步绘制结果

04 利用"直线"命令，按 F8 键关掉正交模式，绘制出楼梯的剖切线，如图 7-44 所示。

05 利用"修剪"命令，剪掉多余的线段，如图 7-45 所示。

06 选择"标注"→"引线"命令，在踏步的中线处绘制出指示箭头。

07 选择"多行文字"命令，弹出"文字格式"工具栏，将"字体"设置为"宋体"，"文字高度"设置为 200，输入"上"字，绘制结果如图 7-46 所示。

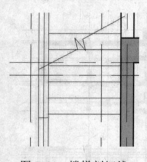 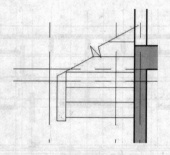 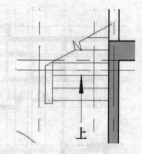

图 7-44　楼梯剖切线　　　　　图 7-45　楼梯修改结果　　　　　图 7-46　文字标注结果

08 利用相同的方法，绘制出平面图中的所有楼梯。

2．电梯绘制

01 打开"图层特性管理器"窗口，新建图层"电梯"，将"颜色"设置为"黄色"，其他属性采用默认设置，双击新建图层，将当前图层设为"电梯"。

02 利用"矩形"命令，以电梯间左上角为起点，绘制长度为 1750mm，宽度为 1100mm 的矩形。

03 利用"直线"命令，绘制矩形的对角线，完成轿厢的绘制。

04 利用"矩形"命令，完成电梯的绘制，如图 7-47 所示。

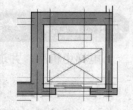

图 7-47　电梯绘制结果

7.3.5　绘制建筑设备

本例中的车库是自行车库，不需要车库尾气排放风机房。

1．集水坑的绘制

01 打开"图层特性管理器"窗口，新建图层"设备"，采用默认设置。

02 集水坑面积为 1000mm × 1000mm，利用"矩形"命令绘制 1000mm × 1000mm 的矩形，再利用"直线"命令完成集水坑的绘制，如图 7-48 所示。

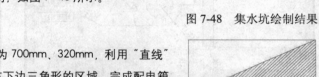

图 7-48　集水坑绘制结果

2．多种电源配电箱的绘制

01 利用"矩形"命令，绘制配电箱，长宽分别为 700mm、320mm，利用"直线"命令绘制出对角线，再利用"填充"命令，填充下边三角形的区域，完成配电箱的绘制，如图 7-49 所示。

02 完善地下一层的建筑平面图，如图 7-50 所示。

图 7-49　配电箱绘制结果

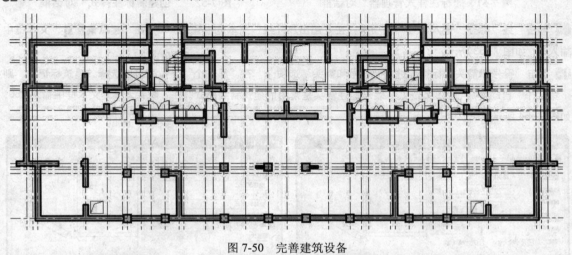

图 7-50　完善建筑设备

7.3.6　尺寸标注及文字说明

建筑平面图中的尺寸标注是绘制平面图的重要组成部分，它不仅标明了平面图的总体尺寸，也标明了平面图中墙线间的距离、门窗的长宽等各建筑部件之间的尺寸关系，通过平面图中所标注的尺寸标注，能使看图者准确了解设计者的整体构思，也是现场施工的首要前提。

尺寸标注的内容主要包括尺寸界线、尺寸线、标注文字、箭头等基本标注元素。绘制地下一层的最后一步就是尺寸标注和文字说明，绘制的具体步骤如下。

1．设置标注样式

标注样式决定了尺寸标注的形式与功能，它控制着基本标注元素的格式，可以根据需要设置不同的标注样式，并为其命名。

01 选择"格式"→"标注样式"命令，弹出"标注样式管理器"对话框，如图 7-51 所示。

02 单击"标注样式管理器"对话框右边的"新建"按钮，弹出"创建新标注样式"对话框，为新样式命名为"地下一层"，如图 7-52 所示。

03 单击"继续"按钮，弹出"新建标注样式：地下一层"对话框，用来设置地下一层标注样式的各项参数。

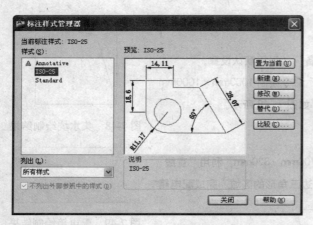

图 7-51　"标注样式管理器"对话框　　　　　　图 7-52　"创建新标注样式"对话框

04 单击"线"标签，进入"线"选项卡，在"超出尺寸线"文本框中输入 250，在"起点偏移量"文本框中输入 0，如图 7-53 所示。

05 单击"符号和箭头"标签，进入"符号和箭头"选项卡，在"第一个"下拉列表中选择"建筑标记"，则"第二个"自动变成"建筑标记"，表示标注箭头是常用的建筑斜线形式。在"箭头大小"文本框中输入 250，如图 7-54 所示。

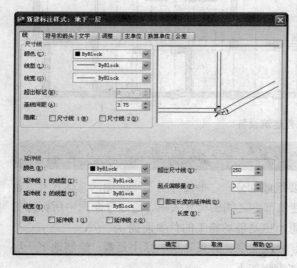

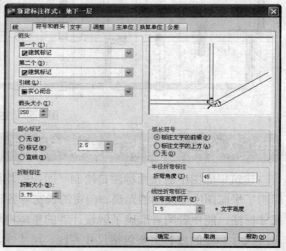

图 7-53　"线"的参数设置　　　　　　　　　图 7-54　"符号和箭头"的参数设置

06 单击"文字"标签，进入"文字"选项卡，在"文字高度"文本框中输入 300，在"从尺寸线偏移"文本框中输入 100，如图 7-55 所示。

07 单击"调整"标签，进入"调整"选项卡，单击"文字与箭头（最佳效果）"单选按钮，如图 7-56 所示。

08 单击"主单位"标签，进入"主单位"选项卡，在"精度"下拉列表中选择 0。

09 单击"确定"按钮，返回"标注样式管理器"对话框，选中"地下一层"样式，单击"置为当前"按钮，将"地下一层"设为当前的标注样式，再单击"关闭"按钮，完成标注样式的设置。

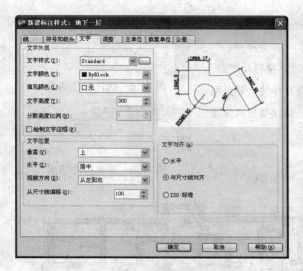

图 7-55　"文字"的参数设置　　　　图 7-56　"调整"的参数设置

小技巧

进行尺寸及文字标注时，一个好的制图习惯是首先设置完成文字样式。

2. 进行尺寸标注设置

01 打开"图层特性管理器"窗口，新建图层"标注"，将"颜色"设置为"绿色"，其他属性采用默认设置，双击新建图层，将当前图层设为"标注"。

02 在命令栏下方单击"对象捕捉"按钮□，右击，选择"设置"命令，弹出"草图设置"对话框，将"端点"、"中点"、"垂足"设为固定捕捉，如图 7-57 所示。

注意

平面图中的外墙尺寸一般有三道，最内层第一道为门、窗的大小和位置尺寸（门窗的定型和定位尺寸）；中间层第二道为定位轴线的间距尺寸（房间的开间和进深尺寸）；最外层第三道为外墙总尺寸（房屋的总长和总宽）。内墙上的门窗尺寸可以标注在图形内。此外，还需标注某些局部尺寸，如墙厚、台阶和散水等，以及室内外的标高。

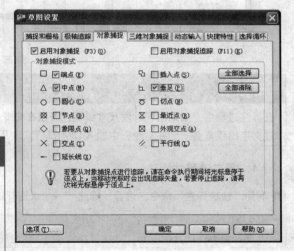

图 7-57　"草图设置"对话框

3. 第一道尺寸标注绘制

01 选择菜单栏"标注"→"线性"命令，命令行提示与操作如下。

```
命令：DIMLINEAR↙
指定第一条延伸线原点或〈选择对象〉：（单击鼠标拾取要标注的第一条标注界线的起点）
指定第二条延伸线原点：（单击鼠标拾取要标注的第二条标注界线的起点）
```

弹出一个尺寸标注图形，上下移动光标，在合适的位置处单击，作为标注
的位置点，标注完成，如图 7-58 所示。

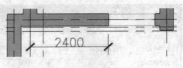

图 7-58　线性标注结果

02 选择"标注"→"连续"命令，执行连续标注命令，水平移动光标，
则新标注的第一条延伸线将紧接着上一次标注的第二条延伸线，并且两
个标注的标注线在一条水平直线上，用"捕捉到端点"依次捕捉延伸线
的起点，进行连续标注。

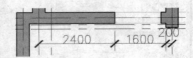

图 7-59　连续标注结果

03 完成连续标注，如图 7-59 所示。

04 采用上面的方法，标注出所有的细部尺寸，如图 7-60 所示。

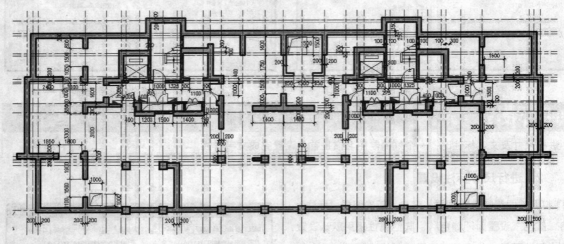

图 7-60　细部尺寸标注结果

> **注意**
>
> 在标注过程中，如果出现标注尺寸错误，可以在命令行中输入 U，取消此次标注。如果标注尺寸过小，标
> 注文字出现重叠，则在命令行中输入 DIMTEDIT，利用"编辑标注文字"调整文字的位置。

4．第二道尺寸标注

01 利用"快速标注"命令。选择"标注"→"快速标注"命令，命令行提示与操作如下。

```
命令：QDIM↙
选择要标注的几何图形：（用鼠标连续选取所有的水平方向的轴线）
```

按 Enter 键，移动光标，在合适的位置单击，如图 7-61 所示。

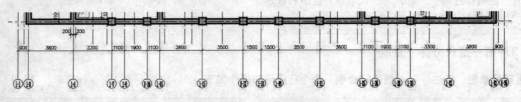

图 7-61　快速标注的结果

02 采用上面的方法，绘制出所有的轴线尺寸，如图 7-62 所示。

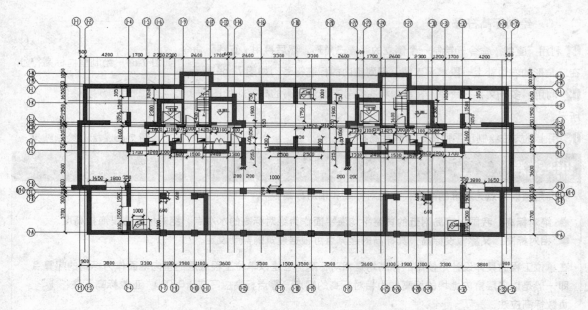

图 7-62 轴线标注绘制结果

03 利用"编辑标注文字"调整文字的位置，调整整个视图。

5．第三道尺寸标注

利用"线性标注"命令，标注最外面尺寸，标注结果如图 7-63 所示。

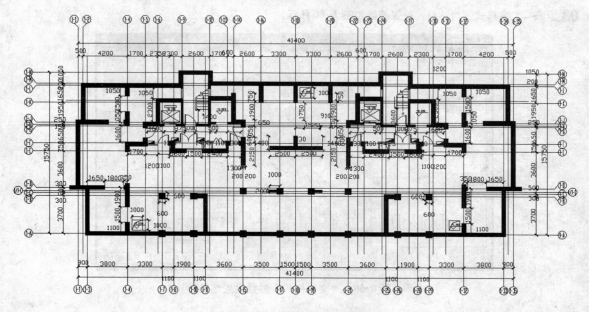

图 7-63 总尺寸标注绘制结果

6. 绘制标高符号

01 利用"直线"命令，绘制一个倒立的等腰三角形。然后再用"直线"命令在三角形的右边补上一段水平直线，得到室内的标高符号，如图 7-64 所示。

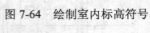

图 7-64　绘制室内标高符号

02 利用"多行文字"命令，在室内标高符号上标注标高的高度，如图 7-65 所示。

03 用上述方法绘制出平面图的所有标高标注。

图 7-65　标高绘制结果

∷∷· 注意

标高是指以某点为基准的高度，有绝对标高和相对标高。

● 绝对标高：我国以青岛附近的黄海平均海平面作为绝对标高的水准点。绝对标高也是海拔高度。

● 相对标高：又称假设标高，其标高的起算点可根据建筑的需要设定。

在单位工程的具体设计中使用的标高均是相对标高，它是以单位工程底层的室内地面作为标高的起算点，即一般是以底层室内地坪的标高作为相对标高的零点。零点标高应写成±0.000，正数标高不注"＋"，负数标高应注"－"。

---

7. 设置文字样式

01 选择"格式"→"文字样式"命令，或者在命令行输入 STYLE 命令，弹出"文字样式"对话框。

02 在"文字样式"对话框中，单击"新建"按钮，弹出"新建文字样式"对话框，在"新建文字样式"对话框中输入"平面文字"，单击"确定"按钮。

03 返回"文字样式"对话框，设置参数如图 7-66 所示。

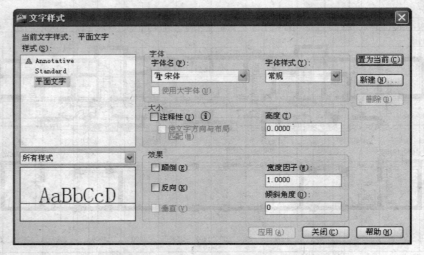

图 7-66　"文字样式"参数设置结果

04 单击"应用"按钮，再单击"关闭"按钮，完成文字样式的设置。

∷∷· 注意

"高度"设置为 0，是为了在进行文字标注时指定任何文字高度。

---

8. 进行文字标注

01 打开"图层特性管理器"窗口，新建图层"文字"，将"颜色"设置为"洋红"，其他属性采用默认设置，双击新建图层，将当前图层设为"文字"。

02 选择"绘图"→"文字"→"单行文字"命令，命令行提示与操作如下。

> 命令：TEXT↙
> 指定文字的起点或[对正（J）/样式（S）]：（鼠标单击一点，作为文字标注的起点位置）
> 指定高度：300↙　（表示文字高度为300）
> 指定文字的旋转角度：0↙　（表示文字的旋转角度为0，即不旋转）

在绘图界面上输入文字标注，绘图区出现文字字样，如图7-67所示。

03 利用同样的方法，分别移动光标到要标注的位置，标注出所有的文字标注。

04 按Enter键，结束"单行文字"命令。

05 用同样的方法，标注各门窗的型号，结果如图7-68所示。

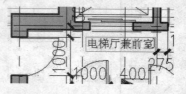

图 7-67　文字标注绘制结果

:::: 注意

如果文字的位置和大小不合适，可通过"移动"和"缩放"命令来进行修改。

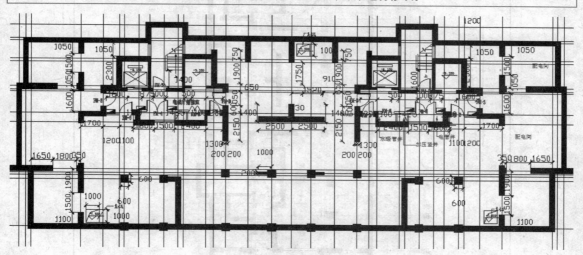

图 7-68　所有文字标注绘制结果

9. 标注图各种比例

利用"绘图"→"文字"→"单行文字"命令，在图纸下方输入"图名和比例"，字高为700mm，并在图名下方绘制一条粗实线，如图7-69所示。

1号楼地下层平面图1：100

图 7-69　图名绘制结果

10. 插入图框

本例采用本书配套光盘中的"素材文件\第7章\图块\A1图框.dwg"，尺寸为594mm×841mm。

11. 设置绘图比例

利用"插入块"命令，弹出"插入"对话框，浏览本书光盘中的"A1图框.dwg"文件，将图框插入到绘图区，将图框放大100倍，即表示该图的绘制比例为1：100。

地下一层建筑平面图绘制完毕，如图7-70所示。

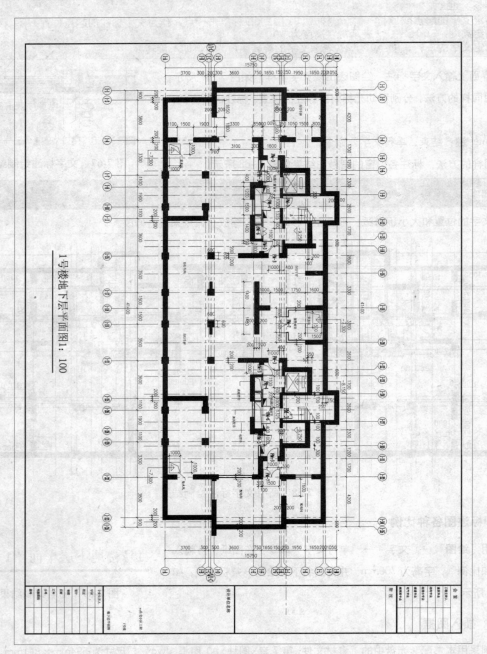

图 7-70　地下一层建筑平面图

7.4 首层平面图的绘制

 光盘路径
素材文件：素材文件\第 7 章\7.4 首层平面图的绘制.dwg
视频文件：视频文件\第 7 章\7.4 首层平面图的绘制.avi

绘制思路

　　首层平面图是在地下一层平面图的基础上发展而来的，所以可以通过修改地下一层的平面图，获得首层建筑平面图。

　　首层平面图比地下一层多出一部分裙房，需要加柱和剪力墙承重，外墙上需要开窗。首层作为商场，另外需要一些配套服务设施，如办公室、厕所等。

建筑小知识

　　建筑平面图表示建筑的平面形式、大小尺寸、房间布置、建筑入口、门厅及楼梯布置的情况，表明墙柱的位置、厚度和所用材料，以及门窗的类型、位置等情况。

7.4.1　修改地下一层平面图

1. 打开文件

　　打开"地下一层平面图的绘制"，将其另存为"首层平面图的绘制"。

2. 删除标注

　　删除所有的标注、门、建筑设备、隔墙和外墙填充部分，只保留剪力墙、电梯、设备管道和轴线，结果如图 7-71 所示。

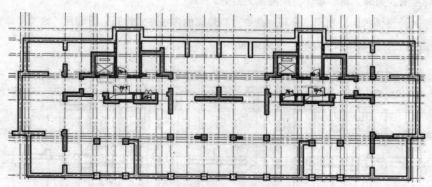

图 7-71　修改地下一层平面图效果

3. 裙楼部分绘制

01 将轴号以及轴号引出线全部选中，利用"移动"命令，将上面的轴号向上移动 3600mm，下面的轴号向下移动 5000mm，两边的轴号分别向两边移动 2700mm。

02 将轴线全部延长至轴号引出线处。

03 添加轴线，将 1-1 号轴线向左偏移 2700，采用前面所讲方法编上轴号 1/1-1；将 1-35 号轴线向右偏移 2700，编上轴号 1-36；将 1-A 号轴线向下偏移 5000，编上轴号 1/1-A，如图 7-72 所示。

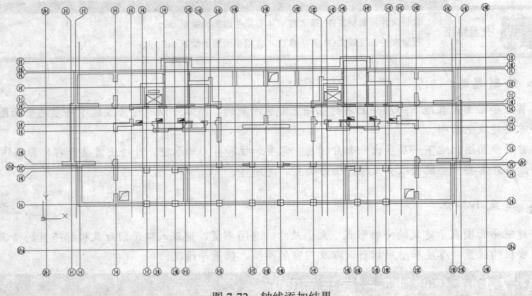

图 7-72　轴线添加结果

> **注意**
>
> 附加轴线的轴号用分数形式表示，如本例的附加轴线 1/1-1，表示 1-1 轴线前附加的第一根轴线。在两根轴线之间的附加轴线，应以分母表示前一轴线的编号，分子表示附加轴线的编号。

4. 修改原墙体

01 单击"图层控制"列表，将"墙体"图层置为当前。

02 将原地下室的外墙体打断，利用"分解"命令，将外墙的多线形式炸开，再利用"修剪"命令将多余的墙体剪掉，绘制成短肢剪力墙作承重结构，结果如图 7-73 所示。

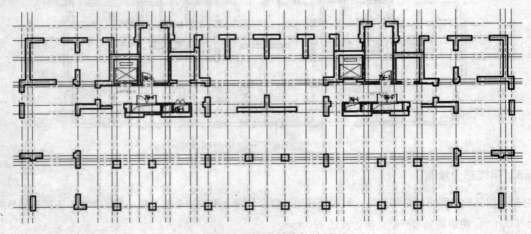

图 7-73　修改原墙体结果

5．添加柱子

01 利用"矩形"命令，在相应的位置绘制长度、宽度分别为 600mm 的矩形柱子，如图 7—74 所示。

02 利用"复制"命令，添加 600mm×600mm 的柱子，满足结构的要求，绘制出所有的柱子，如图 7—75 所示。

图 7-74　矩形柱子

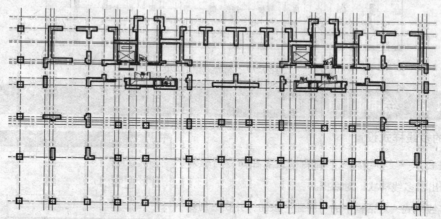

图 7-75　柱子绘制结果

6．填充墙体

01 关闭轴线图层。

02 利用"图案填充"命令，将所有的短肢剪力墙和柱子填充成 252 号灰色，表示承重结构，结果如图 7—76 所示。

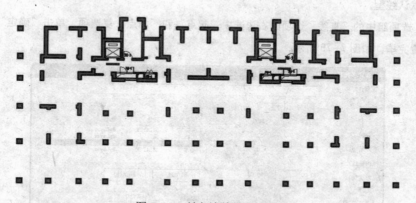

图 7-76　所有墙体填充结果

7．绘制玻璃幕墙

01 打开"图层控制"列表，将"设备"图层置为当前层。

02 利用"直线"命令，距离 1/1—A 号轴线 300mm 处绘制一条长 48000mm 的直线，距离 1/1—1 号轴线 500mm 处绘制一条长 20000mm 的直线，再用"偏移"命令，将直线分别向内偏移 100mm。

03 利用"延伸"命令和"修剪"命令，完成幕墙的绘制，如图 7—77 所示。

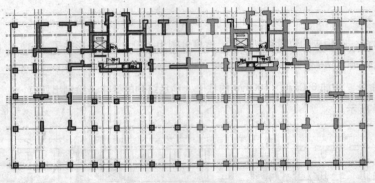

图 7-77　幕墙绘制结果

7.4.2　绘制门窗

1．窗的多线样式设置

01 选择"格式"→"多线样式"命令，或者在命令行输入 MISTYLE，弹出"多线样式"对话框。

02 单击"多线样式"对话框中的"新建"按钮，并在"创建 新的多线样式"对话框的"新样式名"文本框中输入"窗"， 单击"继续"按钮，如图 7-78 所示。

图 7-78　"创建新的多线样式"对话框

03 弹出"新建多线样式：窗"对话框，单击"图元"组合框中的"添加"按钮，在"偏移"文本框中输入 0.25， 将"颜色"设置为"黄色"，表示所添加的线的颜色为"黄色"。

04 再次单击"图元"组合框中的"添加"按钮，在"偏移"文本框中输入 -0.25，将"颜色"设置为"黄色"， "线型"采用默认线型。

05 在"封口"选项组中的"直线"选项的右边选中"起点"和"端点"复选项，单击"确定"按钮，窗的多 线样式参数设置完毕，如图 7-79 所示。

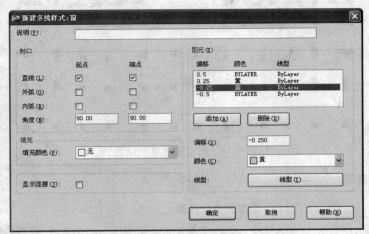

图 7-79　"窗"的多线样式参数设置结果

06 返回"多线样式"对话框，将"窗"多线样式"置为当前"。

2．平面窗的绘制

窗线的绘制方法跟墙线类似，基本没有新的知识点，下面对以上知识点复习巩固。

01 打开"图层特性管理器"窗口，新建图层"窗"，设置"颜色"为"黄色"，其他属性采用默认设置，双击新建图层，将当前图层设为"窗"图层。

02 选择菜单栏中的"绘图"→"多线"命令，命令行提示与操作如下。

```
命令：ML↙
指定起点或[对正（J）/比例（S）/样式（ST）]：J↙
输入对正类型[上（T）/无（Z）/下（B）]：Z↙
指定起点或[对正（J）/比例（S）/样式（ST）]：S↙
输入多线比例：400↙
指定起点或[对正（J）/比例（S）/样式（ST）]：（拾取窗洞一侧的轴线的端点）
指定下一点：（拾取窗洞另一侧的轴线的端点）
```

这样绘制出一条窗线，结果如图 7-80 所示。

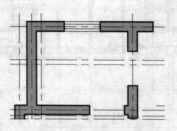

图 7-80　"平面窗"绘制结果

03 重复上述步骤，绘制出首层平面图上的所有窗线，结果如图 7-81 所示。

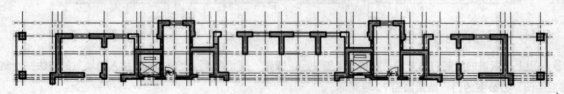

图 7-81　首层平面图所有窗线绘制结果

3．平面门绘制

01 单击"图层控制"列表，将图层"门"置为当前。

02 该商场入口采用 2400mm 的双扇玻璃地弹门，采用前面所讲的绘制方法，利用"矩形"命令和"圆弧"命令，以及"镜像"命令，绘制出该平面门，结果如图 7-82 所示。

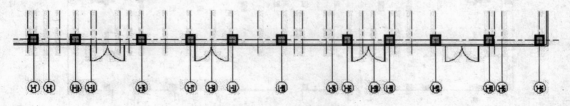

图 7-82　平面门绘制结果

　　该层建筑用做商场，商场需要设置一些辅助空间，如商场办公室、公用卫生间，商场一、二、三层顾客垂直交通主要依靠自动扶梯。主要的辅助功能用房安排在该建筑的后面部分，如疏散楼梯、电梯、卫生间、办公室，商场的划分原则遵循灵活多变，便于二次划分的原则。

　　下面绘制隔墙，具体操作步骤如下。

01 单击"图层控制"列表，将"墙体"设为当前图层。

02 选择菜单栏中的"绘图"→"多线"命令，设置比例为 200 和 400 的多线，绘制出卫生间、办公室的隔墙。

03 在多线相交处，利用"分解"命令将多线炸开。

04 利用"修剪"命令，将多余的线段剪掉。

05 利用上述方法绘制出所有房间的隔墙。隔墙不需要填充，表示隔墙为不承重结构，结果如图 7-83 所示。

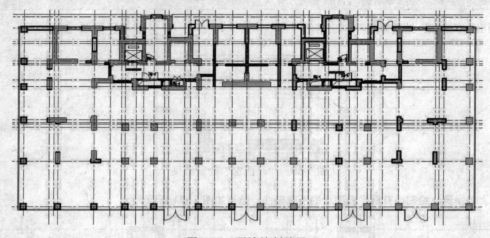

图 7-83　隔墙绘制结果

06 采用上面所讲的绘制门的方法，利用"矩形"、"圆弧"、"镜像"命令，或"插入图块"的方法，绘制出卫生间、办公室的门，结果如图 7-84 所示。

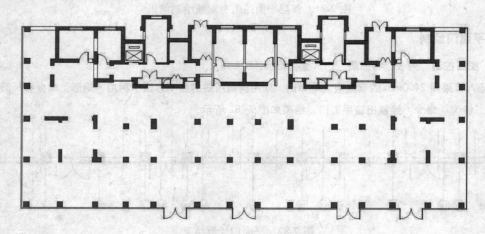

图 7-84　所有门的绘制结果

7.4.4 绘制电梯和楼梯

1. 电梯绘制

电梯和消防电梯大小一样，利用"镜像"命令进行绘制。

01 打开"图层控制"列表，将"电梯"置为当前图层。

02 利用"直线"命令在两个轿箱之间画一条辅助线，再利用"镜像"命令，以辅助线的中点为镜像的第一点，中线上任意点为镜像的第二点，绘制出电梯。

03 当该电梯的位置不正确时，选择电梯，利用"移动"命令，选择电梯门的角点为拾取点，将电梯移动到适当的位置，绘制结果如图7-85所示。

04 将辅助线删除。

05 用同样的方法绘制出右边的电梯。

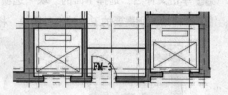

图7-85 电梯绘制结果

2. 楼梯绘制

前面已经讲过楼梯的绘制方法，楼梯平台宽1350mm，梯井宽120mm、长2200mm、踏步宽260mm、长1140mm。读者可以根据前面所用方法，利用"直线"和"偏移"、"标注"命令，自行绘制出楼梯。楼梯绘制结果如图7-86所示。

利用"矩形"命令，绘制出矩形1200mm×300mm，再利用"偏移"命令，偏移100mm，再绘制一个矩形，这样就绘制出"消防栓"，绘制结果如图7-87所示。

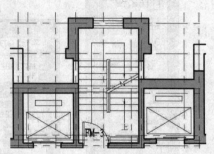

图7-86 楼梯绘制结果

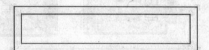

图7-87 "消防栓"绘制结果

7.4.5 绘制卫生间设备

卫生间设备主要有洗手台、蹲便器、小便器和清洗池等。卫生间设备一般都有标准图块，只需要从原文件中直接利用即可。

01 打开"图层特性管理器"窗口，新建图层"隔断"，将"颜色"设置为"洋红"色，其他属性采用默认设置，双击新建图层，将"隔断"设为当前图层。

02 利用"直线"命令绘制卫生间的隔断，每个蹲位间宽940mm、长1300mm、每个蹲位独立隔断，隔断厚40mm、隔断门为600mm。小便器隔断长400mm，隔断厚20mm。绘制结果如图7-88所示。

03 打开"图层特性管理器"窗口，新建图层"家具"，将"颜色"设置为"黄色"，其他属性采用默认设置，双击新建图层，将当前图层设为"家具"。

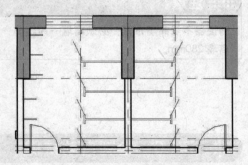

图7-88 卫生间隔断绘制结果

04 单击"标准"工具栏中的"工具选项板窗口"按钮，或者在命令行中输入TOOLPALETTES命令，弹出"工具选项板"窗口，单击"建筑"标签，显示绘图建筑图样常用的图例工具，如图7-89所示。

可以发现"工具选项板"上没有需要的卫生间按钮，应通过"设计中心"的图形库加载所需的"卫生间"设备。

05 单击"标准"工具栏中的"设计中心"按钮 🖳，或者在命令行中输入 ADCENTER 命令，弹出"设计中心"窗口，在"文件夹列表"中打开本书配套光盘中的"素材文件\第 7 章\图块"文件夹中的文件。

06 单击文件名，选择下面的"块"选项，在右侧的面板中显示了文件中保存的图块库，如图 7-90 所示。

07 选择绘图所需要的卫生间设备图块，将其拖动到"工具选项板"窗口上，完成图块的加载，如图 7-91 所示。

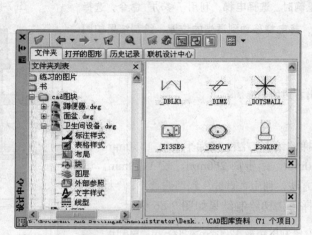

图 7-89　"工具选项板"窗口　　　　图 7-90　打开文件的图块库　　　　图 7-91　添加工具图块

08 单击"工具选项板"窗口中所需的图形文件，按住鼠标左键，移动光标至绘图区，释放鼠标，绘图区出现所选图形。

09 按命令行提示指定缩放比例和插入点，完成卫生间设备的绘制，如图 7-92 所示。

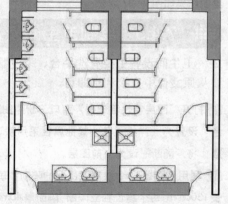

图 7-92　插入卫生设备

> **注意**
>
> 蹲便器不能靠墙布置，必须离墙一段距离，本图中蹲便器距离墙 280mm。

7.4.6　绘制自动扶梯

　　商场一至三层之间的顾客交通主要靠自动扶梯解决，采用两部扶梯，一部上行，一部下行。

　　打开配套光盘中的"素材文件\第 7 章\图块\自动扶梯"文件，选中扶梯，通过"复制"、"粘贴"命令完成自动扶梯的绘制，结果如图 7-93 所示。

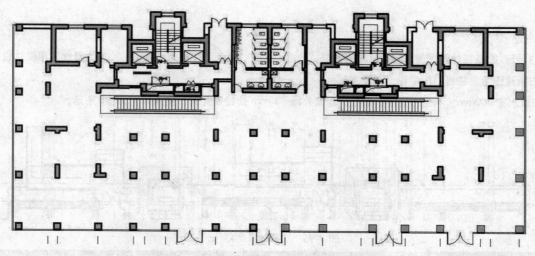

图 7-93　自动扶梯绘制结果

7.4.7　绘制室外雨篷、台阶、散水、楼梯和坡道

完成建筑物的轮廓及内部结构后，下面开始绘制室外建筑构件。

1．雨篷的绘制

大楼背面出口处设有雨篷，平面图上需绘制出雨篷的柱子。

01 打开"图层特性管理器"窗口，新建图层"室外设施"，将"颜色"设置为"黄色"，其他属性采用默认设置，双击新建图层，将当前图层设为"室外设施"。

02 采用"多线"命令，绘制宽 200mm、长 900mm 的雨篷柱子。

2．台阶和坡道的绘制

需要绘制的台阶是大楼背面楼梯口处的台阶，绘制步骤如下。

01 利用"直线"命令，距离大楼背面的门 2400mm 处绘制一条长 2400mm 的直线，再利用"偏移"命令，偏移 300mm，偏移两次，得到台阶的踏步。

02 利用"直线"命令，绘制栏杆，在踏步外边绘制出长 2400mm 的直线，再偏移 50mm，偏移两次，得到栏杆。

03 还要绘制服务残疾人的无障碍坡道，坡度为 1：12，坡道宽 1300mm，栏杆绘制方法同上。

04 选择菜单栏中的"绘图"→"文字"→"单行文字"命令，在坡道中间输入 i=1：12，字高为 300mm。

05 利用"标注"→"多重引线"命令绘制出坡道的指示方向，结果如图 7-94 所示。

06 采用同样的方法绘制出大楼背面另一处台阶和坡道。

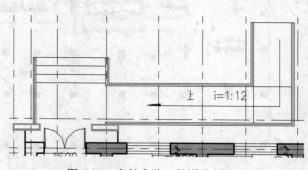

图 7-94　室外台阶、坡道绘制结果

3. 散水的绘制

01 打开"图层特性管理器"窗口，新建图层"散水"，将"颜色"设置为"蓝色"，其他属性采用默认设置，双击新建图层，将当前图层设为"散水"。

02 散水宽800mm，利用"直线"命令，距离外墙800mm处绘制直线，结果如图7-95所示。

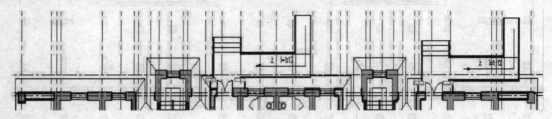

图 7-95　"散水"绘制结果

> **注意**
>
> 散水就是房屋的外墙外侧，用不透水材料制作出一定宽度，带有向外倾斜的带状保护带，其外沿必须高于建筑外地坪。其作用是迅速排除从屋檐滴下的雨水，防止因积水渗入地基而造成建筑物的下沉，不让墙根处积水，故称"散水"。

7.4.8　尺寸标注及文字说明

打开"图层特性管理器"窗口，双击"标注"图层，将当前图层设为"标注"。

1. 第一道细部尺寸标注

选择菜单栏中的"标注"→"线性"命令，或者在命令行中输入 DIMLINEAR，执行线性标注命令，通过线性标注命令标注出所有的细部尺寸，如图7-96所示。

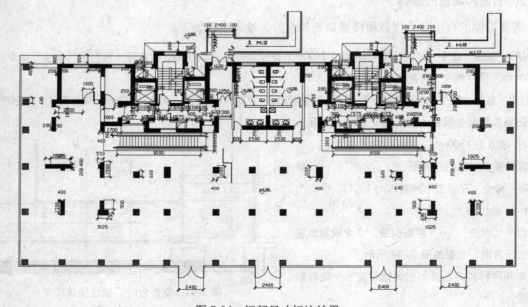

图 7-96　细部尺寸标注结果

2．第二道尺寸标注

01 利用"修剪"命令，适当修剪轴线的长度，使标注看起来美观。

02 选择菜单栏中的"标注"→"快速标注"命令，或者在命令行直接输入 QDIM，执行快速标注命令，通过快速标注命令标注出所有的轴线尺寸。

03 标注完的标注尺寸采用"加点操作"，调整标注的位置，使之整齐美观，结果如图 7-97 所示。

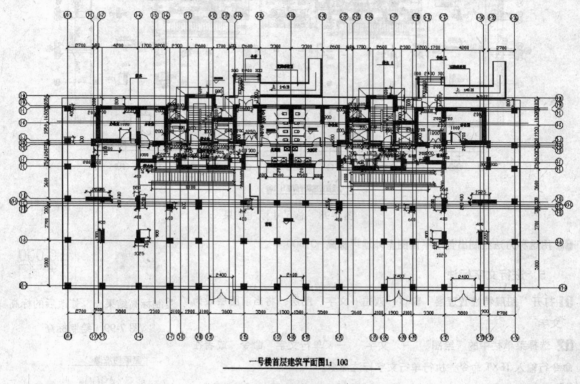

一号楼首层建筑平面图1：100

图 7-97　轴线标注结果

3．第三道尺寸标注

利用"线性"命令，标注最外面尺寸，标注结果如图 7-98 所示。

4．绘制标高符号

在地下层平面图绘制过程已经讲过如何绘制标高符号，现在直接用"复制"、"粘贴"命令绘制标高。

01 打开地下层平面图，选中标高符号，再单击工具栏中的"复制"按钮 ，切换到首层平面图，单击工具栏中的"粘贴"按钮 ，单击指定插入点，就可以得到标高符号。

02 此时得到的标高是地下层的标高，双击标高文字将文字修改成首层平面图的标高，如图 7-99 所示。

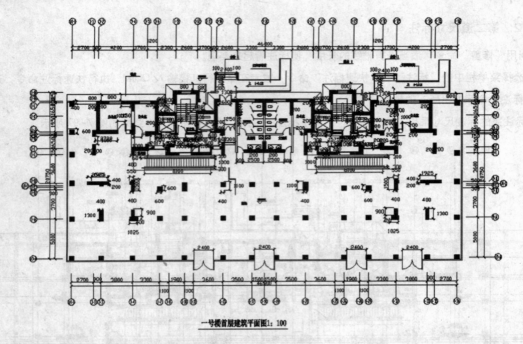

一号楼首层建筑平面图1：100

图 7-98　总尺寸标注结果

03 用这种方法绘制出首层平面图室外地坪标高−0.600。

5．进行文字标注

01 打开"图层特性管理器"窗口，双击"文字"图层，将当前图层设为
"文字"。

02 选择菜单栏中的"绘图"→"文字"→"单行文字"命令，或者在
命令行输入 TEXT 命令，执行单行文字标注命令。

03 需要标注的文字如"商场"、"台阶"、"无障碍坡道"、"办公室"、
"散水"、"消防栓"、"男厕所"、"女厕所"、"门窗符号"等，字
高300mm。

04 有的位置线条过于密集，就用线引出，再标注文字，结果如图 7−100
所示。

复制标高结果　　修改后的标高

图 7-99　绘制标高

图 7-100　文字标注结果

7.4.9　绘制剖切符号

剖面图的剖切位置应根据需要确定，在一般情况下应平行于某一投
影面，使截面的投影反映实形。剖切平面要通过孔、槽等不可见部分的
中心线，使内部形状得以表达清楚。如果物体是对称平面，一般将剖切
面选在对称面处。

剖切图本身不能反映出剖切位置，必须在其他投影图中标注剖面的
剖切位置线。为了读图的需要，剖面图一般需要加以标注，已明确剖切
位置和投射方向，同时要加以编号，如图 7-101 所示。

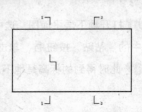

图 7-101　剖面剖切符号

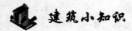 **建筑小知识**

《国标》对剖面图的符号及标注有如下规定。

（1）剖切位置线：剖切位置线用两小段短粗实线来表示，长度为 6～8mm，此线段不得与图形相交，两线段的连线间就相当于是个剖切用的平面（阶梯剖面及旋转剖面除外），因此两短线在水平方向上一定是平行，且在一条水平线上，铅垂方向也是在一条铅垂线上。

（2）投射方向线：是用与剖切位置线相垂直的两小段短的粗实线表示，长度为 4～6mm。投射方向线画在将要投影的方向一侧。

（3）剖切图的编号：用阿拉伯数字编号，按顺序由左至右、由下向上连续编排，并注写在投影方向线的断部。在阶梯剖面图、旋转剖面图的剖切位置线的转折处，为了避免和其他图线发生混淆，可在转角的外侧加注与剖面图相应的编号。

（4）所画剖面图与画有剖切符号的投影图不在同一张图纸上时，可在剖切位置线的旁边注明剖面图所在图纸的图号。

（5）剖面图的图名应标注在剖面图的下方，用阿拉伯数字标注，并且在图名的下方画一等长的粗实线。该图的图名应该与其剖切编号一致。例如，图名为 1－1、2－2、3－3 等。

本例中采用的是阶梯剖面图。

用两个或者两个以上的平行剖切面剖切形体，所得剖面图称为阶梯剖面图。

当建筑内部结构层次较多时，用一个平面剖切不能将该建筑的内部形状表达清楚时，可用两个相互平行的剖切平面按需要将该建筑剖开，画出剖面图，即阶梯剖面图。阶梯剖面图必须标注剖切位置和投射方向。由于剖面是假想的，在阶梯剖面图中不应画出两剖切面转折处的交线，并且要避免剖切面在图形轮廓线上转折。阶梯剖面图用于一个剖切面不能将形体需要表达的内部全部剖切到形体上。

下面讲解如何绘制剖切符号。

01 打开"图层特性管理器"窗口，新建图层"剖切符号"，将"颜色"设置为"红色"，其他属性采用默认设置，双击新建图层，将当前图层设为"剖切符号"。

02 利用"多段线"命令，命令行提示与操作如下。

```
命令行输入：PL↙
指定起点：（用鼠标单击剖切符号的起点）
指定下一个点或［圆弧（A）/半宽（H）/长度（L）/放弃（U）/宽度（W）］：W↙
指定起点宽度：50↙
指定端点宽度：50↙
打开正交模式：F8
指定下一个点或［圆弧（A）/半宽（H）/长度（L）/放弃（U）/宽度（W）］：（鼠标向右移动）1000↙
指定下一个点或［圆弧（A）/闭合（C）/半宽（H）/长度（L）/放弃（U）/宽度（W）］：（鼠标再向下移动）：1500↙
```

这样，绘制出一半的剖切符号。

03 利用同样的方法，使用"多段线"命令绘制出剖切符号的其他部分。

04 选择菜单栏中的"绘图"→"文字"→"单行文字"命令，或者在命令行输入 TEXT 命令，执行单行文字标注命令，在投影方向线的旁边标注出剖切编号 1，结果如图 7－102 所示。

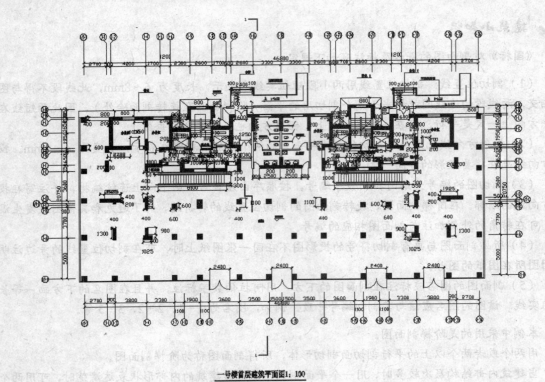

一号楼首层建筑平面图1：100

图 7-102　剖切符号绘制结果

:::::: 7.4.10　绘制其他部分

首层建筑平面图需要指北针标明该建筑的朝向。打开配套光盘中的"素材文件\第 7 章\图块\指北针"文件，通过"复制"、"粘贴"命令，将指北针插入到平面图的左下方，如图 7-103 所示。

首层平面图绘制完成，需加上图名和图框。

01 打开"图层控制"列表，将"文字"图层置为当前。

图 7-103　指北针绘制结果

02 选择菜单栏中的"绘图"→"文字"→"单行文字"命令，字高设为 700mm，在图形下方输入"1 号楼首层平面图 1：100"。

03 利用"多段线"命令，在文字的下方绘制一条多段线，线宽为 50mm，如图 7-104 所示。

1号楼首层平面图1：100

图 7-104　图名绘制结果

04 插入图框，采用 A1 加长图框，是在图框的长边方向，按照图框长边 1/4 的模数增加。每个图框不管图幅是多少，按照一定的比例打印出来时，图签栏的大小都应该相同。本例采用的 A1 加长图框尺寸为 594mm × 1051mm。

05 打开本书配套光盘中"素材文件\第 7 章\图块\A1 图框.dwg"文件，将图框插入到绘图区，将图框放大 100 倍，即表示该图的绘制比例是 1：100。

06 首层建筑平面图绘制完毕，如图 7-105 所示。

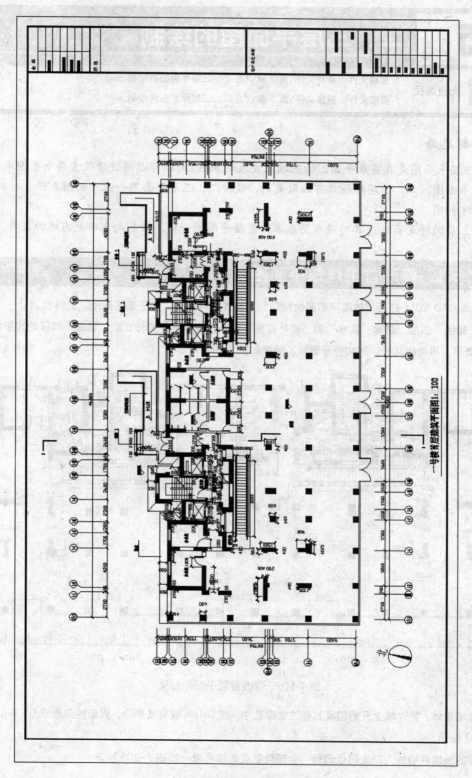

图 7-105　首层建筑平面图

7.5 二、三层平面图的绘制

光盘路径

素材文件：素材文件\第 7 章\7.5 二、三层平面图的绘制.dwg

视频文件：视频文件\第 7 章\7.5 二、三层平面图的绘制.avi

绘制思路

二、三层平面图是在首层平面图的基础上发展而来的，所以可以通过修改首层平面图来获得二、三层建筑平面图。二、三层布局只有细微差别，故将二、三层平面用一张平面图表示，对某些不同之处用文字标明。

二、三层同样是商场，其功能布局基本同首层平面图一样，只有局部布置有略微差异。

7.5.1 修改首层建筑平面图

01 使用 AutoCAD 2011 打开"首层平面图的绘制"，将其另存为"二、三层平面图"的绘制。

02 关闭"轴线"图层。删除"散水"和"室外设施"线条，将散水、室外台阶、坡道、雨篷的文字标注和尺寸标注均删除。再将指北针、剖切符号删除，结果如图 7-106 所示。

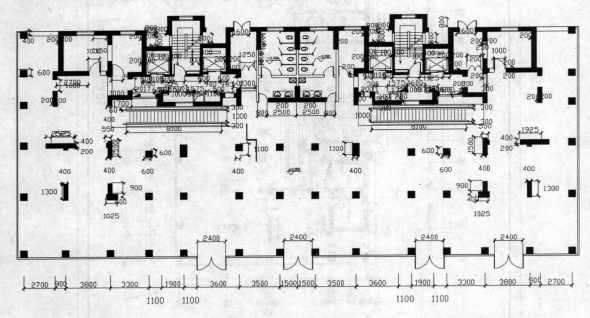

图 7-106　修改首层平面图结果

03 修改外墙墙体。将外墙上开的门及其标注全部选中，按 Delete 键将其删除。背面的门改成 C－8 型号的窗，如图 7-107 所示。

04 将前面的玻璃幕墙的入口大门也删除，全部绘制成玻璃幕墙，如图 7-108 所示。

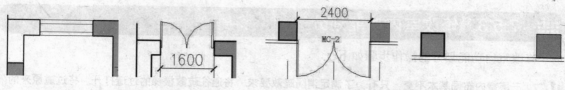

图 7-107 背面的门改为窗 　图 7-108 正面的门改为玻璃幕墙

7.5.2 绘制雨篷

在外门的上部常设雨篷，它可以起遮风挡雨的作用。雨篷的挑出长度为 1.5m 左右。挑出尺寸较大者，应采取防倾覆措施。

一般建筑图中雨篷都有雨篷详图，所以在建筑平面图上并不需要非常精确地绘制雨篷平面图，雨篷只有二层平面图上有，故用虚线表示并注明"仅见于二层"，绘制过程如下。

01 打开"图层特性管理器"窗口，双击"柱子"图层，将当前图层设为"柱子"。

02 绘制雨篷与墙体之间的连接承重结构。利用"矩形"命令，在垂直墙体处绘制两个 60mm×450mm 的矩形，雨篷柱子上方绘制 3600mm×200mm 矩形，结果如图 7-109 所示。

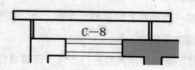

图 7-109 雨篷与墙体之间的连接结构

03 打开"图层特性管理器"窗口，新建图层"雨篷"，将"颜色"设置为"黄色"，"线型"设置为 ACAD_ISO02100，其他属性采用默认设置，双击新建图层，将当前图层设为"雨篷"。

04 利用"矩形"命令，绘制出一个 1900mm×1550mm 的矩形。

05 利用"偏移"命令，把矩形向内偏移 50mm，得到一个小的矩形，再利用"修剪"命令，将多余的线条剪掉。

06 利用"偏移"命令，将小矩形向内偏移 60mm，得到一个更小的矩形，再利用"修剪"命令，修剪掉多余的线条，结果如图 7-110 所示。

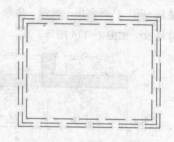

图 7-110 偏移结果

07 利用"偏移"命令，将最小的矩形的宽分别向内偏移 510mm，再偏移 60mm。

08 利用"偏移"命令，将最小的矩形的长分别向内偏移 410mm，再偏移 60mm。

09 利用"修剪"命令，修剪掉多余线条，绘制出雨篷，如图 7-111 所示。

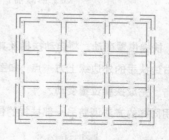

图 7-111 雨篷绘制结果

10 选中雨篷，拾取中点，利用"移动"命令，将其移动到连接结构的中点。

11 选择"标注"→"多重引线"命令，将雨篷引出，在弹出的文本框中输入"雨篷仅见于二层"，结果如图 7-112 所示。

12 将雨篷、连接墙体和标注文字全部选中，单击工具栏中的"复制"按钮，将雨篷等复制到另一处外门的上方处。

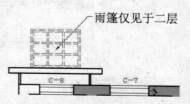

图 7-112 雨篷绘制完成

7.5.3 修改室内功能划分

修改室内功能划分的操作步骤如下。

01 二、三层室内布局基本不变，只有为了满足消防疏散要求，将通往疏散楼梯的过道打开。将过道原来的隔墙选中，按 Delete 键，将其删除，如图 7-113 所示。

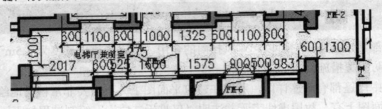

图 7-113　删除隔墙

02 将二、三层靠近雨篷的房间改为"员工休息室"。打开"图层特性管理器"窗口，将"标注"设为当前图层，选择菜单栏中的"绘图"→"文字"→"单行文字"命令，单击房间中心，输入"员工休息室"文字，完成文字标注。

03 修改卫生间的开门方向。因隔墙打开，卫生间的门开在侧面更为合理，因此将原有墙体进行修改，将"墙体"图层设为当前，将墙体修改，预留卫生间门洞 800mm，将原卫生间门选中，利用"旋转"命令将门沿门框旋转-90°，再利用"镜像"命令，将门沿门框方向镜像，再利用"移动"命令将其移到墙体处，并将标注尺寸修改，如图 7-114 所示。

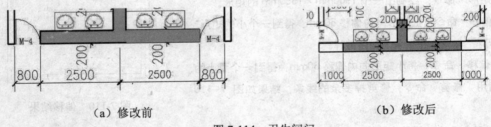

（a）修改前　　　　　　　　　　　　　（b）修改后

图 7-114　卫生间门

04 扶梯位置变动。将自动扶梯及其标注选中，利用"移动"命令，按 F8 键开启"正交"模式，拾取自动扶梯右边扶手的外边缘上方一点，如图 7-115 所示。拾取自动扶梯右边扶手外边缘下方一点，如图 7-116 所示。单击，完成扶梯位置变动。

利用同样的方法调整另一部扶梯的位置。

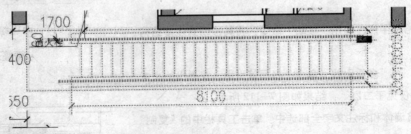

图 7-115　拾取扶梯右边扶手外边缘上方一点

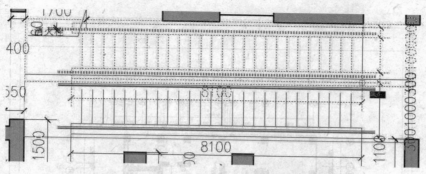

图 7-116 拾取扶梯右边扶手外边缘下方一点

⁘ 注意

对调整后的构件，尺寸标注根据需要可以通过"移动"等命令调整其位置，使其更加简洁、美观。

05 修改标高。修改标高尺寸的方法在上一节中已经详细讲解，根据上一节的方法，将标高修改。由于二、三层用同一平面图表示，故其标高数字有两个。卫生间标高表示本层标高减去 0.02m，结果如图 7-117 所示。

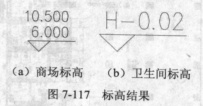

（a）商场标高 （b）卫生间标高

图 7-117 标高结果

06 调整标注轴线。由于删除首层平面图的室外建筑构件，轴号标注与图不够紧凑，因此将轴号以及轴线标注和总尺寸标注选中，利用"移动"命令，开启"正交"模式进行适当调整。

这样二、三层平面图绘制完成，下面需要添加图名和图框。

添加图名和图框的操作步骤如下。

01 打开"图层控制"列表，将"文字"图层置为当前。

02 选择"绘图"→"文字"→"单行文字"命令，字高设为 700mm，在图形下方输入"1 号楼二、三层平面图 1：100"。

03 利用"多段线"命令，在文字的下方绘制一条多段线，线宽 50mm，如图 7-118 所示。

1号楼二、三层平面图1：100

图 7-118 图名绘制结果

04 插入图框。采用本书配套光盘中的"素材文件\第 7 章\图块\A1 图框.dwg"文件，在图框的长边方向，按照图框长边 1/4 的模数增加。每个图框不管图幅是多少，按照一定的比例打印出来时，图签栏的大小都应该是相同的。本例采用的 A1 加长图框尺寸为 594mm×1051mm。

05 打开本书配套光盘中的"素材文件\第 7 章\图块\A1 图框.dwg"文件，将图框插入到绘图区，将图框放大 100 倍，即表示该图的绘制比例是 1：100。二、三层建筑平面图绘制完毕，如图 7-119 所示。

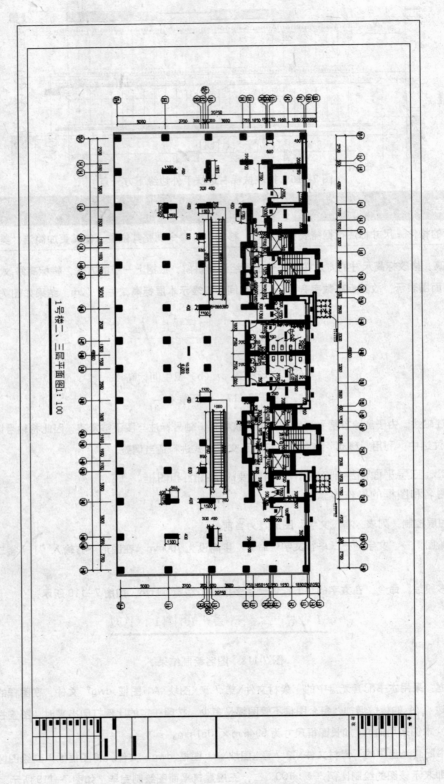

图 7-119　1 号楼二、三层建筑平面图

7.6 四至十四层组合平面图的绘制

光盘路径　素材文件：素材文件\第 7 章\7.6 四至十四层组合平面图的绘制.dwg
视频文件：视频文件\第 7 章\7.6 四至十四层组合平面图的绘制.avi

绘制思路

　　四至十八层是住宅，分为甲乙两个单元对称布置，每单元一梯四户，根据不同需要分为 A、B、C、D 4 个户型。为了图纸表达清楚，应先绘制组合平面图，再分别绘制单元平面图。

　　四至十八层住宅的结构同样是短肢剪力墙结构，内部划分跟商场有很大的不同，要重新划分室内，所以只保留二、三层的轴线和轴号，其他的构件重新绘制。

7.6.1　修改地下一层建筑平面图

01 使用 AutoCAD 2011 打开"地下一层平面图的绘制"，将其另存为"四至十四层组合平面图的绘制"。

02 关闭"标注"、"轴线"图层，删除所有门、建筑设备、隔墙、幕墙、雨篷、墙体等其他图层。再打开"标注"、"轴线"图层，删除所有尺寸标注，只保留"轴线"与"轴号"。

03 再删除 1-1/1 和 1-1/A 号轴线。将下面的"轴号"向下移动 4000mm，将"轴线"延长至端点，结果如图 7-120 所示。

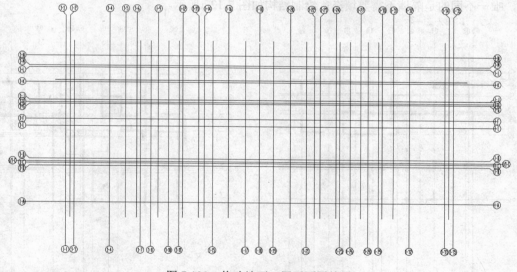

图 7-120　修改地下一层平面图结果

7.6.2　绘制墙体

　　本例中高层商住楼的住宅部分采用短肢剪力墙承重结构，剪力墙厚 200mm。剪力墙落在下面商场的剪力墙上面。受力结构都是由上面住宅的结构划分导致下面商场剪力墙结构的分布。电梯、楼梯及设备位置不变，便于管线的处理。下面来绘制承重剪力墙结构图。

由于甲乙单元完全对称，所以只需要绘制出甲单元平面图，再采用"镜像"命令，直接得到乙单元的平面图。

1．绘制承重短肢剪力墙

01 打开"图层控制"列表，将"墙体"图层置为当前层。

02 选择菜单栏中的"格式"→"多线样式"命令，或者在命令行中输入 MISTYLE 命令，弹出"多线样式"对话框，将前面设置的"墙体"多线样式置为当前。

03 选择菜单栏"绘图"→"多线"命令，或者在命令行输入 ML 命令，执行多线命令。

04 将多线的比例设为 200，采用"多线"命令，先绘制出甲单元所有的承重短肢剪力墙。

05 利用"分解"和"修剪"命令，将墙体多线进行修整和编辑。

06 再单击工具栏"图案填充"按钮，将承重剪力墙填充为 252 号灰色，表示该墙体是承重结构。

关于多线绘制墙体的具体绘制方法，前面已经讲过，可以根据定位轴线来绘制出墙体，结构如图 7-121 所示。

2．绘制隔墙

绘制完主要的承重墙体后，下面绘制隔墙，隔墙只起分隔和围护作用，不承受力的作用。本例中隔墙分两种，一种是室内卫生间与厨房分隔采用的 100mm 厚的隔墙，一种是室内分隔采用 200mm 厚的隔墙。

隔墙的绘制同样利用"多线"命令。预留出所有的门窗洞口。隔墙与短肢剪力墙绘制方法基本相同，唯一不同的是隔墙不需要填充，绘制结构如图 7-122 所示。

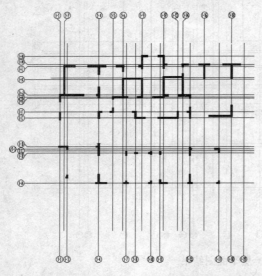

图 7-121　甲单元承重短肢剪力墙绘制结果　　　　图 7-122　甲单元隔墙绘制结果

注意

在绘制隔墙时，需要局部添加轴线，以便于多线的绘制。小范围隔墙不需要添加轴号，只有大的室内划分需要添加轴线和轴号，本例中添加了轴号 1/1-E。

7.6.3　绘制门窗

住宅中共有 3 种类型的门，每户的入户门代号为 FM－1，1000mm×2100mm 的乙级防火门，卧室的门采用代号为 M－3，900mm×2100mm 的木平开门；卫生间的门采用代号为 M－4，800mm×2100mm 的木平开门。窗均采用铝合金平开窗，具体情况见门窗表。

1. 绘制门

01 打开"图层控制"列表，将"门"图层置为当前层。

02 利用"矩形"和"圆弧"命令绘制出所需要的 3 种尺寸的门。

03 选择菜单栏中的"绘图"→"块"→"创建"命令，利用该命令创建"平开门"图块。

04 选择菜单栏中的"插入"→"块"命令，在平面图中选择在卧室和入户门以及卫生间处预留门洞墙线的中点作为插入点，插入"平开门"图块，完成平开门的绘制，结果如图 7－123 所示。

2. 绘制阳台护栏

根据建筑设计规范，阳台必须设护栏，为了跟窗线相区别，护栏用 4 根等距的线表示。

01 打开"图层特性管理器"窗口，新建图层"栏杆"，将"颜色"设置为"绿色"，其他属性采用默认设置，双击新建图层，将当前图层设为"栏杆"。

02 甲单元左边的栏杆出挑宽度为栏杆中心线距离墙体的中心线 500mm 和 1400mm 处，阳台的长度分别为 2700mm、2900mm，先绘制出辅助线，如图 7－124 所示。

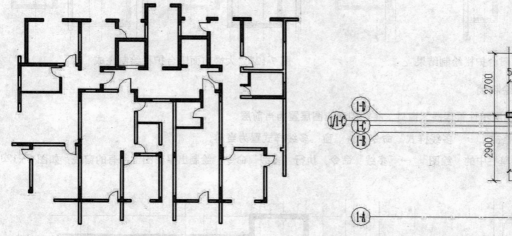

图 7-123　甲单元平面门绘制结果　　　　　　图 7-124　绘制栏杆的辅助线

03 选择菜单栏中的"格式"→"多线样式"命令，或者在命令行输入 MISTYLE 命令，弹出"多线样式"对话框，单击"新建"按钮，弹出"创建新的多线样式"对话框，在"新样式名"文本框中输入"阳台护栏"，单击"继续"按钮，弹出"新建多线样式：阳台护栏"对话框，参数设置如图 7－125 所示。再将"阳台护栏"多线样式置为当前。

04 选择菜单栏中的"绘图"→"多线"命令。执行"多线"命令，绘制护栏。

05 删除辅助线，结果如图 7－126 所示。

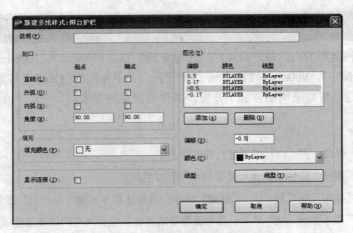

图 7-125 "阳台护栏"多线样式参数设置

06 利用同样的方法，绘制出前面部分的阳台护栏，前面阳台分别出挑 600mm 和 1500mm，绘制结果如图 7-127 所示。

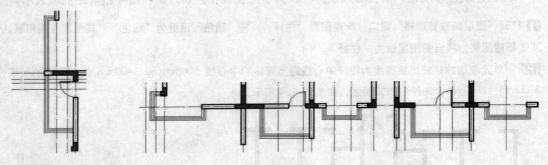

图 7-126 阳台护栏绘制结果   图 7-127 大楼前面阳台护栏绘制完成

3. 绘制窗

01 打开"图层特性管理器"窗口，将"门窗"图层置为当前层。

02 选择"格式"→"多线样式"命令，将"窗"多线样式置为当前。

03 选择菜单栏中的"绘图"→"多线"命令，执行"多线"命令，绘制出平面图上所有的窗线，如图 7-128 所示。

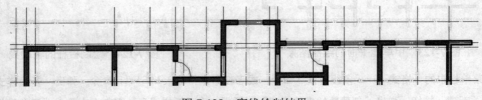

图 7-128 窗线绘制结果

7.6.4 绘制电梯、楼梯和管道

楼梯、电梯、建筑水暖管道、电管道和加压送风井的位置均不变。因此只需要将首层平面图的楼梯、电梯、管道等复制过来即可。

01 将"楼梯"图层置为当前。

02 选择"文件"→"打开"命令，打开"首层平面图的绘制"，选中楼梯所有的线条，并选中一条便于识别的辅助线，利用"复制"命令，复制楼梯，如图7-129所示。

03 单击菜单栏中的"窗口"，返回到"四至十四层组合平面图的绘制"，利用"粘贴"命令，在空白处单击，复制楼梯。

04 选中楼梯，利用"移动"命令，拾取辅助线的端点，将其移动到辅助线端点的对应位置，如图7-130所示。

05 用同样的方法从首层平面图中复制出电梯及管道，结果如图7-131所示。

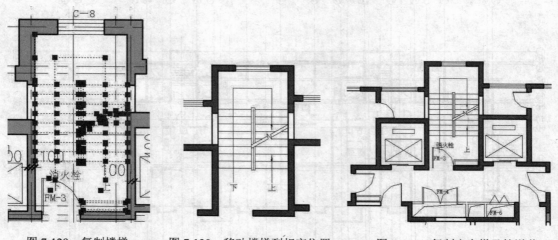

图7-129　复制楼梯　　　　图7-130　移动楼梯到相应位置　　　　图7-131　复制出电梯及管道井

7.6.5　绘制卫生间和厨房设备

卫生间和厨房设备都有标准图块，直接从素材文件中利用即可，在此就不再重复。厨房图块已经在配套光盘中提供，结果如图7-132所示。

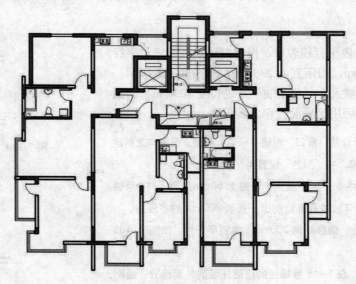

图7-132　卫生间和厨房设备绘制

7.6.6 绘制乙单元平面图

由于甲乙单元完全对称，因此乙单元只需要采用"镜像"命令，即可得到乙单元的建筑平面图，并在对称中心线的两端画出对称符号。

将甲单元除开轴线和轴号的其他线条全部选中，选择工具栏中的"镜像"命令，再按 F8 键，打开"正交"模式，用鼠标拾取第 1-18 号轴线上任意两点，右击"确定"按钮，得到乙单元的平面图，如图 7-133 所示。

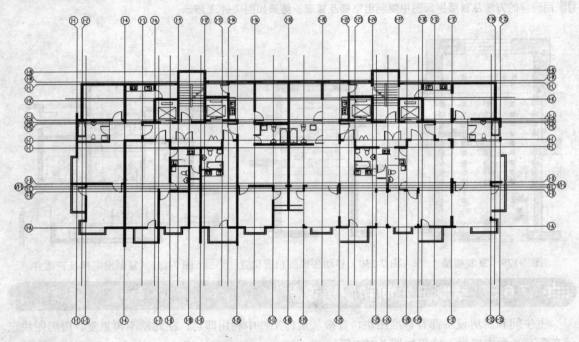

图 7-133 镜像出乙单元平面图

绘制对称符号

对称符号用一段平行线表示，根据制图规范要求，平行线长度宜为 6~10mm，间距宜为 2~3mm，如图 7-134 所示。但在本例中根据图像大小，将绘制平行线长度 800mm，间距 200mm，对称符号可用于平面图和立面图中。

01 打开"图层特性管理器"窗口，新建"标注"图层，设置与之前建立的"标注"图层一样，将"颜色"设置为"绿色"。

02 利用"多段线"命令，将"线宽"设置为 50mm，在 1-18 号轴线的建筑外墙部分，与轴线垂直绘制出一条长 800mm 的多段线。

03 利用"偏移"命令，偏移距离 200mm，得到平行线，如图 7-135 所示。

04 利用同样的方法，在 1-18 号轴线的前面外墙的外面部分，绘制对称符号的下面部分。

图 7-134 对称符号

图 7-135 1-18 号轴线上绘制对称符号

7.6.7 尺寸标注及文字说明

本例中的 4 种户型分别用 ABCD 表示，同样利用"绘图"→"文字"→"单行文字"命令，文字高度设为 350mm，在每户房间空白处内分别输入 A、B、C、D。

再采用前面所讲的方法，利用"标注"→"快速标注"和"线性"命令，标注样式在前面已经设置好了，故只需直接标注出轴线尺寸和总尺寸。

利用"修剪"和"移动"命令，适当地调整轴线的长度和轴号的位置，使得构图更加美观。结果如图 7-136 所示。

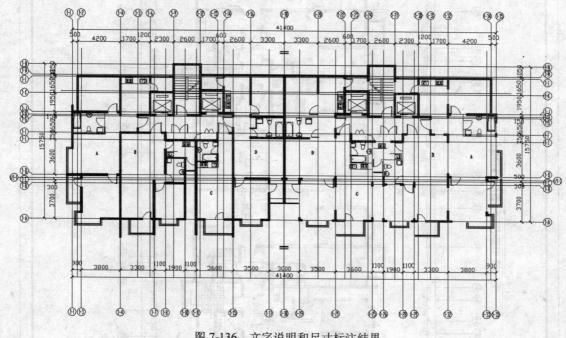

图 7-136 文字说明和尺寸标注结果

四至十四层组合平面图绘制完成，需加上图名和图框。

01 打开"图层控制"列表，将"文字"图层置为当前层。

02 选择菜单栏中的"绘图"→"文字"→"单行文字"命令，字高设为 700mm，在图形下方输入"1 号楼四至十四层平面图 1：100"。

03 利用"多段线"命令，在文字的下方绘制一条多段线，线宽 50mm，如图 7-137 所示。

1号楼四至十四层平面组合图1：100

图 7-137 图名绘制结果

04 打开本书配套光盘中的"素材文件\第 7 章\图块\A1 图框.dwg"文件，将图框复制并粘贴到绘图区，将图块放大 100 倍，即表示该图的绘制比例是 1：100。1 号楼四至十四层平面组合图绘制完毕，如图 7-138 所示。

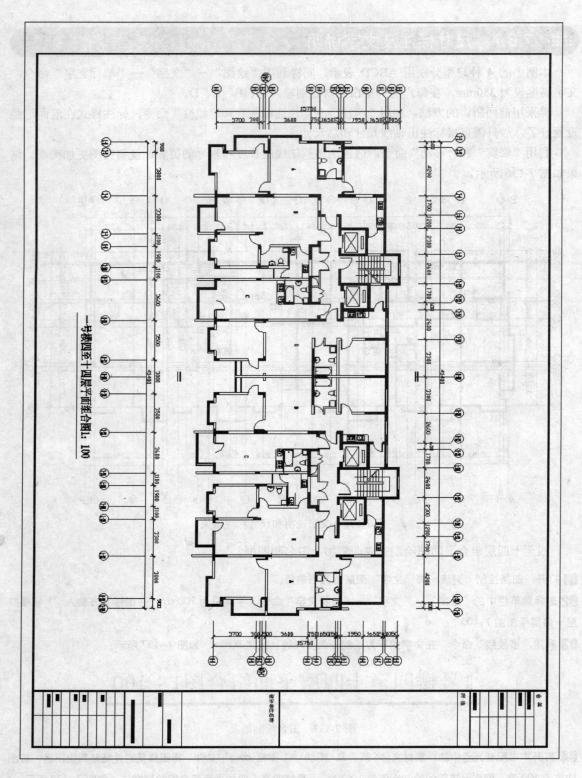

图 7-138　1 号楼四至十四层平面组合图

7.7　四至十八层甲单元平面图的绘制

光盘路径	素材文件：素材文件\第 7 章\7.7 四至十四层甲单元平面图的绘制.dwg
	视频文件：视频文件\第 7 章\7.7 四至十四层甲单元平面图的绘制.avi

绘制思路

　　四至十八层的平面图绘制方法相同，现在来绘制四至十四层甲单元平面图，其他楼层只需要修改正立面阳台的大小和楼层标高即可。由于甲、乙单元完全对称，因此这里只讲解四至十四层甲单元的绘制方法。

建筑小知识

　　四至十七层作为标准层，内部空间结构完全一样，唯一不同就是为了立面造型的需要，正立面出挑阳台的部分发生变化，以求立面效果的丰富。四至十四层外阳台完全相同，十五、十六层大楼正立面阳台出挑距离相同，十七、十八层正立面出挑距离相同。另外在十八层将一个卧室改为露台。对高层建筑来说，要做造型的变化，只能在立面上以求变化，平面上的结构一定不能改变，例如，在出挑距离上做变化，但承重结构不便。

7.7.1　修改四至十四层组合平面图

01 打开 "四至十四层组合平面图的绘制"，将其另存为 "四至十四层甲单元平面图的绘制"。

02 将乙单元部分全部删除，只保留甲单元部分，在甲单元的右边用 "直线" 命令画上折断线，删除甲单元 ABCD 户型代号。

03 修剪轴线长短，调整轴号位置，结果如图 7-139 所示。

7.7.2　绘制建筑构件

　　建筑立面为了造型需要，在正立面部分设置钢架，并在阳台处预留空调机位，使立面造型整齐、美观。

1. 钢架绘制

01 打开 "图层特性管理器" 窗口，新建图层 "构件"，将 "颜色" 设置为 "蓝色"，其他设置为默认设置，并将 "构件" 图层置为当前层。

02 选择菜单栏中的 "格式" → "多线样式" 命令，将 "墙体" 多线样式置为当前，选择菜单栏中的 "绘图" → "多线" 命令在 1-4 号轴线与 1-15 号轴线之间，墙体的最外面处，绘制宽 200mm 的多线表示钢架，1-10 号轴线上钢架与墙体之间也用钢架连接，同样用 "多线" 命令绘制。

03 由于钢架不是每层都设置，应该需要标注出钢架用于 21m、24m、33m、36m、45m、48m 标高处，用 "多重引线" 引出标注，结果如图 7-140 所示。

04 在大楼背立面标高 18m、21m、30m、33m、42m、45m 处设置了钢架，钢架距离 1-2 号轴线 3100mm，外墙面 1450mm 处，钢架宽 200mm，具体尺寸如图 7-141 所示。

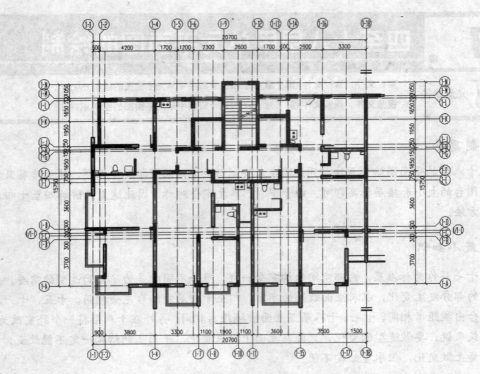

图7-139　修改四至十四层平面组合图结果

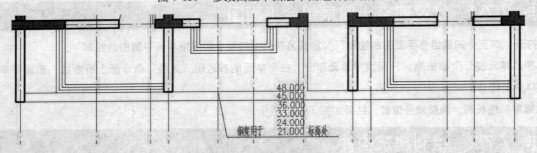

图7-140　钢架绘制结果

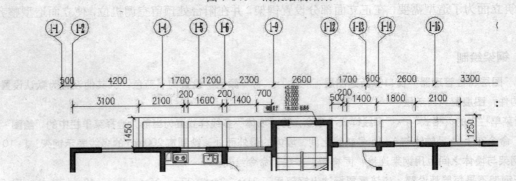

图7-141　背面钢架绘制结果

05 在高层的外墙落地窗需要设置护栏，利用"直线"和"偏移"命令，在室内靠近窗处绘制之间距离为60mm的平行线表示护栏。

2. 空调机位、雨水管以及空调冷凝水管绘制

01 打开"图层特性管理器"窗口，新建图层"空调机位"，将"颜色"设置为"黄色"，"线型"设置为 ACAD_ISO02W100，其他属性采用默认设置，双击新建图层，将当前图层设为"空调机位"。

02 利用"矩形"命令，绘制长 800mm、宽 280mm 的矩形。利用"复制"命令，将矩形设置在阳台与钢架之间的空隙处。在无阳台的地方将空调机位设置在护栏与窗之间的空隙处。

03 将"构件"图层置为当前层，绘制雨水管和空调冷凝水管。利用"圆"命令绘制雨水管直径为 120mm、空调冷凝水管直径为 150mm，雨水管设置在 1—4 号轴线与 1—11 号轴线处的外墙角落处，空调冷凝水管设置在空调机位的旁边，不破坏建筑外立面美观处，如图 7-142 所示。

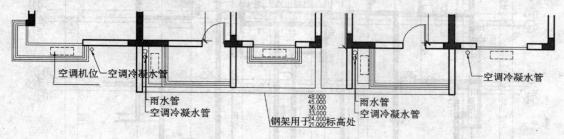

图 7-142 空调机位、雨水管以及空调冷凝水管绘制结果

04 在大楼的背面同样需要设置空调机位，在两种户型交接处预留空调机位，将雨水管、空调冷凝水管集中布置，结果如图 7-143 所示。

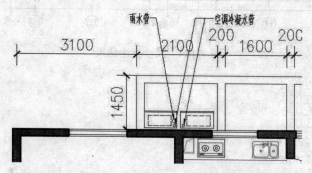

图 7-143 空调机位、雨水管以及空调冷凝水管绘制结果

7.7.3 尺寸标注及文字说明

1. 尺寸标注

利用"线性"和"快速标注"命令标注出细部尺寸和总尺寸，标注完的标注尺寸采用"加点操作"，调整标注的位置，使其整齐美观，结果如图 7-144 所示。

2. 绘制标高符号

由于该图表示四至十四层的甲单元平面图，故需要标注出各层标高。卫生间、厨房和阳台均在每层的基础上下沉 20mm。采用前面所讲方法修改之前绘制好的标高，结果如图 7-145、图 7-146 所示。

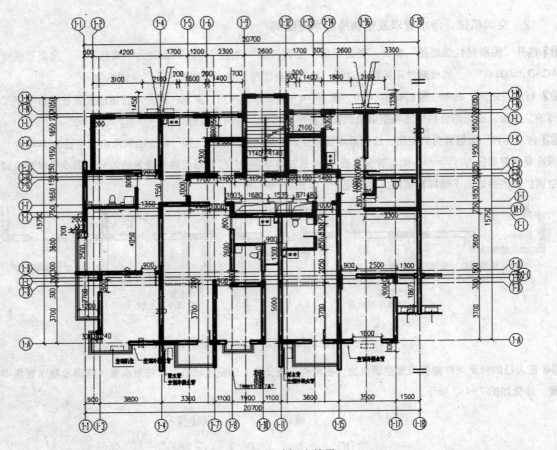

图 7-144　尺寸标注结果

```
45.000
42.000
39.000
36.000
33.000
30.000
27.000
24.000
21.000
18.000
15.000
```

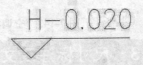

H-0.020

图 7-145　每层标高　　　　　　　　图 7-146　卫生间、厨房、阳台标高

3．文字说明

01 选择菜单栏中的"绘图"→"文字"→"单行文字"命令，给房间初步划分，在房间空白处标注出大致的房间功能，如"客厅"、"卧室"、"厨房"、"卫生间"和"阳台"等。

02 标注出门窗的型号。

03 卫生间、厨房的排烟道细部做法用引线引出。

04 标注出管道的名称，结果如图 7-147 所示。

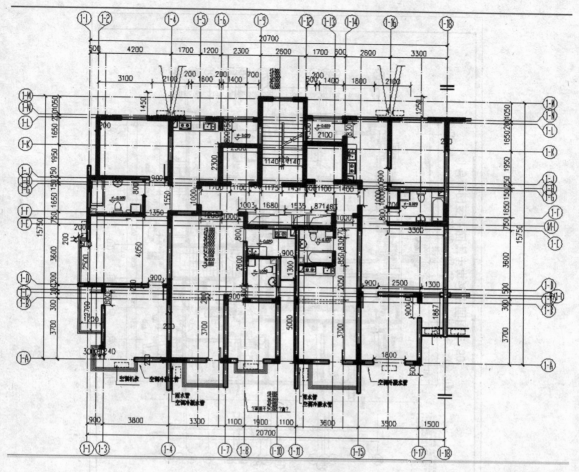

图 7-147　文字说明结果

05 一些细部构造，需另外用文字说明，一般在图的右下角给予说明。采用"多行文字"命令，字高 300mm，如图 7-148 所示。

注：

1: 甲、乙单元为对称单元
2: K-1预留75UPVC空调套管，管中距地 150，距墙边 150
　 K-2预留75UPVC空调套管，管中距地 2250，距墙边 150
3: TF-1厨房排风道PC30.430x300，详见《住宅厨房卫生间变压式排风道应用技术规程》
　 TF-2卫生间排风道PC35.340x300，详见《住宅厨房卫生间变压式排风道应用技术规程》

图 7-148　文字说明

7.7.4　绘制标准层其他平面图

这样四至十四层甲单元平面图绘制完成，需加上图名和图框。方法同前面一样，比例为 1∶50，在此就不再重复。绘制结果如图 7-149 所示。

十五、十六层正立面前面阳台部分，如图 7-150 所示。

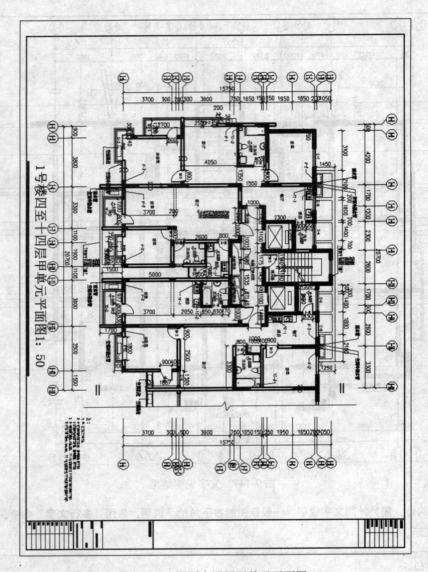

图 7-149　四至十四层甲单元平面图

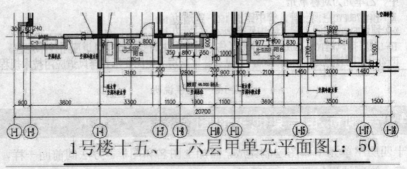

1号楼十五、十六层甲单元平面图1：50

图 7-150　十五、十六层正立面阳台部分

十五、十六层甲单元平面图，如图 7-151 所示。

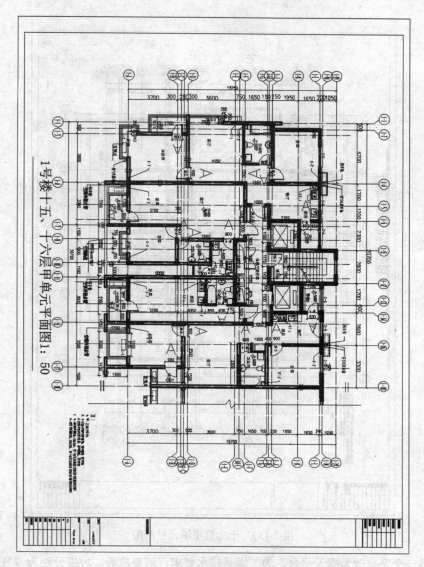

图 7-151　十五、十六层甲单元平面图

十七层甲单元正立面阳台部分，如图 7-152 所示。

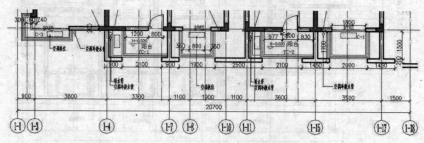

图 7-152　十七层甲单元正立面阳台部分

十七层甲单元平面图，如图 7-153 所示。

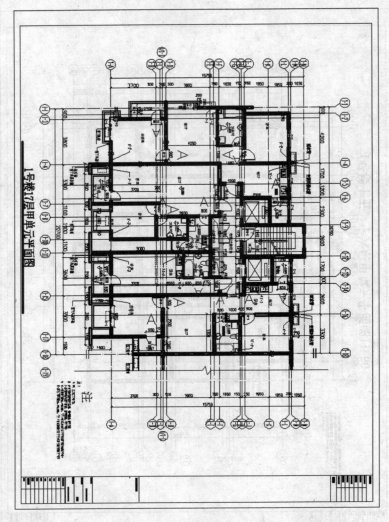

图 7-153　十七层甲单元平面图

　　十八层将一个卧室改为露天平台，为了满足排水要求，需要放坡，坡度分别为 2%、1%。十八层改动部分如图 7-154 所示。

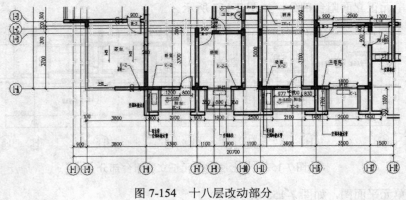

图 7-154　十八层改动部分

十八层甲单元平面图，如图 7-155 所示。

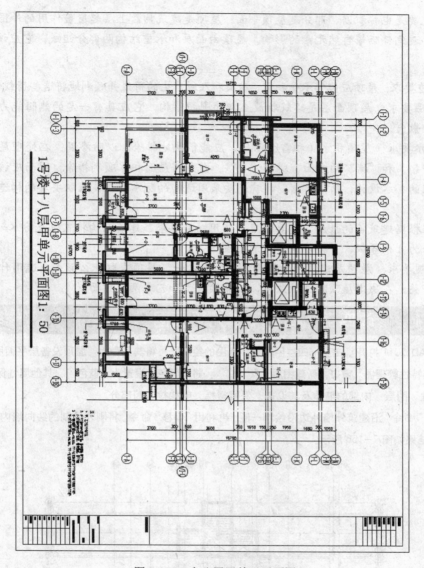

图 7-155 十八层甲单元平面图

7.8 屋顶设备层平面图的绘制

 光盘路径　素材文件：素材文件\第 7 章\7.8 屋顶设备层平面图的绘制.dwg

　　　　　　　视频文件：视频文件\第 7 章\7.8 屋顶设备层平面图的绘制.avi

绘制思路

修改四至十四层甲单元平面图，再绘制排水分区、排水坡度以及乙单元。

建筑小知识

设备层主要是电梯机房，部分是屋顶平面。屋顶是建筑物最上层起覆盖作用的外围护构件，用以抵抗雨雪、避免日晒等自然元素的影响。屋顶由面层和承重结构两部分组成，它应该满足以下4点要求。

（1）承重要求：屋顶应能够承受积雪、积灰和人所产生的荷载并顺利地将这些荷载传递给墙柱。

（2）保温要求：屋顶面层是建筑物最上部的围护结构，它应具有一定的热阻能力，以防止热量从屋面过分散失。

（3）防水要求：屋顶积水（积雪）以后，应能很快地排除，以防渗漏。在处理屋面防水问题时，应兼顾"导"和"堵"两方面，所谓"导"，就是将屋面积水顺利排除，因而应该有足够的排水坡度及相应的排水设施；所谓"堵"，就是要采用适当的防水材料，采取妥善的构造做法，以防渗漏。

屋顶工程根据建筑物的性质、重要程度、使用功能要求、建筑结构特点以及防水耐用年限等，将屋面防水分为4个等级，并按不同等级进行设防。

（4）美观要求：屋顶是建筑物的重要装修内容之一。屋顶采取什么形式，选用什么材料和颜色均与美观有关。在决定屋顶构造做法时，应兼顾技术和艺术两大方面。

7.8.1 修改四至十四层甲单元平面图

01 使用 AutoCAD 2011 打开"四至十四层甲单元平面图的绘制"，将其另存为"屋顶设备层平面图的绘制"。

02 打开"图层特性管理器"窗口，新建图层"女儿墙"，将"颜色"设置为"蓝色"，其他属性保持默认设置。

03 删除"标注"图层，内部的墙体及其设备，保留楼梯、电梯核心筒部分。

04 利用"直线"命令，沿建筑外墙外边沿绘制一圈，再利用"偏移"命令，将刚才绘制的线向墙内偏移150mm，再删除外墙，结果如图7-156所示。

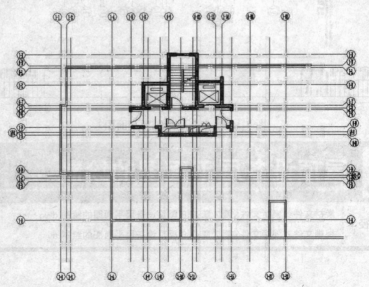

图7-156　修改四至十四层甲单元平面图结果

05 绘制出所有的女儿墙。根据阳台尺寸大小，绘制出挑阳台上方的顶棚，结果如图 7-157 所示。

06 修改楼梯、电梯核心筒。电梯楼梯的前室改为电梯机房，还需要修改核心筒的局部部分，如图 7-158 所示。

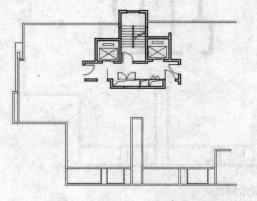

图 7-157　女儿墙及阳台上方顶棚绘制结果　　　　图 7-158　核心筒修改结果

07 利用"镜像"命令，绘制出乙单元屋顶平面图。调整轴线的长度、轴号的位置，绘制出乙单元的轴线及轴号，以 1—18 号轴线为对称中心线，结果如图 7-159 所示。

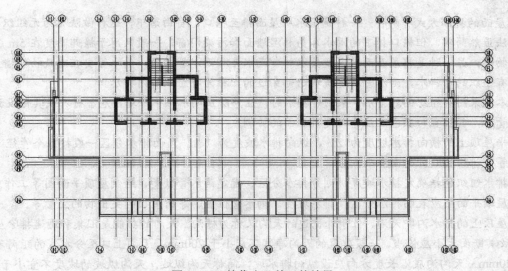

图 7-159　镜像出乙单元的结果

08 排烟道绘制。打开十八层甲单元平面图，将图中所有的排烟道全部选中，利用"复制"命令，返回设备层绘图界面，利用"粘贴"命令，将这些排烟道全部粘贴到原位置。

 建筑小知识

　　所有的排烟道均要出屋面。凡是烟囱、管道等伸出屋面的构件必须在屋顶上开孔时，为了防止漏水，将油毡向上翻起，抹上水泥砂浆或再盖上镀锌铁皮，起挡水作用，称为泛水。因此，下面住宅的厨房、卫生间的排烟道均要出屋面。

09 利用"镜像"命令，以 1—18 号轴线为对称轴，镜像出乙单元的排烟道，结果如图 7-160 所示。

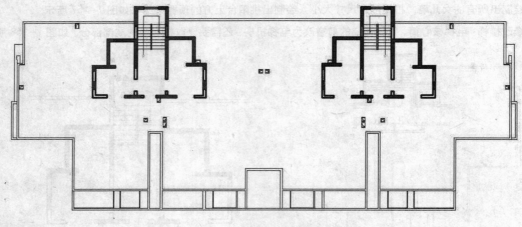

图 7-160　排烟道绘制结果

7.8.2　绘制排水组织

建筑小知识

　　屋面的排水方式有两种：一种是雨水从屋面排至檐口，自由落下，这种做法称为无组织排水，此做法虽然简单，但檐口排下的雨水容易淋湿墙面和污染门窗，一般只用于檐部高度在 5m 以下的建筑物中；另一种是将屋面雨水通过集水口－雨水斗－雨水管排除，雨水管安在建筑物外墙上的，称为有组织的外排水，雨水管从建筑物内部穿过的，称为有组织的内排水。

　　本例采用有组织的外排水。采用外排水时，注意防止雨水倾下外墙，危害行人或其他设施，设水落管时，其位置与颜色应注意与建筑立面的协调。

　　平屋顶上的横向排水坡度为 2%，纵向排水坡度为 1%。屋面排水分区一般按每个管径 75mm 雨水管能排除 200 m² 的面积来划分。

　　排水组织包括确定排水坡度、划分排水分区、确定雨水管数量、绘制屋顶平面图等工作。

　　屋顶平面图应表明排水分区、排水坡度、雨水管位置、穿出屋顶的突出物的立管等。

　　屋顶上的排水沟即天沟，位于外檐边的天沟又称为檐沟。天沟的功能是汇集和迅速排除屋面雨水，故其断面大小应恰当，一般建筑的天沟净宽不应小于200mm，天沟上口至分水线的距离不应小于120mm。天沟沟底沿长度方向应设纵向排水坡，简称天沟纵坡。天沟纵坡的坡度不宜小于 1%。

01 打开"图层特性管理器"窗口，新建图层"排水组织"，将"颜色"设置为"黄色"，其他属性保持默认设置。并将"排水组织"置为当前图层。

02 利用"直线"命令，沿正面和背面的女儿墙绘制天沟，宽400mm，有排风道的地方，天沟要避开排风道，通过材料找坡，使雨水汇集到天沟，再通过女儿墙中的预埋管，流入室外的雨水管。

03 根据规范绘制出排水分区。

04 绘制出雨水口、预埋在女儿墙的过水洞，结果如图 7-161 所示。

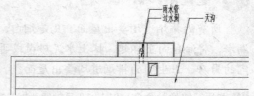

图 7-161　雨水管、过水洞和天沟的绘制结果

05 标注出屋面的排水坡度，结果如图 7-162 所示。

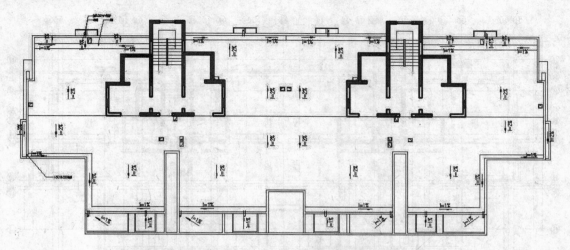

图 7-162　排水坡度标注结果

7.8.3　绘制门窗

采用型号为 FM-3 的宽 1000mm 的防火门，窗为 C-7，1500mm×1520mm 的铝合金平开窗。用户可利用"矩形"、"圆弧"、"多线"命令绘制，结果如图 7-163 所示。

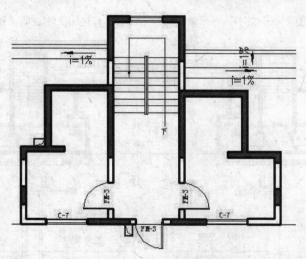

图 7-163　门窗绘制结果

7.8.4　尺寸标注及文字说明

1. 尺寸标注

01 打开"图层特性管理器"窗口，将"标注"图层置为当前层。

02 利用"线性"命令，标注细部尺寸，利用"快速标注"命令标注轴线尺寸，利用"线性"命令，标注总尺寸，结果如图 7-164 所示。

03 绘制标高符号，屋顶层的屋面处结构标高为 60.000m。

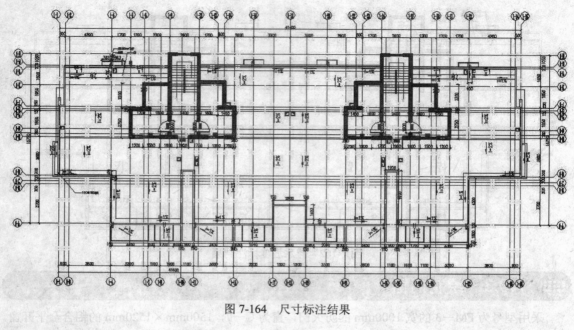

图 7-164　尺寸标注结果

2. 文字说明

选择菜单栏中的"绘图"→"文字"→"单行文字"命令，标注出文字说明，如图 7-165 所示。

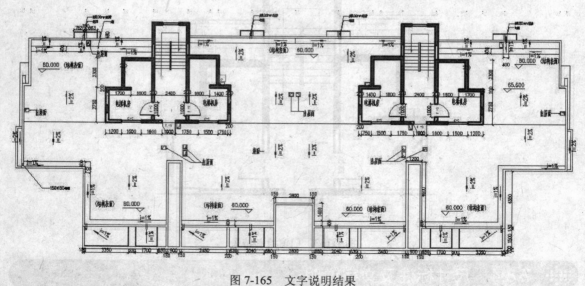

图 7-165　文字说明结果

屋顶设备层绘制完毕，需要加上图名和图框。

方法同前面一样，比例为 1∶100，在此就不再重复，绘制结果如图 7-166 所示。

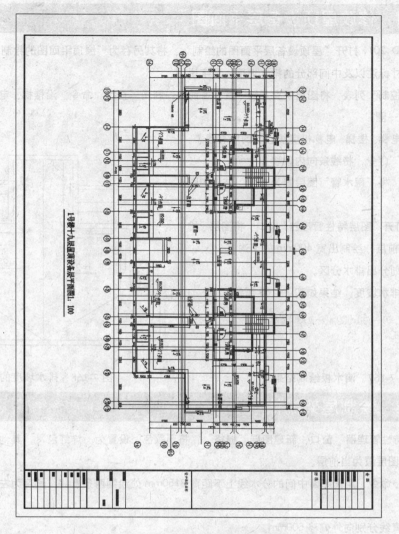

图 7-166 屋顶设备层平面图

7.9 屋顶平面图的绘制

光盘路径　素材文件：素材文件\第 7 章\7.9 屋顶平面图的绘制.dwg
　　　　　　　视频文件：视频文件\第 7 章\7.9 屋顶平面图的绘制.avi

绘制思路

只需修改屋顶设备层有屋架的部分即可。

建筑小知识

在设备层电梯机房的上方做了部分栅格屋架，既是围护结构又满足屋顶造型的要求。

159

7.9.1 修改屋顶设备层平面图

01 使用 AutoCAD 2011 打开"屋顶设备层平面图的绘制"，将其另存为"屋顶平面图的绘制"。

02 删除细部尺寸标注以及中间部分的排水坡度、文字说明。

03 打开"图层控制"列表，将图层"女儿墙"置为当前层。利用"直线"命令，沿楼梯、电梯以及电梯机房的外墙边沿绘制一圈。

04 删除原来的电梯、楼梯、电梯机房核心筒的所有线条。

05 利用"偏移"命令，将线条向内偏移 200mm。

06 绘制滴水板，将"雨水管"图层置为当前，结果如图 7-167 所示。

07 绘制天沟，打开"图层特性管理器"窗口，将图层"排水组织"置为当前层，绘制出宽 400mm 的天沟。

08 根据规范，划分出排水分区。

09 然后标注出排水坡度，结果如图 7-168 所示。

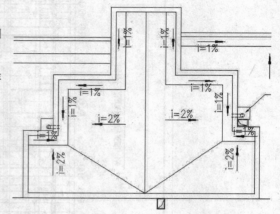

图 7-167　滴水板绘制结果

图 7-168　排水坡度的绘制

7.9.2 绘制屋架栅格

01 打开"图层特性管理器"窗口，新建图层"栅格"，将"颜色"设置为"洋红色"，其他属性保持默认设置，将"栅格"图层置为当前层。

02 利用"直线"命令，距离屋面中间的分水线上下距离 3150mm 处绘制两条直线，长度为左右两端女儿墙的外墙处。

03 再将这两条直线分别向外偏移 500mm。

04 从左向右绘制栅格，栅格宽 250mm。除中间 3 根水平间距为 125mm 之外，其他水平间距均为 650mm，结果如图 7-169 所示。

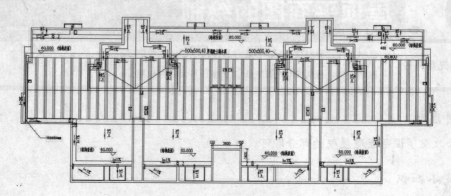

图 7-169　栅格绘制结果

7.9.3　尺寸标注及文字说明

01 打开"图层特性管理器"窗口，将"标注"图层置为当前层，采用"线性"命令，标注细部尺寸。

02 标注出标高，格栅屋顶标高 63.600m，核心筒标高 64.800m。

03 修改图名和图框中的图名，即可完成屋顶平面图的绘制，结果如图 7-170 所示。

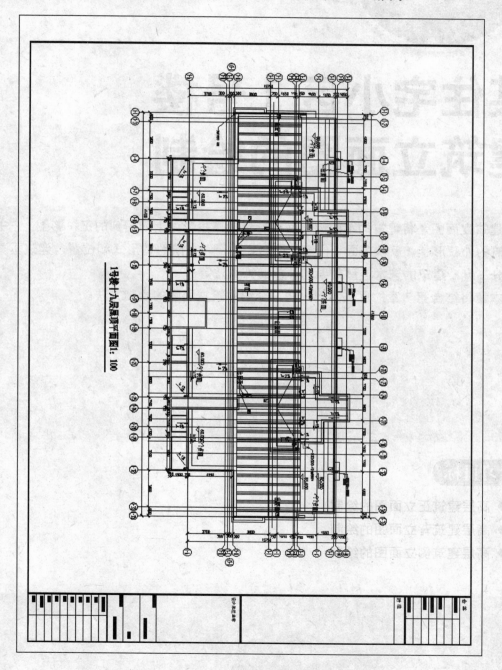

图 7-170　屋顶平面图绘制结果

第8章

某住宅小区1号楼
建筑立面图的绘制

建筑立面图是将建筑的不同侧表面投影到铅直投影面上而得到的正投影图。它主要表现建筑的外貌形状，反映屋面、门窗、阳台、雨篷、台阶等的形式和位置，建筑垂直方向各部分高度，建筑的艺术造型效果和外部装饰做法等。

本章将结合第7章的建筑实例，详细介绍建筑立面图的绘制方法。

学习目标

- ◆ 高层建筑正立面图的绘制
- ◆ 高层建筑背立面图的绘制
- ◆ 高层建筑侧立面图的绘制

8.1 建筑体型和立面设计概述

建筑立面图根据建筑型体的复杂程度及主要出入口的特征，可以分为正立面、背立面和侧立面；根据观看的地理方位和具体朝向，可以分为南立面、北立面、东立面、西立面；或者根据定位轴线的编号来命名，如①～⑩立面等。

建筑不仅要满足人们生产生活等物质功能的要求，还要满足人们精神文化方面的需求。建筑物的美观主要通过内部空间及外部造型的艺术处理来体现，同时也涉及建筑物的群体空间布局，而其中建筑物的外观形象广泛地被人们接触，对人精神感受产生的影响尤为深刻。例如，轻巧、活泼、通透的园林建筑，雄伟、庄严、肃穆的纪念性建筑，朴素、亲切、宁静的居住性建筑，简洁、完整、挺拔的高层公共建筑等。

一个建筑设计得是否成功，与周围环境的设计、平面功能的划分以及立面造型的设计都息息相关。体型和立面设计着重研究建筑物的体量大小、体型组合、立面及细部处理等。其实，在空间的功能相对固定的情况下，高层建筑的创新是有一定局限性的，怎样在这个框架的局限内有所突破，如何将建筑立面的创新性、功能性以及经济性相结合也是建筑设计师们比较头疼的一个问题。建筑立面设计应综合考虑城市景观要求、建筑物性质与功能、建筑物造型及特色等因素，在满足使用功能和经济合理性的前提下，运用不同的材料、结构形式、装饰细部、构图手法等创造出预想的意境，从而不同程度地给人以庄严、挺拔、明朗、轻快、简洁、朴素、大方、亲切的印象，加上建筑物体型庞大，与人们目光接触频繁，因此具有独特的表现力和感染力。

立面设计的设计创新不能以牺牲功能为代价，是在符合功能使用要求和结构构造合理的基础上，紧密结合内部空间设计，对建筑体型做进一步的规划处理。在外立面的设计中，比例、尺度、色彩、对比，这些都是从美学角度考虑的不变标准，其中比例的把握是最为重要的。建筑的隔离面可以看做由许多构件，如门、窗、墙、柱、踩、雨篷、屋顶、檐部、台阶、勒脚、凹廊、阳台、花饰等组成，恰当地确定这些组成部分和构件的比例、尺度、材料、质地、色彩等，运用构图要点，设计出与整体协调、内容统一，与内部空间相呼应的建筑立面，就是立面设计的主要任务。

建筑的外墙面对该建筑的特性、风格和艺术的表达起着非常重要的作用，墙面处理的关键问题就是如何把墙、踩、柱、窗、洞等各要素组织在一起，使之有条有理、有秩序、有变化，墙面的处理不能孤立地进行，它必然受到内部房间划分一级柱、梁、板凳结构体系的制约。为此，在组织墙面时，必须充分利用这些内在要素的规律性，来反映内部空间和结构的特点。同时，要使墙面设计具有良好的比例、尺寸，特别是具有各种形式的韵律感。墙面设计首先要巧妙地安排门、窗、窗间墙，恰当地组织阳台、凹廊等。另外，还可以借助窗间墙的墙垛、墙面上的线脚、为分隔窗用的隔片、为遮阳用的纵横遮阳板等，来赋予墙面更多变化。

立面设计结构构成必须明确划分为水平因素和垂直因素。一般都要使各要素的比例与整体的关系相配，以达成令人愉悦的观感效果，也就是通常设计中所说的要"虚中有实，实中带虚，虚实结合"。建筑的"虚"指的是立面上的空虚部分，如玻璃门窗洞口、门廊、空廊、凹廊等，它们给人以不同程度的空透、开敞、轻巧的感觉；"实"指的是立面上的实体部分，如墙面、柱面、台阶踏步、屋面、栏板等，它们给人以不同程度的封闭、厚重、坚实的感觉。以虚为主的手法大多能赋予建筑以轻快、活泼的特点，以实为主的手法大多能表现出建筑的厚重、坚实、雄伟的气势。立面凹凸关系的处理，可以丰富立面效果，加强光影变化，组织体量变化，突出重点和安排韵律节奏。

突出建筑立面中的重点，是建筑造型的设计手法，也是建筑使用功能的需要。突出建筑的重点，实质上就是建筑构图中主从设计的一个方面。

总之，在建筑立面设计中，利用阳台、凹廊、凸窗、柱式、门廊、雨篷、台阶等的凹进凸出，可以收到对比强烈、明暗交错之效。同时，利用窗户的大小、形状、组织变化、重点装饰等手法，也可以丰富立面的艺术感，更好地表现建筑特色。

8.2　高层建筑正立面图的绘制

光盘路径　　素材文件：素材文件\第 8 章\8.2 高层建筑正立面图的绘制.dwg

视频文件：视频文件\第 8 章\8.2 高层建筑正立面图的绘制.avi

绘制思路

首先绘制这幢高层建筑的立面定位轴线及辅助轴网，然后绘制地平线及建筑外部轮廓线，接着分层绘出建筑的主要构件分隔线以及细部装饰线，然后借助已有建筑图库或根据具体尺寸，绘制高层建筑的门窗，最后进行尺寸和文字标注。

立面图所采用的比例一般与平面图中一致，如 1：50、1：100、1：200，本例采用 1：100 的比例绘制。以下就按照这个思路绘制高层建筑的正立面图，如图 8-1 所示。

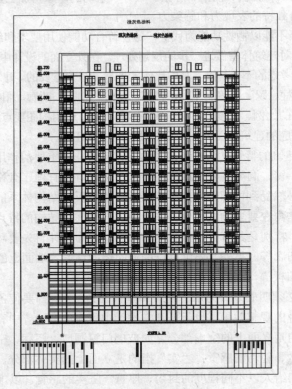

图 8-1　高层建筑正立面图

8.2.1　绘制辅助轴线

新建一个 DWG 格式文件，单击"图层特性管理器"按钮，打开"图层特性管理器"窗口，依次创建立面图中的基本图层，如"外部轮廓线"、"框架"、"玻璃"、"金属片"、"标注"等，如图 8-2 所示。

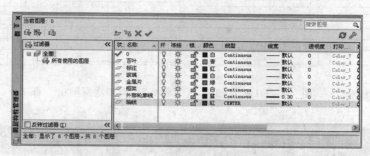

图 8-2　"图层特性管理器"窗口

注意

在新建图层时，为了使建筑立面图看上去更加清晰、直观，一般将外部轮廓线用粗实线表示，图层线宽设置为 0.5mm；突出墙面的阳台雨篷柱子等用中粗线表示，该图层线宽设置为 0.3mm；其他的门窗分格线、细部装饰线都用细实线表示，线宽设置为 0.09~0.15mm。

01 将"轴线"图层设置为当前图层，利用"直线"命令（快捷键为 L），打开"正交"模式（按 F8 键），绘制水平轴线，长度为该高层建筑的正面宽度 48000mm。

02 利用"直线"命令，打开"对象捕捉"功能（按 F3 键），在水平轴线一端终点处，绘制一条垂直轴线，长度为此建筑群楼的高度 17100mm。

03 利用"偏移"命令，将水平轴线向上偏移 600mm，绘制 0.00 标高水平轴线，另外将 0.00 标高轴线连续向上偏移高度为 6000mm、4500mm、4500mm 绘制群楼楼层分隔线，再利用"阵列"命令，将水平轴线进行阵列，"行数"为 15，"行偏移"3000。

04 数据设置完毕后单击 [选择对象(S)] 按钮，选定 3 楼分隔线，然后单击"确定"按钮，标准层楼层分隔线绘制完毕，如图 8-3 所示。

05 利用"偏移"命令，将垂直轴线向右偏移 3300mm，确定第一根定位轴线 1-1，将 1-1 轴线长度拉长为该高层建筑的高度 65600mm，即拉伸 48500mm，如图 8-4 所示。

06 将原垂直轴线向右依次偏移距离为 10450mm、9300mm、8300mm、2200mm、8300mm、6150mm、3300mm，群楼部分轴线绘制完毕，如图 8-5 所示。

07 绘制水平框架轴线。利用"直线"命令，连接两垂直轮廓线的端点，该直线位置即为群楼女儿墙位置，将该轴线及四楼楼层分隔线分别向下偏移 300mm，如图 8-6 所示。

注意

对建筑设计及 CAD 基本功掌握较好的读者，在设计过程中，已知建筑平面图的前提下，还可以从原建筑平面图上直接提取长度尺寸绘制轴网，在底层平面图上，沿着需要绘制立面的方向，以各主要构件（如门窗洞口等）为起点，绘制一系列垂直该方向平面的直线，直接形成轴网，这样可以加快绘图速度。

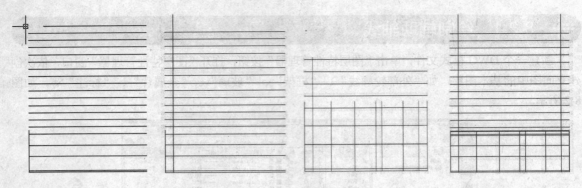

图 8-3　水平轴线绘制　　　图 8-4　1-1 垂直轴线　　　图 8-5　群楼垂直轴线　　　图 8-6　群楼水平框架轴线
　　　　　　　　　　　　　　　　　　　绘制　　　　　　　　　　　绘制　　　　　　　　　　　绘制

8.2.2　绘制群楼正立面图

01 单击"图层控制"左侧的下三角按钮 `[ 轴线 ]`，将当前图层转换为"外部轮廓
线"图层 `[ 外墙轮廓线 ]`。

02 滚动鼠标滚轴，使群楼部分显示放大，利用"直线"
命令，绘制地坪线及群楼两侧外部轮廓线。

03 将当前图层设置为"框架"图层，利用"直线"命
令绘制水平框架，如图 8-7 所示。

04 绘制垂直框架。利用"偏移"命令，将除了定位轴
线 1-1 以外的垂直轴线（即第 3、4、5、6、7 根轴线）

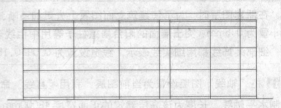

图 8-7　群楼外部轮廓线绘制

分别向两侧偏移 150mm，将左右两侧各向内侧偏移 300mm，利用"修剪"命令，将 0.000 标高轴线以下的部
分减去。

05 绘制台阶。利用"偏移"命令，将 0.000 标高水平轴线向下连续偏移 3 个 150mm。

注意

台阶踏步在建筑及园林设计中起着不同高度之间的连接作用和引导视线的作用，可丰富空间的层次感，尤
其是高差较大的台阶会形成不同的近景和远景的效果。

台阶的踏步高度（h）和宽度（b）是决定台阶舒适性的主要参数，两者关系以 2h+b=（60-6）cm 为宜，一般室
外踏步高度设计为 12~16cm，踏步宽度 30~35cm，低于 10cm 的高差，不宜设置台阶，可以考虑做成坡道。

06 选择刚才偏移的其中一根直线，单击"图层控制"右侧的下三角按钮 `[ 外部轮廓线 ]`，将
该直线转换到 `[ 框架 ]` 图层。

07 单击"标准"工具栏中的"特性匹配"按钮 📇，将刚才偏移出来的其他直线全部刷到"框架"图层，如图
8-8 所示。

08 绘制楼玻璃幕墙。利用"偏移"命令，将 0.00 标高轴线向上偏移 850mm，并将该直线图层变更到"金属
片"图层；利用"剪切"命令，将前两垂直框架之外部分剪去，并将该直线再向上偏移 150mm；利用"阵列"
命令，将刚才绘制的那两根直线向上阵列，"行数"为 10，"行偏移"为 1500，如图 8-9 所示。

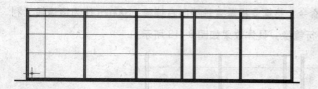

图 8-8　群楼垂直框架绘制

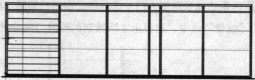

图 8-9　玻璃幕墙金属片绘制

09 将最下面金属片的上线向上偏移 350mm，选择该直线，将图层变更为"玻璃"，并向上偏移 150mm；再次利用"阵列"命令，将上述两直线向上阵列，"行数"为 9，"行偏移"为 1500。

10 重复刚才的步骤，将左边第一个垂直框架的框架线向右偏移 2000mm，将其改选到"玻璃"图层，利用"剪切"命令，将第 2 根水平框架以上部分剪去，再将该直线向右偏移 100mm 后利用"阵列"命令，将上述两直线向右阵列，"列数"为 4，"列偏移"为 2000；滚动鼠标滚轴将玻璃幕墙部分放大，具体如图 8-10 所示。

11 绘制首层正立面图。将当前图层设置为"框架"图层，利用"直线"和"偏移"命令，绘制大门上方的水平框架，并利用"剪切"命令，将多余地方剪去，具体如图 8-11 所示。

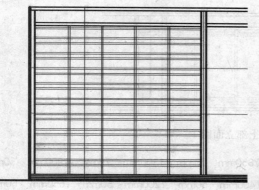

图 8-10　玻璃幕墙部分绘制

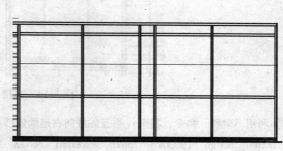

图 8-11　大门上方水平框架绘制

12 利用"偏移"命令，将 0.00 标高水平轴线向上连续偏移 2650mm、100mm、900mm、100mm，将 1-1 垂直轴线向右连续偏移 8600mm、100mm、1300mm、100mm、1100mm、100mm、450mm、100mm、450mm、100mm、1100mm、100mm、1300mm、100mm、2725mm、100mm、1125mm、100mm、950mm、100mm、450mm、100mm、450mm、100mm、950mm、1125mm、100mm；利用"特性匹配"按钮，将这些直线都刷入"玻璃"图层；利用"剪切"命令，将多余线段剪去，具体效果如图 8-12 所示。

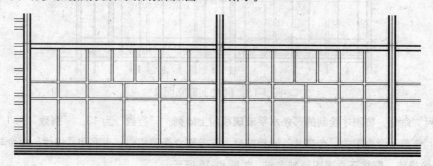

图 8-12　首层立面绘制 1

13 由于该建筑两侧大门左右对称，利用"偏移"命令，将第 5 根垂直轴线向右偏移 1100mm 作为镜像线，利用"镜像"命令，选择刚才所绘制的玻璃门部分进行镜像，具体效果如图 8-13 所示。

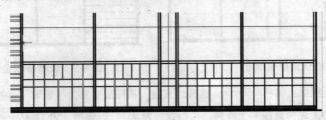

图 8-13　首层立面图 2

14 绘制群楼二、三层立面图。利用"偏移"命令，将 1-1 垂直轴线向右连续偏移 9950mm、150mm、3400mm、150mm、5250mm、150mm、3100mm、150mm、3500mm、100mm，将 0.00 标高水平轴线向上连续偏移：6250mm、150mm、200mm、150mm、200mm、150mm、6850mm、150mm、200mm、150mm，利用"特性匹配"功能将这些直线刷入"金属片"图层，将多余部分剪去，如图 8-14 所示。

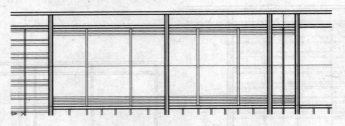

图 8-14　群楼上部立面图 1

15 利用"偏移"命令，将 1-1 垂直轴线向右连续偏移 7850mm、75mm、1300mm、75mm、1900mm、50mm、1100mm、50mm、1800mm、75mm、1300mm、75mm、1400mm、50mm、1200mm、50mm、1650mm、50mm、1100mm、50mm、1550mm、50mm、1200mm、50mm，将 0.00 标高水平轴线向上连续偏移 7500mm、100mm，利用"特性匹配"功能将这些直线都刷入"玻璃"图层，剪去多余部分，如图 8-15 所示。

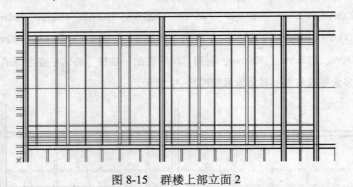

图 8-15　群楼上部立面 2

16 利用"阵列"命令，将刚才绘制的那条水平玻璃线向上阵列，"行数"为 13，"列数"为 1，"行偏移"为 500，利用"修剪"命令剪去"金属片"遮挡部分。与首层立面图相似，再利用"镜像"命令与前面的镜像线将其进行镜像操作，群楼正立面图绘制完成，如图 8-16 所示。

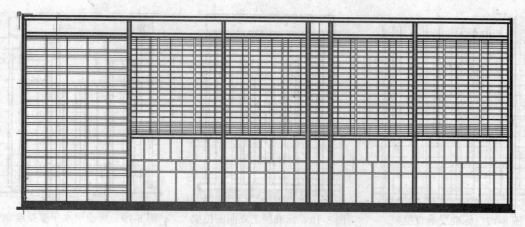

图 8-16　群楼正立面图

8.2.3　绘制标准层正立面图

先绘制标准层整体框架部分,然后绘制细部窗框百叶等,最后调入玻璃窗图块或自己绘制窗户(鉴于四楼正立面图有部分被群楼的女儿墙遮挡,所以绘制窗户时先从五楼入手,然后复制到四楼,将女儿墙遮挡部分删除即可)。

01 利用"偏移"命令,将 1-1 垂直轴线向左偏移 600mm,将 1-1 垂直轴线向右连续偏移 400mm、2350mm、1850mm、200mm、3100mm、200mm、3000mm、900mm、200mm、3400mm、200mm、3500mm、1300mm、200mm、1300mm、3500mm、200mm、3400mm、200mm、900mm、3000mm、200mm、3100mm、200mm、1850mm、2350mm、1000mm,得到如图 8-17 所示。

02 利用"偏移"命令,将 0.000 标高水平轴线向上连续偏移 17900mm、29300mm、6300mm、7260mm、4850mm,并利用"修剪"命令,将这些直线进行修剪并利用"特性匹配"功能,将其刷入相应图层中,如图 8-18 所示。

03 群楼女儿墙外边线向上偏移 1300mm、200mm,然后利用"阵列"命令将这两条直线向上阵列,"行数"为 15,"行偏移"为 3000,减去多余部分,如图 8-19 所示。

04 五楼楼层分隔轴线向上连续偏移 500mm、100mm、1870mm、100mm、330mm,将 1-1 垂直轴线向左偏移 550mm,利用"直线"、"偏移"、"复制"等命令绘制窗台。

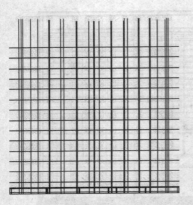

图 8-17　标准层垂直框架　　　图 8-18　标准层正立面图框架　　　图 8-19　标准层水平框架绘制

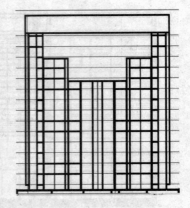

05 利用"剪切"命令，将多余部分剪切，并将这些直线利用"特性匹配"功能，将其刷入"框架"图层及"外部轮廓线"图层，具体效果如图 8-20、图 8-21 所示。

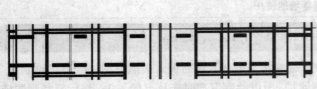

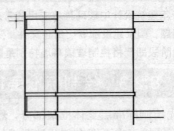

图 8-20　五楼窗台绘制　　　　　　　　　图 8-21　五楼窗台局部放大

06 将当前图层设置为"百叶"图层，利用"直线"、"偏移"、"复制"、"剪切"等命令绘制五楼窗台百叶左边部分，百叶宽度 40mm，间距 100mm，具体效果如图 8-22 所示。

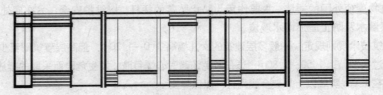

图 8-22　五楼窗台百叶左边

07 绘制铝合金窗，首先绘制第 3 个铝合金窗。将当前图层设置为"玻璃"图层，利用"矩形"命令，在图纸空白处绘制长 2350mm，高 2200mm 的矩形，利用"偏移"命令，将该矩形向内偏移 60mm，形成窗框，利用"分解"命令，将小矩形炸开，利用"偏移"命令，绘制该铝合金窗如图 8-23 所示。

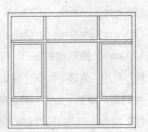

图 8-23　C3 铝合金窗绘制

> **注意**
>
> 合理的窗墙比，既能满足日照、采光功能，又具有良好的保温性；立面设计通过减少外墙的凹凸面改善建筑形态，减少热量散失，使建筑体型系数达到标准的 0.35。不仅提高建筑的保温性能，同时由于窗户尺寸合理缩小及外墙凹凸面减少后，将外墙面积减少，使建筑成本也得到降低。

08 选择"绘图"→"块"→"创建"命令，在弹出的对话框中单击"基点"选项组中的"拾取点"按钮，设置为该铝合金窗左下角，单击"选择对象"按钮，选择该铝合金窗，如图 8-24 所示。

09 利用"插入块"命令，弹出对话框如图 8-25 所示，将该窗放入左边第 3 个铝合金窗位置，再重复刚才的"插入块"命令，在缩放比例中将 x 轴缩放比例设置为 0.42，将 y 轴缩放比例设置为 0.85，插入到左边第 1 个铝合金窗位置。

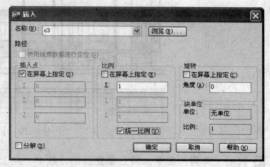

图 8-24　"块定义"对话框　　　　　　　　　　　图 8-25　"插入"对话框

10 依次重复刚才的命令，在缩放比例中将 x 轴缩放比例设置为 1，将 y 轴缩放比例设置为 0.85，插入到左边第 2 个铝合金窗位置；在缩放比例中将 x 轴缩放比例设置为 0.68，将 y 轴缩放比例设置为 0.85，插入到左边第 4 个铝合金窗位置；在缩放比例中将 x 轴缩放比例设置为 1.128，将 y 轴缩放比例设置为 1，插入到左边第 5 个铝合金窗位置；在缩放比例中将 x 轴缩放比例设置为 0.81，将 y 轴缩放比例设置为 0.85，插入到左边第 6 个铝合金窗位置，具体效果如图 8-26 所示。

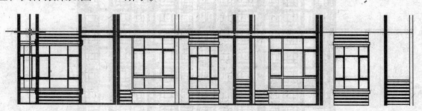

图 8-26　五楼左边铝合金窗绘制

11 与刚才步骤相同，再绘制一个落地窗，窗宽 1200mm、高 2500mm，将其定义为块，名称为 c-l，如图 8-27 所示。利用"插入块"命令，调整插入比例，插入相应位置，如图 8-28 所示。

> **注意**
>
> 自 20 世纪 80 年代起，铝合金窗在国内大举淘汰木窗、钢窗，短短数年间成为了新建楼宇事实上的外窗标准；自 20 世纪 90 年代后，经塑料窗改良强度而成的塑钢窗崭露头脚，二者各有其优缺点，在设计过程中可根据具体建筑的特点灵活选用。

图 8-27　落地窗绘制

12 利用"镜像"命令，补齐五楼右边部分。利用"复制"命令将五楼立面图绘制部分复制到四楼，利用"分解"命令，将图块炸开，将女儿墙遮挡部分剪切删除，如图 8-29 所示。

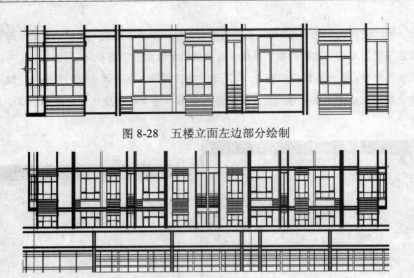

图 8-28　五楼立面左边部分绘制

图 8-29　四楼五楼立面绘制

13 利用"阵列"命令，将五楼立面部分选中，向上阵列，"行数"为 14，"行偏移"为 3000，如图 8-30 所示。利用"剪切"和"删除"命令，将遮挡以及多余部分除去。

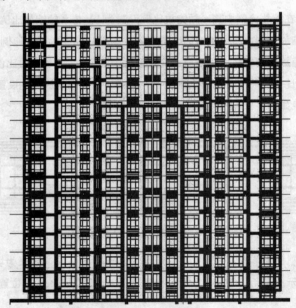

图 8-30　标准层立面绘制

8.2.4　绘制十九层设备层立面图

01 绘制十九层立面图。利用"偏移"和"剪切"命令，将 1-1 垂直轴线向左偏移 50mm，向右连续偏移 6300mm、9500mm、9800mm、9500mm，将顶框线向下偏移 400mm，剪切并将图层设置为相应图层。

02 重复前面绘制门窗步骤，在图纸空白处绘制十九层电梯机房门窗立面，门尺寸为 1000mm×2350mm，窗尺寸为 1500mm×1500mm，如图 8-31 所示。

03 将电梯机房门窗定义成块后插入图中相应位置，具体效果如图 8-32 所示。

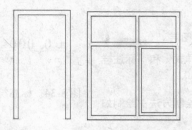

图 8-31　电梯机房门窗绘制

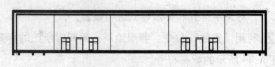

图 8-32　十九层立面绘制

04 高层建筑正立面图基本绘制完毕，具体如图 8-33 所示。

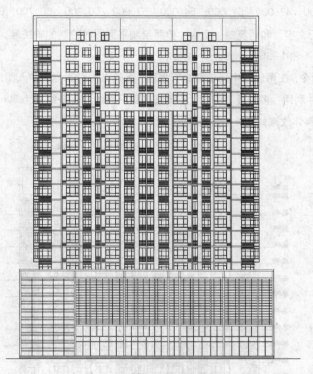

图 8-33　正立面图绘制效果

▌ 注意

高层建筑一般将电梯机房、水箱等布置在设备层，设备层的布置原则是：20 层以内的高层建筑一般设置在底层或顶层；20 层以上 30 层以内的高层建筑宜在顶层和底层各设置一个设备层；超过 30 层的超高层建筑一般在上、中、下都要布置设备层；设备层的层高与其建筑面积有关。

8.2.5　尺寸标注及文字说明

　　这个高层建筑的正立面基本绘制完毕，下面进行尺寸标注和文字说明，与建筑平面图相似，尺寸标注也是立面图不可缺少的一部分，主要体现建筑物的总体高度、楼层高度以及各建筑物构件的尺寸和标高，不同点在于在立面图的水平方向上一般不标注尺寸，只标出立面图最外端墙的定位轴线及编号。

01 单击"图层特性管理器"按钮，将当前图层设置为"标注"图层。
参照平面图的设置方法，分别单击"样式"工具栏中的"文字样式"和"标注样式"，对文字样式和标注样式进行设置。

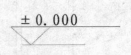

图 8-34　标高符号绘制

02 利用"直线"命令，参照绘制平面图时所绘的标高符号的绘制方法，绘制如图 8-34 所示的标高符号。

03 利用"复制"命令，将刚才绘制的标高符号复制至各楼层相应位置，并双击文字，修改成各楼层的相应标高−0.600、±0.000、6.000、10.500、15.000、18.000、21.000、24.000、27.000、30.000、33.000、36.000、39.000、42.000、45.000、48.000、51.000、54.000、57.000、60.000、60.700、65.600。

04 利用"圆"、"多行文字"和"复制"命令，参照绘制平面图时绘制的轴线号，复制至垂直定位轴线的下方，轴号分别标注为 1−1 和 1−35。

05 选择"多行文字"命令，在两轴号中间位置进行框选，在弹出的对话框中输入图纸名称"正立面图 1∶100"后单击"确定"按钮，并利用"多段线"命令，在图纸名称下面绘制一条线宽为 50mm 的多段线作为图名下方的强调线，标注完毕后具体效果如图 8−35 所示。

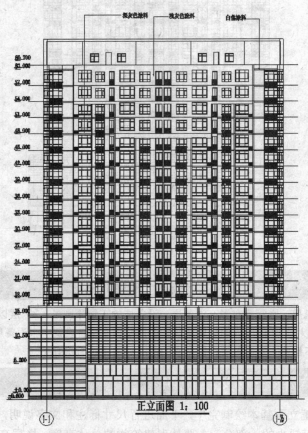

图 8-35　正立面图尺寸标注

06 下面进行文字说明。在命令行中输入 QLEADER 命令，选择如下窗台下方栏板处，并在命令提示行中输入"深灰色涂料"，重复刚才的命令，单击水平框架处，输入"白色涂料"，单击立面其余的空白处，输入"浅灰色涂料"，如图 8-36 所示。

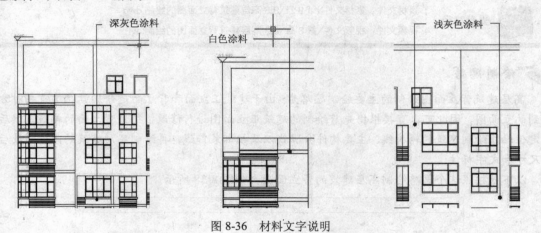

图 8-36　材料文字说明

07 从本书配套光盘中选择图块文件，插入图中，得到最终效果图，如图 8-37 所示。

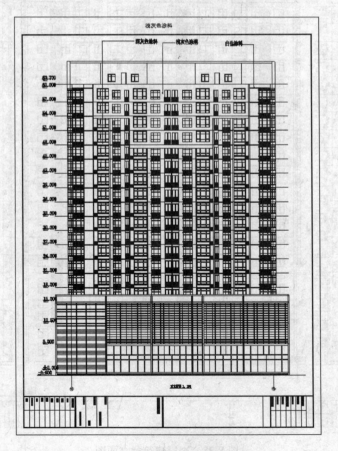

图 8-37　高层建筑正立面图的绘制

8.3 高层建筑背立面图的绘制

光盘路径 素材文件：素材文件\第 8 章\8.3 高层建筑背立面图的绘制.dwg
视频文件：视频文件\第 8 章\8.3 高层建筑背立面图的绘制.avi

绘制思路

　　高层建筑背立面图绘制的主要绘制思路为：由于建筑正立面和背立面是分别站在建筑相对方位看到的立面图，因此可以直接根据先前绘制的建筑正立面图进行修改，得到背立面的轴线，然后利用定位轴线绘制建筑的轮廓线、主要构件分隔线以及细部装饰线，再绘制高层建筑的门窗，最后进行尺寸和文字标注。

　　以下就按照这个思路绘制高层建筑的背立面图，如图 8-38 所示。

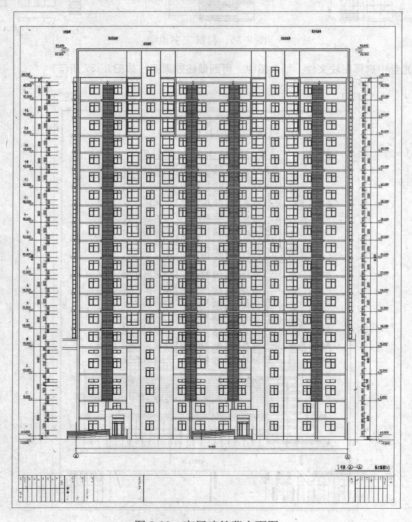

图 8-38　高层建筑背立面图

8.3.1　修改原有正立面图

01 使用 AutoCAD 2011 打开正立面图，然后打开"图层"工具栏，单击"图层特性管理器"按钮。单击除了"轴线"以外的其他图层的 💡 按钮，使之变暗，关闭图层，然后关闭"图层特性管理器"窗口。

02 选择剩余可见图形，按住快捷键 Ctrl+C 复制该图形，并再新建一个图形文件，将该部分图形利用快捷键 Ctrl+V 粘贴到新图形文件中，将该图形保存，命名为"背立面图"，具体效果如图 8-39 所示。

03 将图中中间部分的多余垂直轴线删除。

> #### 注意
>
> 本来应该利用"镜像"命令，将该图形左右镜像，并删除原图形，才能得到背立面图的轴网，但由于该建筑的左右对称性，可以不镜像。但要记住，目前图中左侧的长垂直轴线为 1—35 号定位轴线，右侧的长垂直轴线为 1—1 号定位轴线，切不可混淆。为了避免混淆，也可以将轴号先行标注在图中。

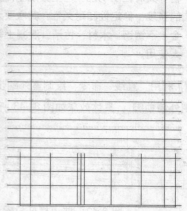

图 8-39　背立面图轴网绘制

8.3.2　绘制群楼背立面图框架

01 利用"偏移"命令，将 1—35 垂直轴线向左偏移 3000mm，向右连续偏移 100mm、300mm、3950mm、3100mm、750mm、1350mm、2900mm、2100mm、2400mm、100mm、200mm、100mm、2400mm、3500mm、3100mm、900mm、1200mm、3200mm、2100mm、2900mm、100mm、200mm、100mm、3950mm、300mm。

02 利用"偏移"命令，将 0.000 标高水平轴线向上连续偏移 2800mm、200mm、1450mm、1350mm、200mm、4300mm、200mm、4300mm、200mm。

03 新建名称为"框架"的图层，线宽 0.3mm，将以上轴线利用"特性匹配"功能，刷到"框架"图层，利用"修剪"命令修建，完成效果后如图 8-40 所示。

04 栏杆、踏步绘制。新建名称为"细部装饰线"图层并置为当前图层，线宽设置为 0.15；利用"偏移"命令，将 1—35 轴线向左连续偏移 1250mm、100mm，将该轴线向右连续偏移 5000mm、100mm、2400mm、100mm、9900mm、100mm、1250mm、100mm、4900mm、100mm、2400mm、100mm。

05 使用"矩形"命令，绘制 100mm×1000mm 的矩形，将以上轴线利用"特性匹配"功能，刷到"细部装饰线"图层，并经剪切后如图 8-41 所示。

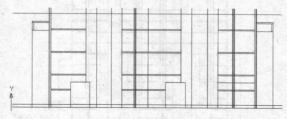

图 8-40　标准层框架绘制

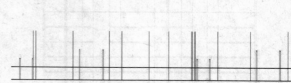

图 8-41　无障碍坡道栏杆绘制

06 利用"直线"命令，绘制栏杆拉索，拉索宽 60mm，间距 140mm，具体效果如图 8-42 所示。

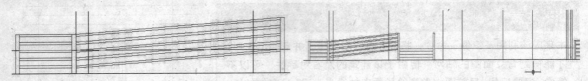

> **注意**
>
> 栏杆具有拦阻功能，也是分隔空间的一个重要构件。设计时应结合不同的使用场所，首先要充分考虑栏杆的强度、稳定性和耐久性；其次要考虑栏杆的造型美，突出其功能性和装饰性。其常用材料有铸铁、铝合金、不锈钢、木材、竹子、混凝土等。室外踏步级数超过了 3 级时必须设置栏杆扶手，以方便老人和残障人使用。

07 利用"直线"命令，绘制室外踏步，踏步高度 150mm；利用"直线"命令，沿着 0.000 标高水平轴线，绘制外墙勒脚，具体效果如图 8-43 所示。

图 8-42　坡道栏杆拉索绘制　　　　　　　　图 8-43　踏步及外墙勒墙绘制

8.3.3　绘制标准层背立面图框架

01 利用"偏移"命令，将标准层各楼层分隔线分别向下偏移 200mm。

02 单击"图层特性管理器"按钮，将当前图层设置为"框架"图层，利用"直线"命令，沿着刚才的轴线绘制标准层水平框架并剪切，将"轴线"图层关闭后如图 8-44 所示。

03 利用"偏移"命令，将 1~35 号垂直轴线向右连续偏移 3870mm、60mm、500mm、100mm、50mm、100mm、50mm、100mm、500mm、60mm、11000mm、60mm、650mm、100mm、650mm、60mm、4860mm、60mm、500mm、100mm、50mm、100mm、50mm、100mm、500mm、60mm、11800mm、60mm、650mm、100mm、650mm、60mm，将这些直线利用"特性匹配"功能，将其刷入"框架"图层，经修剪后的效果如图 8-45 所示。

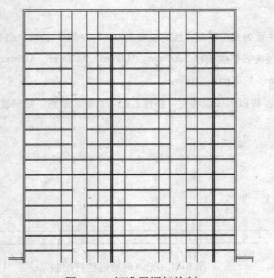

图 8-44　标准层框架绘制

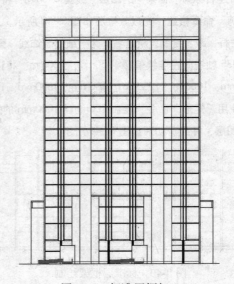

图 8-45　标准层框架 1

04 利用"偏移"命令，将 1—35 号轴线向右连续偏移 7350mm、200mm、6900mm、200mm、11600mm、200mm、7200mm、200mm，将 0.000 标高水平轴线向上偏移 60500mm，将这些直线刷至"框架"图层，经修剪后的效果如图 8—46 所示。

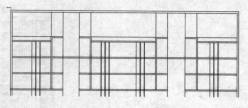

图 8-46　标准层框架 2

05 新建名称为"门窗"的图层，线宽 0.15mm，并将该图层置为当前图层；在图纸空白处，利用"矩形"命令，以及"偏移"、"直线"和"剪切"命令，绘制门窗，大门宽 1600mm、高 2400mm；普通铝合金推拉窗宽 1200mm、高 1500mm；铝合金高窗宽 1500mm、高 500mm；阳台凸窗侧面宽 500mm、高 2800mm；窗台宽 600mm、高 200mm，如图 8—47 所示。

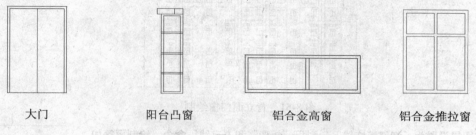

大门　　　　阳台凸窗　　　　铝合金高窗　　　　铝合金推拉窗

图 8-47　门窗

06 门窗设置为图块，插入图中相应位置（窗台高 900mm），具体效果如图 8—48 和 8—49 所示。

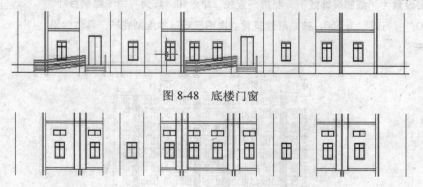

图 8-48　底楼门窗

图 8-49　三楼门窗（群楼其他与此类似）

07 插入铝合金窗图块，x 轴放大 1.3 倍，y 轴放大 1 倍，插入标准层的相应位置，将阳台凸窗插入相应位置，具体效果如图 8—50 所示。

图 8-50　标准层门窗

08 利用"复制"命令，将三楼门窗向上向下复制，形成群楼的窗，也可利用"阵列"命令，将标准层门窗向上阵列，形成群楼的窗，在十九楼复制两个铝合金窗作为电梯机房的窗，绘制完毕后结果如图 8—51 所示。

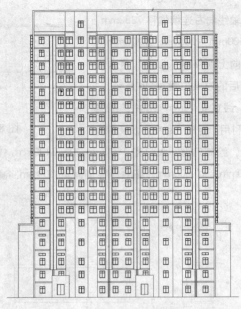

图 8-51　背立面门窗绘制

09 将当前图层设置为"细部装饰线"，利用"矩形"和"直线"命令，绘制雨篷如图 8-52 所示。

10 将当前图层设置为"细部装饰线"，利用"直线"命令和"阵列"命令绘制百叶，"行偏移"100，"行数"为 550；该高层建筑背立面图已经基本绘制完毕，具体效果如图 8-53 所示。

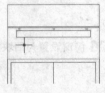

图 8-52　雨篷绘制

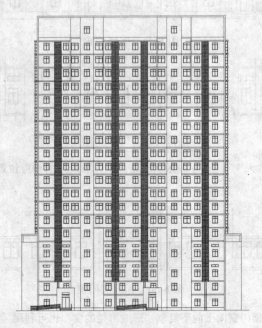

图 8-53　背立面图绘制效果

8.3.4　背立面图尺寸标注及文字说明

与正立面图的标注相似，新建"标注"图层，线宽 0.15mm，在图中相应的位置插入标高符号以及轴线号，标上材质说明以及图纸名。

从本书配套的光盘中选择图框文件，插入图中，得到最终效果图，如图 8-54 所示。

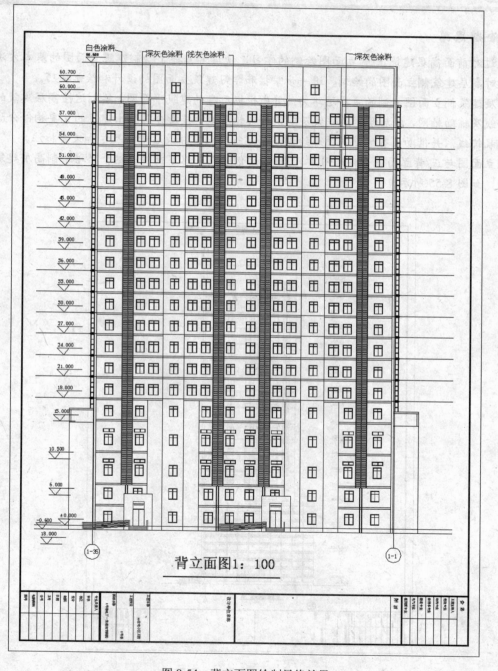

图 8-54　背立面图绘制最终效果

8.4 · 高层建筑侧立面图的绘制

光盘路径

素材文件：素材文件\第 8 章\8.4 高层建筑侧立面图的绘制.dwg

视频文件：视频文件\第 8 章\8.4 高层建筑侧立面图的绘制.avi

绘制思路

通过对前面高层建筑正/背立面图绘制的学习，使读者掌握了绘制建筑立面图的基本方法，下面通过对高层建筑侧立面图的绘制，进一步掌握和学习建筑立面图的设计和绘制技巧。

高层建筑侧立面图绘制的主要思路为：首先根据已有的建筑平面图，绘制这幢高层建筑的侧面定位轴线及辅助轴网，然后绘制地平线及建筑外部轮廓线，接着分层绘出建筑的主要构件分隔线以及细部装饰线，并借助已有的建筑图库绘制高层建筑的门窗，最后进行尺寸和文字标注。

侧立面图与正/背立面图一样采用 1：100 的比例绘制。以下就按照这个思路绘制高层建筑的侧立面图，如图 8-55 所示。

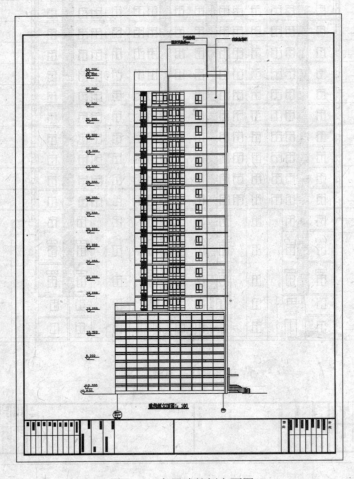

图 8-55　高层建筑侧立面图

8.4.1 绘制定位轴线

在学习绘制建筑正立面时，采用逐一绘制轴线的方法绘制辅助轴线和定位轴线，现在利用第2种方法，即根据已有的建筑平面图快速进行轴线及尺寸定位。

01 打开文件夹中的"首层建筑平面图"，在"图层特性管理器"窗口中关闭"填充"和"轴线"图层，仔细观察图纸，可以看出需要绘制的高层建筑侧立面图即站在图纸右方位置看到的建筑立面，因此，按住 Ctrl+C 快捷键，从右向左框选该平面的右半部分，新建一个 DWG 格式文件，命名为"侧立面图"，将刚才复制那部分图粘贴在新建图中（快捷键为 Ctrl+V），为了使图面整洁并且绘图方便，可将对于部分参差不齐处修剪整齐，并利用"旋转"命令（命令行命令 RO），将图旋转 90°，具体效果如图 8-56 所示。

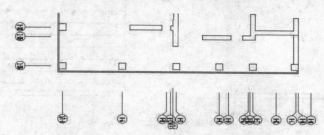

图 8-56　平面图截取部分

02 打开"图层特性管理器"窗口，新建图层名称为"轴线"图层，利用"直线"命令（快捷键L），打开"正交"模式（快捷键 F8）和"对象捕捉"功能（快捷键 F3），绘制地平线、主要定位轴线及外部轮廓线，并主要定位轴线 1—1—A 和 1—L 的轴号移至相应位置，具体效果如图 8-57 所示。

03 将原平面图截取部分删除，得到该高层建筑侧立面图的主要定位轴线。打开先前绘制的"正立面图"，关闭除"轴线"以外的图层，将水平轴网复制到"侧立面图"中，得到水平轴网；将 1—L 垂直轴线向右连续偏移 100mm、200mm、300mm、350mm，效果具体如图 8-58 所示。

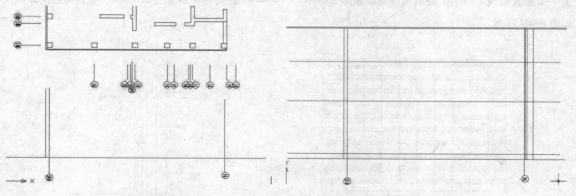

图 8-57　主要定位轴线绘制　　　　　　　　图 8-58　轴网绘制

8.4.2 绘制群楼侧立面图

01 创建图层名称为"外部轮廓线"和"框架"的图层，线宽分别设置为 0.5mm 和 0.3mm，利用"直线"命令，沿着轴线，绘制地平线和群楼外部轮廓线，关闭"轴线"图层后，具体如图 8-59 所示。

02 与正立面图群楼部分绘制步骤相同，新建图层名称为"金属片"和"玻璃"的图层，线宽分别设置为0.15mm、0.13mm。

03 利用"偏移"命令，将0.000标高水平轴线向上偏移850mm，并将该直线图层变更到"金属片"图层；利用"修剪"命令，将前两垂直框架之外的部分剪去，并将该直线再向上偏移150mm。

04 利用"阵列"命令，将刚才绘制的那两根直线向上阵列，"行数"为10，"行偏移"为1500，具体效果如图8-60所示。

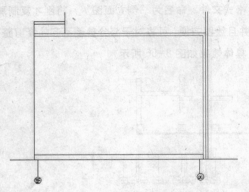

图 8-59　群楼框架绘制　　　　　　　　　图 8-60　群楼金属片绘制

05 将0.000水平标高向上偏移1200mm，选择该直线，将图层变更为"玻璃"，并向上偏移150mm；再次利用"阵列"命令，将上述两直线向上阵列，"行数"为9，"行偏移"为1500。

06 利用"偏移"命令，将1-1-A号垂直轴线向右连续偏移1600mm、100mm，利用"特性匹配"功能，将图层更改为"玻璃"图层，经修剪后的结果如图8-61所示。

07 利用"阵列"命令，将刚才那两根垂直玻璃线向右阵列，"列数"为9，"列偏移"为2000。

08 将当前图层设置为"框架"图层，利用"矩形"命令，绘制雨篷侧立面，立柱矩形200mm×4200mm，距离1-L垂直轴线150mm。绘制雨篷侧面矩形2000mm×200mm，距离地坪线高度2800mm，经修剪后具体效果如图8-62所示。

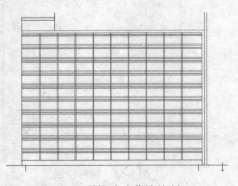
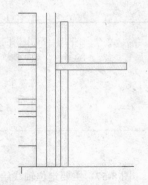

图 8-61　群楼玻璃幕墙绘制　　　　　　　图 8-62　雨篷侧立面图

09 将当前图层设置为"框架"图层，利用"直线"命令，打开"正交"模式，沿着地坪线绘制室外踏步，踏步平台宽1500mm，四阶踏步，踏步宽300mm、高150mm，如图8-63所示；将当前图层设置为"细部装饰线"图层，利用"直线"命令，绘制踏步及无障碍坡道的扶手栏杆，具体效果如图8-64所示。

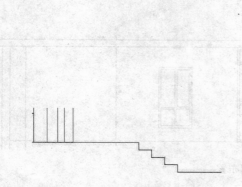

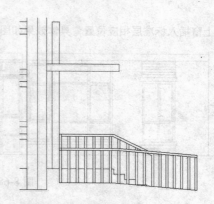

图 8-63　室外踏步侧立面图　　　　　图 8-64　室外踏步扶手栏杆侧立面图

8.4.3　绘制标准层侧立面图

01 利用"偏移"命令,将标准层各楼层分隔线分别向下偏移 200mm,将 0.000 标高水平轴线向上偏移 65600mm、300mm,将 1-1-A 垂直轴线向右连续偏移 9400mm、200mm、7000mm、3050mm,将以上直线图层更改为相应图层,经修剪后效果如图 8-65 所示。

02 将当前图层设置为"细部装饰线",利用"偏移"命令,将 0.000 水平标高向上偏移 15300mm、100mm、1800mm、100mm,将 1-1-A 垂直轴线向右连续偏移 1050mm、50mm、1150mm、50mm、900mm、50mm,将以上直线利用"特性匹配"功能,将其刷至"细部装饰线"图层并修剪形成窗台。

利用"直线"和"阵列"命令,绘制窗台下面的百叶,百叶宽 60mm、间距 100mm,具体效果如图 8-66 所示。

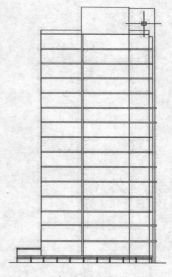

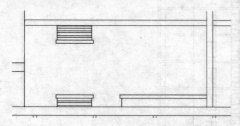

图 8-66　窗台及百叶的绘制　　　　　图 8-65　标准层框架侧立面图

03 在图纸空白处,利用"直线"和"矩形"命令,绘制标准层窗并定义为块,窗 1 尺寸为 2850mm×2300mm,窗 2 尺寸为 1100mm×1800mm,窗 3 尺寸为 2900mm×2800mm,如图 8-67 所示。

（a）窗 1　　　　　　　　（b）窗 2　　　　　　　　（c）窗 3

图 8-67　窗

04 将以上窗插入标准层相应位置，具体效果如图 8-68 所示。

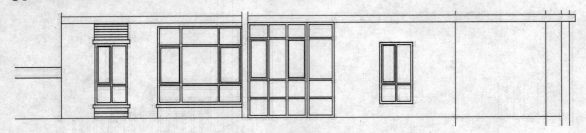

图 8-68　标准层窗布置

05 将以上标准层的窗、百叶、窗台向上阵列，"行数"为 14，"行偏移"为 3000。根据平面图，绘制十九层侧立面图及屋顶钢架侧立面图，具体效果如图 8-69 所示。

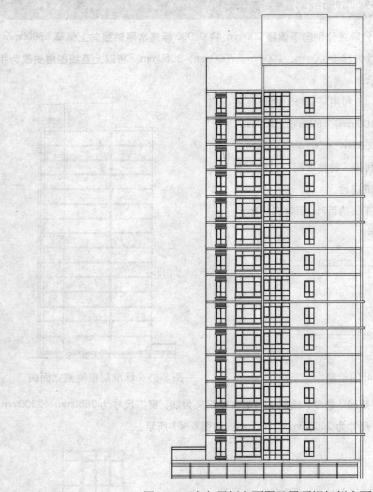

图 8-69　十九层侧立面图及屋顶钢架侧立面绘制效果

06 将"标注"图层设置为当前图层，在图中相应的位置插入标高符号以及轴线号，标上材质说明以及图纸名。

07 从本书配套的光盘中选择图框文件，插入图中，得到最终效果图，如图 8-70 所示。

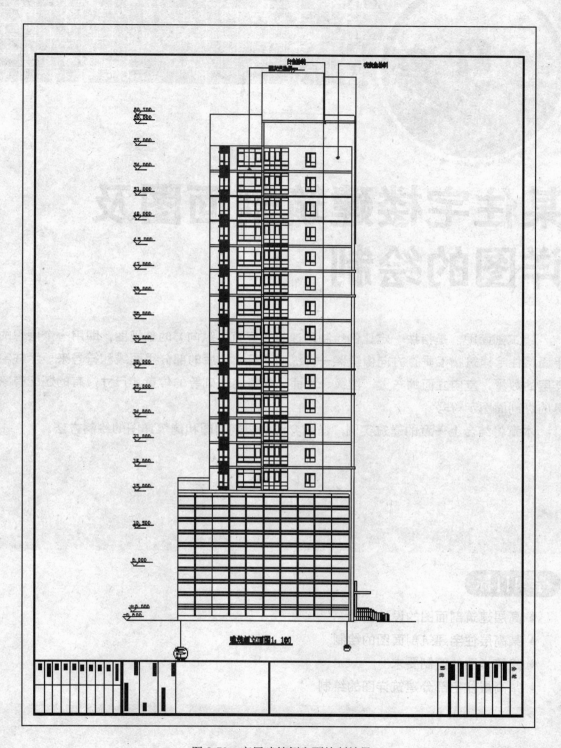

图 8-70　高层建筑侧立面绘制效果

第9章

某住宅楼建筑剖面图及详图的绘制

　　建筑剖面图，是指按一定比例绘制的建筑物竖直（纵向）的剖视图，即用一个假想的平面将住宅建筑物沿垂直方向像劈柴一样纵向切开，切后的部分用图线和符号来表示住宅楼层的数量，室内立面的布置，楼板、地面、墙身、基础等的位置和尺寸，有的还配有家具的纵剖面图示符号。

　　本章将结合上一章的建筑实例，详细介绍建筑剖面图和建筑详图的绘制方法。

学习目标

◆ 高层建筑剖面图的设计要求

◆ 某高层住宅建筑剖面图的绘制

◆ 建筑详图的绘制要求

◆ 某高层住宅部分建筑详图的绘制

9.1 高层建筑剖面图的设计要求

建筑剖面图通常根据剖切线的编号命名，如 1-1 剖面图、2-2 剖面图。

建筑详图是指对建筑的细部或构件、配件用较大的比例（1∶20、1∶10、1∶5、1∶2、1∶1等）将其形状、大小、材料和做法，按正投影图画法，详细地表示出来的图样，简称详图。

9.1.1 建筑剖面图设计概述

房间的剖面形状主要根据使用要求和特点来确定，同时也要结合具体的物质技术、经济条件及特定的艺术构思来考虑，使之既满足使用，又能达到一定的艺术效果。大多数民用建筑采用矩形是因为剖面简单、规整，便于竖向空间的组合，容易获得简捷而完整的体型，同时结构简单、施工方便，而非矩形剖面常用于有特殊要求的房间，如有视线、音质要求的房间等。

有视线要求的房间主要指影剧院的观众厅、体育馆的比赛大厅、教学楼中的阶梯教室等。这类房间除平面形状、大小满足一定的视距、视角要求外，地面亦应有一定的坡度，以保证良好的视觉要求，即舒适、无遮挡地看清对象。

地面的升起坡度与设计视点的选择、座位排列方式（即前排与后排对位或错位排列）、排距、视线升高值（即前排与后排的视线升高差）等因素有关。

设计视点是指按设计要求所能看到的极限位置，以此作为视线设计的主要依据。各类建筑由于功能不同、观看对象性质不同、设计视点的选择也不一致。例如，电影院定在银幕底边的中点，这样可以保证观众看清银幕的全部；体育馆定在篮球场边线或边线上空 300~500mm 处等。设计视点的选择是否合理，是衡量视觉质量好坏的重要标准，直接影响到地面升起的坡度和经济性。设计视点愈低，视觉范围愈大，但房间地面升起坡度愈大；设计视点愈高，视野范围愈小，地面升起坡度就愈平缓。一般来说，当观察对象低于人的眼睛时，地面起坡大，反之则起坡小。

9.1.2 高层建筑剖面图设计要求

1. 剖面设计应适应设备布置的需要

建筑设计中，对房间高度有影响的设备布置，主要是电气系统中的照明、通讯、动力（小负荷）等管线的铺设，空调管道的位置和走向，冷、热水，上、下管道的位置和走向，以及其他专用设备的位置等。例如，医院手术室内设有下悬式无影灯时，室内的净高就要相应有所提高；又如某档案馆，跨度大（11m），楼面负荷重，楼板厚，梁很高，梁下有空调管道，空调又是通过吊顶板的孔均匀送风，顶板和管道之间还要有一定的距离，另外还要有灯具、烟感器、自动灭火器等的位置，结果，使这个层高为 4.2m 的档案馆的室内净高仅有 2.7m。可见设备布置对剖面设计的影响不容忽视。当今建筑中采用新设备多，它们直接影响着层高、层数、立面造型等。因此，在剖面设计时应慎重对待。

2. 剖面设计要与建筑艺术相结合

建筑艺术在某种程度上可以说是空间艺术。各种空间给人以不同的感受，人们视觉上的房间高低，通常具有一定的相对性。例如，一个窄而高的空间，由于它所处的位置不同，会使人产生不同的感受，它在某种位置上会使人感到拘谨，这时需要降低它的净高，使人感到亲切。但是，窄而高的空间容易引起人们向上看，把它放在恰当的位置，利用它的窄高，可起到引导的作用。也有不少建筑利用窄高的空间来获得崇高、雄伟的艺术效果。因此，在确定房间净高的时候，要有全面的观点和具体的空间观念。

3．剖面设计要充分利用空间

提高建筑空间的利用率，是建筑设计的一个重要课题，利用率一方面是水平方向的，表现在平面上；另一方面是垂直方向的，表现在剖面上。空间的充分利用，主要有赖于良好的剖面设计。例如，住宅设计中，小居室床位上都放吊柜，可增加贮藏面积，在入口部分的过道上空做些吊柜，即可增加贮藏面积，又好像降低了层高，使住宅具有小巧感，使人感到亲切。一些公共建筑的空间高大，充分利用其空间来增设夹层、跃廊等，可以增加使用面积、节约投资，同时还可利用夹层丰富空间的变化、增强室内的艺术效果。

4．跃层建筑的设计目的

跃层建筑的设计目的是节省公共交通面积，减少干扰，主要用于每户建筑面积较多的住宅设计，也可用于公共建筑。在剖面设计中应注意楼梯和层高的高度问题。错层的剖面设计，主要适用于建筑物纵向或横向需随地形分段而高低错开的情况。可利用室外台阶解决上下层入口的错层问题，也可利用室内楼梯，选用楼梯梯段数量，调整梯段的踏步数，使楼梯平台的标高和错层地面的标高一致。

9.2 某高层住宅建筑剖面图的绘制

光盘路径
素材文件：素材文件\第 9 章\9.2 某高层住宅建筑剖面图的绘制.dwg
视频文件：视频文件\第 9 章\9.2 某高层住宅建筑剖面图的绘制.avi

绘制思路

高层建筑剖面图绘制的主要思路为：首先根据已有建筑侧立面图的轴线确定这幢高层建筑的剖面定位轴线及辅助轴网，以及地平线和建筑外部轮廓线，接着绘制各楼层结构构件的剖面图，最后进行尺寸和文字标注。

剖面图所采用的比例一般与平面图一致，图中采用 1：100 的比例绘制。以下就按照这个思路绘制高层建筑的剖面图，如图 9-1 所示。

9.2.1 绘制辅助轴线

01 在建筑底层平面图上一般都会标出剖切符号，表明剖面图的剖切位置。利用 AutoCAD 2011 打开文件夹中的"首层建筑平面图"，仔细观察图纸，关闭"标注"和"轴线"图层，按住 Ctrl+C 快捷键，从上向下框选该平面的左半部分，即该转折剖切线所能看到的部分。

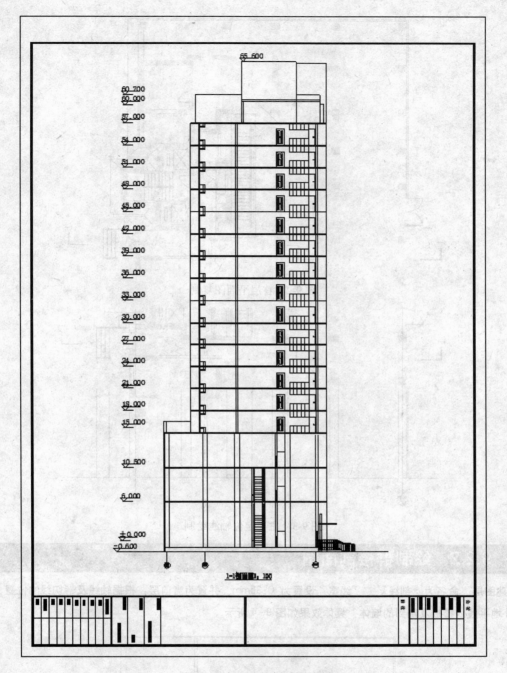

图 9-1　高层建筑剖面图绘制

02 新建一个 dwg 文件，命名为"剖面图"，将刚才复制那部分图粘贴在新建图中（快捷键为 Ctrl+V），为了使图面整洁并且绘图方便，可将对于部分参差不齐处修剪整齐，并利用"旋转"命令（命令行命令 ro），将图旋转−90°，具体效果如图 9-2 所示。

03 新建名称为"轴线"的图层，属性采用默认设置；根据刚才复制的部分，利用"直线"命令，绘制剖面图的地平线及主要定位轴线，将定位轴线的轴号标注在图纸上，并将多余部分删除后如图 9-3 所示。

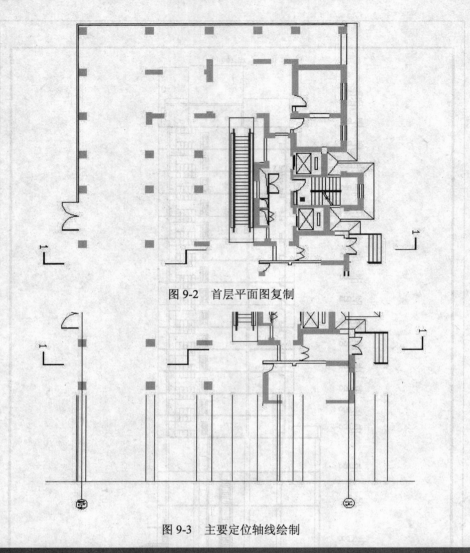

图 9-2　首层平面图复制

图 9-3　主要定位轴线绘制

9.2.2　绘制群楼剖面图

01 新建图层，命名为"剖线"，"线宽"设置为 0.35mm，并置为当前层；根据轴线及剖切线的位置，绘制室内外地平线、楼板及剖到的墙体，具体效果如图 9-4 所示。

图 9-4　首层剖面图剖线绘制

02 新建图层，命名为"看线"，线宽设置为 0.15mm，并置为当前层；根据轴线及剖切线的位置，绘制首层看到的墙柱、室外台阶栏杆及雨篷，具体效果如图 9-5 所示。

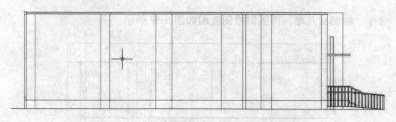

图 9-5　首层剖面图看线绘制

03 利用"直线"命令，绘制首层剖面图的门窗及玻璃幕墙，具体效果如图 9-6 所示。

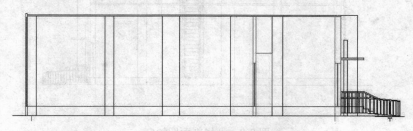

图 9-6　首层剖面图门窗绘制

04 利用"直线"和"阵列"命令，绘制自动扶梯，具体效果如图 9-7 所示。

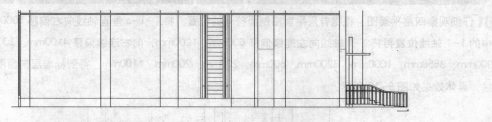

图 9-7　首层剖面图自动扶梯绘制

05 将首层剖面图除室外部分向上复制得到群楼其他楼层剖面图（注意，一楼层高 6000mm，而二楼和三楼层高 4500mm），经过细部剪切和修改后，具体效果如图 9-8 所示。

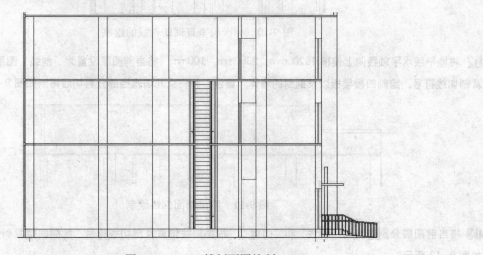

图 9-8　二、三楼剖面图绘制

06 利用"直线"命令，绘制女儿墙，得到群楼剖面图如图 9-9 所示。

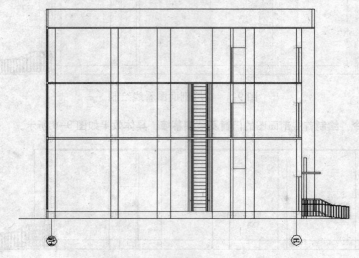

图 9-9　群楼剖面图绘制

9.2.3　绘制标准层剖面图

01 仔细观察四层平面图，根据首层平面图剖面符号的位置，将 1—1—a 垂直轴线向右偏移 5000mm，得到原图中的 1—1 轴线位置再将 1—1 轴线向左连续偏移 600mm、1200mm，向右连续偏移 4100mm、200mm、700mm、900mm、3550mm、1000mm、3200mm、800mm、200mm、200mm、1100mm，得到标准层剖面图的垂直辅助轴线，具体效果如图 9-10 所示。

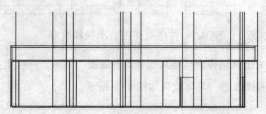

图 9-10　标准层垂直辅助轴线的绘制

02 将地平线水平轴线向上偏移 16200mm、2350mm、100mm，将当前图层设置为"剖线"图层，根据轴线位置及剖切线符号，绘制四楼楼板以及剖到的墙体、窗台，并将女儿墙遮挡部分剪切后得到如图 9-11 所示的效果。

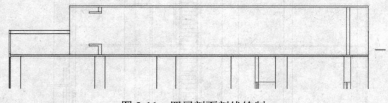

图 9-11　四层剖面剖线绘制

03 将当前图层分别设置为"看线"和"门窗"，根据轴线位置及剖切线符号，绘制四楼看到的墙柱体、门窗，如图 9-12 所示。

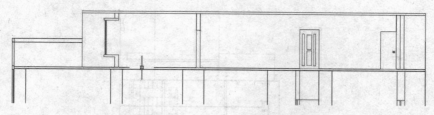

图 9-12 四层剖面看线绘制

04 新建名称为"细部装饰线"图层并置为当前层,利用"矩形"命令,绘制窗台百叶的金属格栅 50mm × 50mm,并利用"阵列"命令阵列;利用"矩形"命令,绘制厨房看到的橱柜,根据人体工程学的特征,地柜高度暂定为 900mm,顶柜高度 800mm,具体如图 9-13 所示。

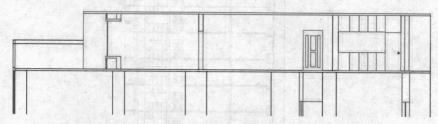

图 9-13 四层剖面细部绘制

05 将四层剖面图向上阵列,"行数"为 15,"列数"为 1,"行偏移"为 3000,利用"修剪"命令进行剪切后得到标准层的剖面图;如图 9-14 所示。

06 根据剖切线位置及十九层的平面图,绘制十九层及屋顶钢架的剖面图,具体效果如图 9-15 所示。

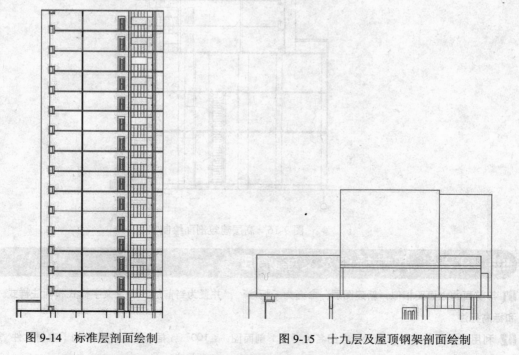

图 9-14 标准层剖面绘制　　　　图 9-15 十九层及屋顶钢架剖面绘制

07 该高层建筑的 1—1 剖面图基本绘制完毕,具体效果如图 9-16 所示。

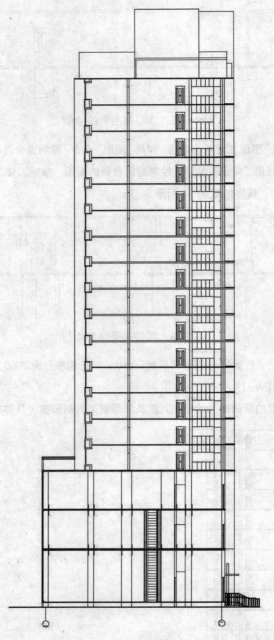

图 9-16   高层建筑剖面绘制

9.2.4   尺寸标注及文字说明

01 与前面的立面图相似，新建图层，命名为"标注"，并置为当前层，设置文字样式和标注样式，进行文字和标高标注。

02 利用"多行文字"命令，标准图名为"1—1 剖面图 1∶100"，插入配套光盘中的"素材文件\第 7 章\图块\A1 图框.dwg"文件后具体的效果如图 9—17 所示。

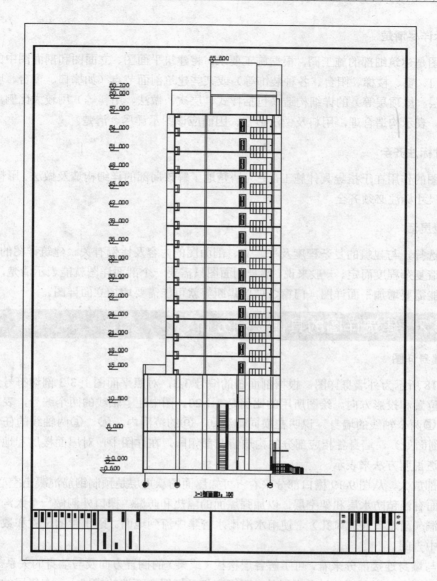

图 9-17　高层建筑剖面图绘制效果

9.3. 建筑详图的绘制要求

本节讲述建筑详图的有关基本理论和基础知识。

9.3.1 建筑详图的特点

1. 比例较大

建筑平面图、立面图、剖面图互相配合，反映房屋的全局，而建筑详图是建筑平面图、立面图和剖面图的补充。在详图中尺寸标注齐全，图文说明详尽、清晰，因而详图常用较大比例。

2. 图示详尽清楚

建筑详图是建筑细部的施工图，根据施工要求，将建筑平面图、立面图和剖面图中的某些建筑构配件（如门、窗、楼梯、阳台、各种装饰等）或某些建筑剖面节点（如檐口、窗台、明沟或散水以及楼地面层、屋顶层等）的详细构造（包括样式、层次、做法、用料等）用较大比例清楚地表达出来的图样。表示构造合理，用料及做法适宜，因而应该图示详尽、清楚。

3. 尺寸标注齐全

建筑详图的作用在于指导具体施工，更为清楚地了解该局部的详细构造及做法、用料、尺寸等，因此具体的尺寸标注必须齐全。

4. 数量灵活

数量的选择，与建筑的复杂程度及平、立、剖面图的内容及比例有关。建筑详图的图示方法，视细部的构造复杂程度而定。一般来说，墙身剖面图只需要一个剖面详图就能表示清楚，而楼梯间、卫生间就可能需要增加平面详图，门窗、玻璃隔断等就可能需要增加立面详图。

9.3.2 建筑详图的具体识别分析

1. 外墙身详图

如图 9-18 所示为外墙身详图，根据剖面图的编号 3-3，对照平面图上 3-3 剖切符号，可知该剖面图的剖切位置和投影方向。绘图所用的比例是 1：20。图中注上轴线的两个编号，表示这个详图适用于Ⓐ、Ⓔ两个轴线的墙身。说明在横向轴线③～⑨的范围内，Ⓐ、Ⓔ两轴线的任何地方（不局限在 3-3 剖面处），墙身各相应部分的构造情况都相同。在详图中，对屋面楼层和地面的构造，采用多层构造说明方法来表示。

将其局部放大，从图 9-19 檐口部分来看，可知屋面的承重层是预制钢筋混凝土空心板，按 3% 来砌坡，上面有油毡防水层和架空层，以加强屋面的隔热和防漏。檐口外侧做一个天沟，并通过女儿墙所留孔洞（雨水口兼通风孔），使雨水沿雨水管集中流到地面。雨水管的位置和数量可从立面图或平面图中查阅。

从楼板与墙身连接部分来看，可了解各层楼板（或梁）的搁置方向及与墙身的关系。在本例中，预制钢筋混凝土空心板是平行纵向布置的，因而它们是搁置在两端的横墙上。在每层的室内墙脚处需做一踢脚板，以保护墙壁，从图中的说明可看到其构造做法。踢脚板的厚度可等于或大于内墙面的粉刷层。如果厚度相同时，在其立面图中可不画出其分界线。从图 9-20 中还可以看到窗台、窗过梁（或圈梁）的构造情况。窗框和窗扇的形状和尺寸需另用详图表示。

如图 9-21 所示，从勒脚部分，可知房屋外墙的防潮、防水和排水的做法。外（内）墙身的防潮层，一般在底层室内地面下 60mm 左右（指一般刚性地面）处，以防地下水对墙身的侵蚀。在外墙面，离室外地面 300~500mm 高度范围内（或窗台以下），用坚硬防水的材料做成勒脚。在勒脚的外地面，用 1：2 的水泥砂浆抹面，做出 2%坡度的散水，以防雨水或地面水对墙基础的侵蚀。

在上述详图中，一般应注出各部位的标高、高度方向和墙身细部的尺寸。图中标高注写两个数字时，有括号的数字表示在高一层的标高。从图中有关文字说明，可知墙身内外表面装修的断面形式、厚度及所用的材料等。

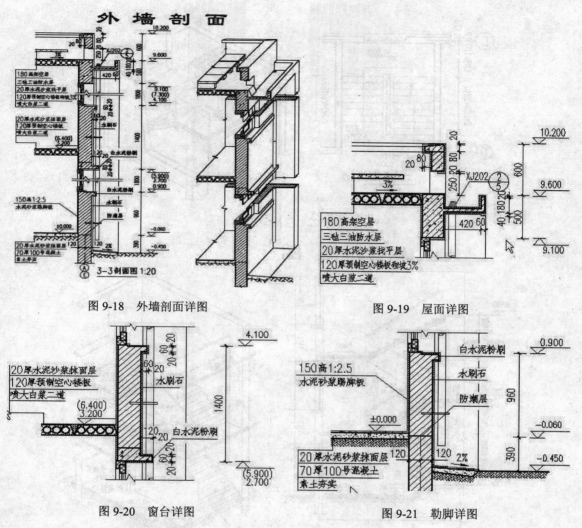

图 9-18　外墙剖面详图

图 9-19　屋面详图

图 9-20　窗台详图

图 9-21　勒脚详图

2．楼梯详图

楼梯是多层房屋上下交通的主要设施。楼梯是由楼梯段（简称梯段，包括踏步和斜梁）、平台（包括平台板和梁）和栏板（或栏杆）等组成。楼梯详图主要表示楼梯的类型、结构形式、各部位的尺寸及装修做法。楼梯详图包括平面图、剖面图及踏步、栏板详图等，并尽可能画在同一张图纸内。平面图与剖面图比例要一致，以便对照阅读。踏步、栏板详图比例要大一些，以便表达清楚该部分的构造情况，如图 9-22 所示。

假设用一铅垂面（4-4），通过各层的一个梯段和门窗洞，将楼梯剖开，向另一未剖到的梯段方向投影，所做的剖面图，即为楼梯剖面详图，如图 9-23 所示。

从图中的索引符号可知，踏步、扶手和栏板都另有详图，用更大的比例画出它们的形式、大小、材料及构造情况，如图 9-24 所示。

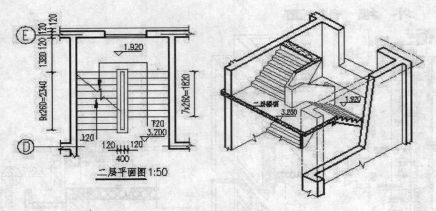

图 9-22　楼梯详图 1

楼梯剖面图

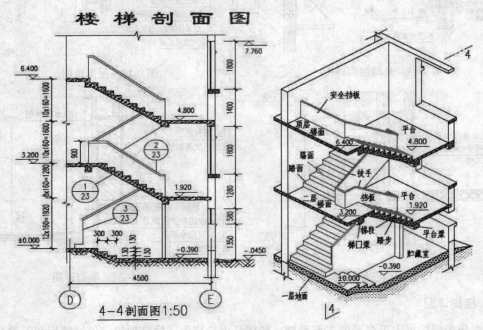

图 9-23　楼梯详图 2

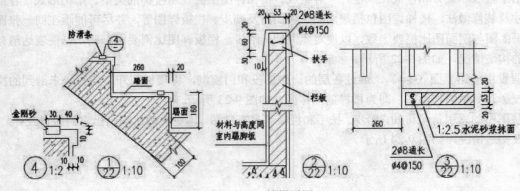

图 9-24　楼梯详图 3

9.4 某高层住宅部分建筑详图的绘制

光盘路径	素材文件：素材文件\第 9 章\9.4 某高层住宅部分建筑详图的绘制
	视频文件：视频文件\第 9 章\9.4 某高层住宅部分建筑详图的绘制

绘制思路

　　由于一套完整的施工图的详图数量较多，在此就不一一介绍了，下面介绍绘制 1-1 标准层外墙详图和楼梯详图的绘制方法。

9.4.1　绘制外墙详图的辅助轴线

01 与前面绘制步骤相似，新建名称为"外墙详图"的图形文件，新建名称为"轴线"的图层并置为当前图层，利用"构造线"命令，绘制水平及垂直轴线如图 9-25 所示。

02 利用"偏移"命令，使水平构造线向下偏移 30mm、50mm、120mm、20mm、700mm，向上偏移 120mm、10mm、270mm、40mm、10mm、50mm、100mm、20mm、50mm、500mm、60mm，利用"偏移"命令，使垂直构造线向左偏移 30mm、50mm、80mm、220mm、50mm、40mm、550mm，向右偏移 20mm、50mm、200mm、50mm、20mm、1600mm，具体效果如图 9-26 所示。

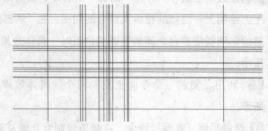

图 9-25　辅助轴线绘制　　　　　　　　　　　　图 9-26　辅助轴网绘制

9.4.2　绘制外墙详图的剖切详图

01 新建名称为"剖切"的图层并置为当前层，利用"直线"命令，沿着辅助轴网绘制墙体及楼层绘制剖切线，具体效果如图 9-27 所示。

02 新建图层名称为"标注"的图层并置为当前，并绘制折断线符号；新建名称为"填充"的图层并置为当前层，利用"填充"命令，在弹出的对话框中选择 ANSI31 样例，在相应位置进行填充，填充后的效果如图 9-28 所示。

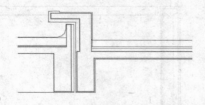　　　　　　　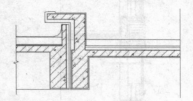

图 9-27　窗台剖切详图 1　　　　　　　　　　图 9-28　窗台剖切详图 2

03 楼板和窗台绘制完毕后，开始绘制阳台玻璃及栏杆。新建名称为"细部装饰线"的图层并置为当前，利用"直线"和"矩形"命令，绘制阳台玻璃及栏杆如图 9-29 所示。

04 由于其他标准层的外墙窗台剖面与此雷同，就不——绘制了，将当前图层设置为"标注"图层，在刚才绘制的阳台玻璃上绘制两道平行线符号，将平行线之间部分剪切，代表其他雷同的标准层略去，具体效果如图9-30所示。

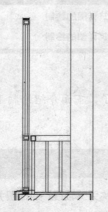

图 9-29　阳台剖面绘制 1

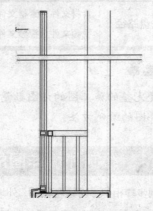

图 9-30　阳台剖面绘制 2

05 将"轴线"图层置为当前，利用"复制"和"偏移"命令，将构造线向上偏移，并将"剖切"图层置为当前图层，在阳台上方绘制上一层楼的楼板及窗台剖切图，在"细部装饰线"图层绘制两楼层窗台之间的空调机位百叶，具体效果如图 9-31 所示。

06 利用"复制"命令向上复制两个，具体效果如图 9-32 所示。

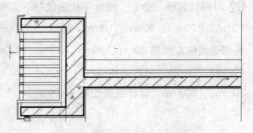

图 9-31　窗台空调机位详图

07 然后利用"直线"命令，在楼顶绘制女儿墙及屋顶防水层，具体效果如图 9-33 所示。

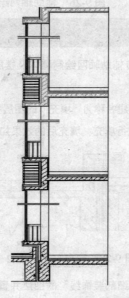

图 9-32　外墙详图绘制 1

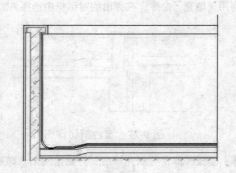

图 9-33　屋顶防水详图绘制

08 目前该高层建筑标准层外墙详图已经基本绘制完毕，如图 9-34 所示。

> **注意**
>
> 高层建筑平屋顶防水屋面根据防水层材料和做法的不同通常分为刚性防水、柔性防水、涂膜防水和粉剂防水等；刚性防水层是以刚性材料，如防水砂浆、细石混凝土、配筋细石混凝土等构成，施工方便，造价经济，维修方便，但对温度变化和屋面变形比较敏感，多用于我国南方地区；柔性防水屋面的基本构造层分为如下几个部分：结构层、找坡层、找平层、结合层、防水层和保护层。

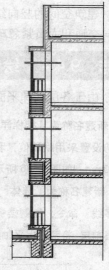

图 9-34　外墙详图绘制 2

9.4.3　外墙详图尺寸标注及文字说明

新建文字样式及标注样式，在"标注"图层中对该详图进行标注，插入图框，最终如图 9-35 所示。

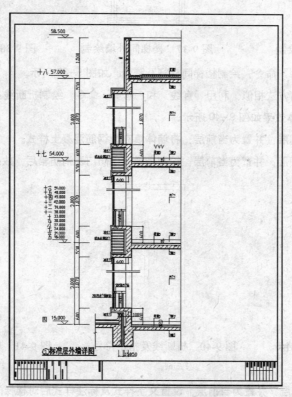

图 9-35　外墙详图绘制效果

建筑空间的竖向组合交通联系，依靠楼梯、电梯、自动扶梯等竖向交通设施。其中，楼梯作为竖向交通和人员紧急疏散的主要交通设施，使用最为广泛。

9.4.4　绘制楼梯平面详图

由于各层楼梯平面详图大同小异，下面学习绘制地下室楼梯的平面详图。

01 新建名称为"楼梯详图"的图形文件，单击"图形特性管理器"按钮，新建图层命名为"轴线"的图层，一切设置采用默认值，利用"直线"命令，绘制辅助轴线，水平轴线长度略大于 2600mm，垂直轴线略大于 5100mm，如图 9-36 所示。

02 新建名称为"墙体"的图层，设置线宽为 0.35mm，并置为当前层，与平面图墙体的绘制方法相似，利用"多线"命令，绘制楼梯间墙体，如图 9-37 所示；新建名称为"楼梯"的图层，设置线宽为 0.15mm，并置为当前层，将两根水平轴线分别向内偏移 1350mm，形成楼层平台和休息平台轴线，如图 9-38 所示。

　　　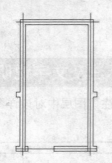　　　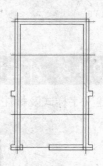

图 9-36　辅助轴线绘制　　　　　图 9-37　楼梯间外墙绘制　　　　图 9-38　楼梯间平台轴线绘制

03 利用"直线"和"阵列"命令，绘制楼梯间栏杆及踏步，如图 9-39 所示。

04 与平面图中绘制楼梯的方法相似，利用"直线"和"修剪"命令，绘制折断线；利用"多段线"命令，绘制上下楼的指向符号，具体效果如图 9-40 所示。

05 新建名称为"填充"图层，并置为当前层，将墙体填充为钢筋混凝土样式。

06 新建名称为"门窗"图层，并置为当前层，绘制楼梯间消防门及消防箱后，效果如图 9-41 所示。

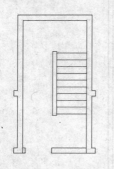　　　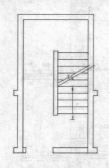　　　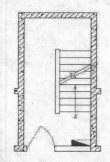

图 9-39　楼梯间栏杆及踏步　　　图 9-40　折断线及指示符号　　　图 9-41　墙体填充及消防门、箱的
　　　　　绘制　　　　　　　　　　　　绘制　　　　　　　　　　　　绘制

07 新建名称为"标注"图层，并置为当前层，设置文字样式及标注样式后对楼梯间平面详图进行尺寸标注及文字说明，具体效果如图 9-42 所示。

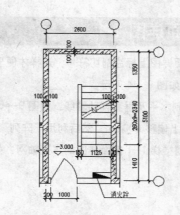

地下一层平面图 1:50

图 9-42　地下层楼梯间平面详图绘制

08 其他层的楼梯间详图如图 9-43 所示，读者可以自己动手绘制。

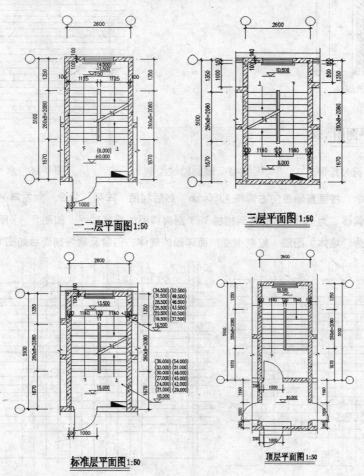

一二层平面图 1:50　　　　**三层平面图** 1:50

标准层平面图 1:50　　　　**顶层平面图** 1:50

图 9-43　楼梯平面详图

9.4.5 绘制楼梯剖面详图 1-1

01 现在为刚才绘制的地下层楼梯间平面详图上标注剖切符号，这样才便于读者正确理解楼梯的剖面详图，绘制方法如前面平面图中所讲，具体效果如图 9-44 所示。

02 将"轴线"图层置为当前图层，绘制水平及垂直辅助轴线，如图 9-45 所示。

03 利用"偏移"命令，将水平轴线向上偏移 600mm，然后利用"阵列"命令，向上阵列，"行数"为 20，"列数"为 1，"行偏移"为 150，得到楼梯 1-1 剖面详图的水平轴网，如图 9-46 所示。

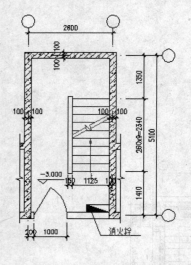

地下一层平面图 1:50

图 9-44 剖切符号绘制　　　　图 9-45 辅助轴线绘制

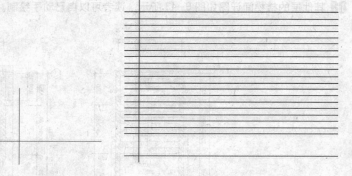

图 9-46 水平轴网绘制

04 利用"偏移"命令，将垂直轴线向右偏移 1350mm，然后利用"阵列"命令，向右阵列，"列数"为 10，"行数"为 1，"列偏移"为 250，然后得到楼梯 1-1 剖面详图的垂直轴网，如图 9-47 所示。

05 将当前图层设置为"墙体"图层，绘制楼梯剖面详图的墙体、门窗及地坪剖面后如图 9-48 所示。

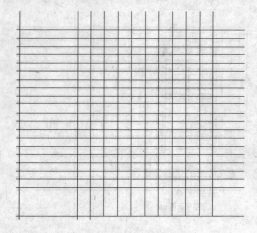

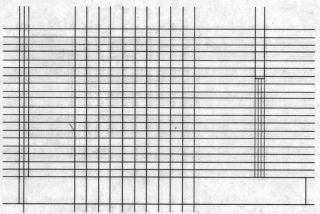

图 9-47 垂直轴网绘制　　　　　　　图 9-48 墙体、门窗及地坪绘制

06 将当前图层设置为"楼梯 1"图层，根据轴网绘制楼梯踏步 1，该部分踏步为看到部分的楼梯踏步，所以该图层线宽设置为 0.15mm，具体效果如图 9-49 所示。

07 将当前图层设置为"楼梯 2"图层，根据轴网绘制楼梯踏步 2，该部分踏步为剖到部分的楼梯踏步，包括楼层平台和休息平台，所以该图层线宽设置为 0.35mm，具体效果如图 9-50 所示。

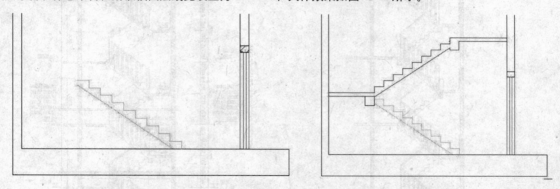

图 9-49　楼梯踏步 1 绘制　　　　　　图 9-50　楼梯踏步 2 及平台绘制

08 将当前图层设置为"填充"图层，将混凝土样式填充进墙体地基以及楼梯梯段梁、平台梁，如图 9-51 所示。

09 将当前图层设置为"楼梯 1"图层，利用"直线"、"复制"和"修剪"命令，绘制楼梯栏杆，具体效果如图 9-52 所示。

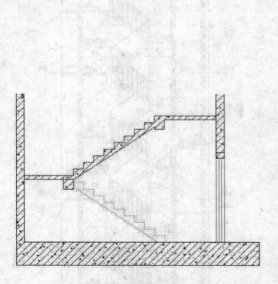

图 9-51　墙体填充绘制

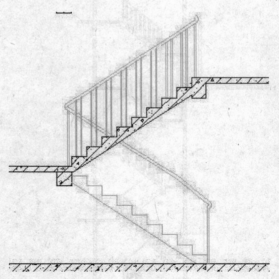

图 9-52　楼梯栏杆

10 利用"阵列"命令，向上阵列得到其他楼层的楼图剖面图，由于层高的差异，楼梯踏步阶数不同的地方注意修改，即可得到 1-1 楼梯剖面详图，如图 9-53 所示。

11 将当前图层设置为"标注"图层，对该楼梯 1-1 剖面详图进行标注，具体效果如图 9-54 所示。

12 插入图框后得到整个楼梯详图的效果如图 9-55 所示。

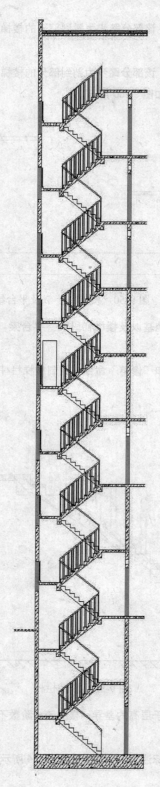

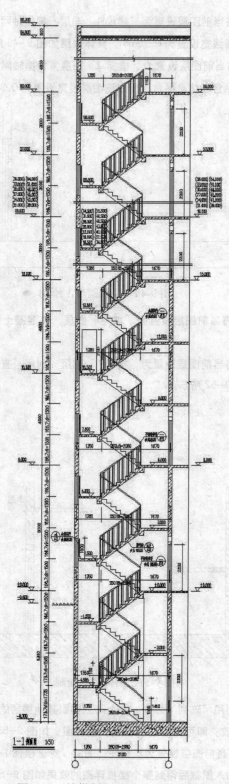

图 9-53　楼梯剖面详图绘制　　　　图 9-54　楼梯剖面详图尺寸标注绘制

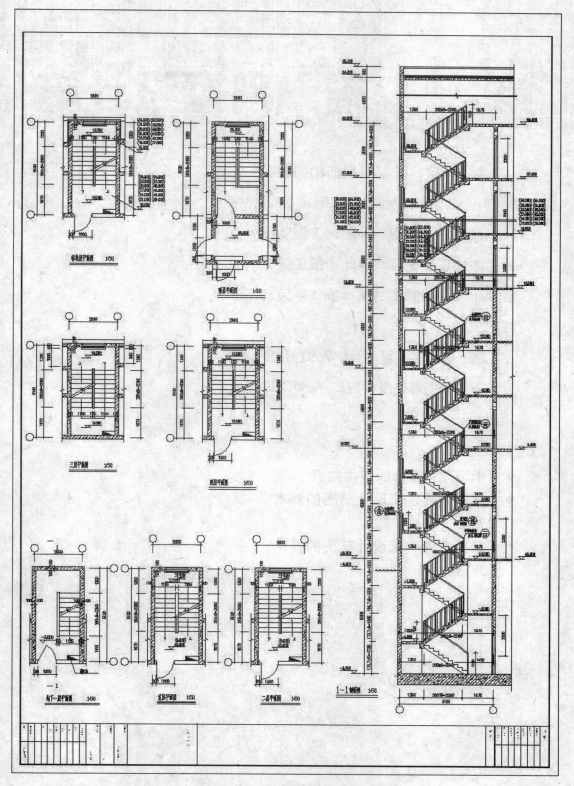

图 9-55　楼梯详图最后效果

第3篇 别墅设计篇

本篇将结合建筑工程的相关制图标准，通过乡村别墅设计工程 CAD 案例系统地介绍室内外建筑工程制图的基本知识及要点，深化建筑工程专业 AutoCAD 制图的具体操作手段及应用技巧。

通过本篇的学习，读者将掌握别墅设计工程制图理论及相应的 AutoCAD 制图技巧。

- ◆ 学习建筑设计的基本知识
- ◆ 掌握室外建筑设计制图的基本方法
- ◆ 掌握室内建筑设计制图的基本方法

第 10 章

别墅总平面图的设计

总平面图的作用是标明绘制的建筑对象和周围环境的相对关系。对于简单的建筑物，一般比较简单的总平面图就能体现这个作用。别墅总平面图的绘制过程相对也比较简单，只要学会使用常用的 AutoCAD 命令，就能绘制出其总平面图。它的特点是，建筑物很简单，周围环境也非常简单。

学习目标

- ◆ 设置绘图参数
- ◆ 布置建筑物
- ◆ 布置场地道路和绿地等
- ◆ 掌握各种标注方法

10.1 设置绘图参数

光盘路径	素材文件：素材文件\第 10 章\别墅总平面图设计.dwg
	视频文件：视频文件\第 10 章\别墅总平面图设计.avi

绘制思路

参数设置是绘制任何一幅建筑图形都要进行的预备工作，这里主要设置单位、图形边界、图层等，有些具体设置可以在绘制过程中根据需要设置。

1. 设置单位

选择"格式"→"单位"命令，打开"图形单位"对话框，如图 10-1 所示。设置"长度"选项组中的"类型"为"小数"，"精度"为 0；"角度"选项组中的"类型"为"十进制度数"，"精度"为 0；系统默认逆时针方向为正，插入时的缩放单位设置为"毫米"。

2. 设置图形边界

命令行提示与操作如下。

```
命令：LIMITS✓
重新设置模型空间界限：
指定左下角点或 [开(ON)/关(OFF)]<0.0000,0.0000>：✓
指定右上角点 <12.0000,9.0000>：420000,297000✓
```

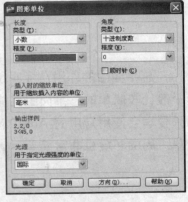

图 10-1 "图形单位"对话框

3. 设置图层

01 设置图层名。打开"图层"工具栏，单击"图层特性管理器"按钮，即可打开"图层特性管理器"窗口，单击"新建图层"按钮，生成一个名为"图层 1"的图层，修改图层名称为"轴线"，如图 10-2 所示。

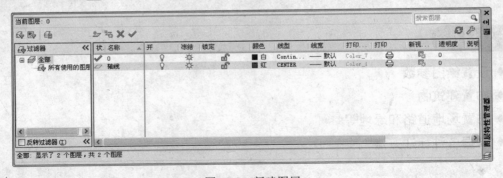

图 10-2 新建图层

02 设置图层颜色。为了区分不同图层上的图线，增加图形不同部分的对比性，可在"图层特性管理器"窗口中单击对应图层"颜色"标签下的颜色色块，打开"选择颜色"对话框，如图 10-3 所示。在该对话框中选择需要的颜色。

03 设置线型。在常用的工程图纸中，通常要用到不同的线型，因为不同的线型表示不同的含义。在"图层特性管理器"窗口中单击"线型"标签下的线型选项，打开"选择线型"对话框，如图10-4所示。在该对话框中选择对应的线型。如果在图10-4所示的"已加载的线型"列表框中没有需要的线型，可单击"加载"按钮，打开"加载或重载线型"对话框，加载线型，如图10-5所示。

图 10-3 "选择颜色"对话框

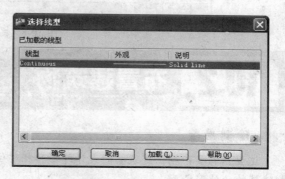

图 10-4 "选择线型"对话框

04 设置线宽。在工程图纸中，不同的线宽表示不同的含义，因此要对不同图层的线宽进行设置。单击"图层特性管理器"窗口中"线宽"标签下的选项，AutoCAD打开"线宽"对话框，如图10-6所示。在该对话框中选择适当的线宽，完成"轴线"图层的设置，如图10-7所示。

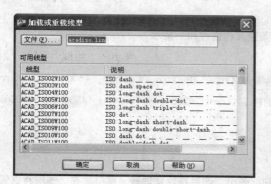

图 10-5 "加载或重载线型"对话框

图 10-6 "线宽"对话框

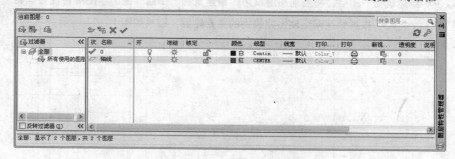

图 10-7 "轴线"图层的设置

05 按照上述步骤，完成其他图层的设置，结果如图10-8所示。

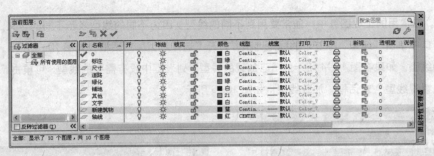

图 10-8　图层的设置

10.2. 布置建筑物

绘制思路

　　这里只需要勾勒出建筑物的大体外形和相对位置即可，首先绘制定位轴线网，然后根据轴线绘制建筑物的外形轮廓。

1. 绘制轴线网

01 打开"图层"工具栏，单击"图层特性管理器"按钮，弹出"图层特性管理器"窗口。在"图层特性管理器"窗口中双击"轴线"图层，设当前图层为"轴线"图层，退出"图层特性管理器"窗口。

02 利用"构造线"命令 ，在"正交"模式下绘制一条竖直构造线和一条水平构造线，组成十字辅助线网，如图 10-9 所示。

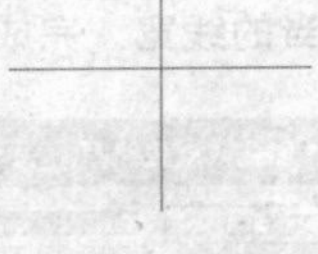

图 10-9　绘制十字辅助线网

03 选择"偏移"命令 ，将竖直构造线向右边连续偏移 3700mm、1300mm、4200mm、4500mm、1500mm、2400mm、3900mm、2700mm。将水平构造线连续向上偏移 2100mm、4200mm、3900mm、4500mm、1600mm、1200mm，得到主要轴线网，结果如图 10-10 所示。

2. 绘制建筑轮廓

01 打开"图层"工具栏，单击"图层特性管理器"按钮，弹出"图层特性管理器"窗口。在"图层特性管理器"窗口中双击"新建筑物"图层，将当前图层设为"新建筑物"图层，退出"图层特性管理器"窗口。

02 利用"直线"命令 ，根据轴线网绘制出建筑物的主要轮廓，结果如图 10-11 所示。

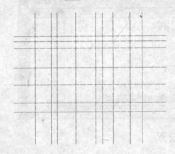

图 10-10　绘制主要轴线网

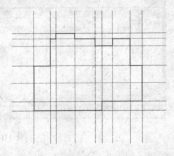

图 10-11　绘制建筑物的主要轮廓

10.3. 布置场地道路和绿地

绘制思路

完成建筑布置后，其他的道路、绿地等内容都在此基础上进行布置。

注意

布置时要抓住 3 个要点：一要找准场地起控制作用的因素；二要注意布置对象的必要尺寸及其相对位置关系；三要注意布置对象的几何构成特征，充分利用绘图功能。

1. 绘制道路

01 打开"图层"工具栏，单击"图层特性管理器"按钮，则系统弹出"图层特性管理器"窗口。在"图层特性管理器"窗口中双击"道路"图层，将当前图层设为"道路"图层，退出"图层特性管理器"窗口。

02 利用"偏移"命令，让所有最外围轴线都向外偏移 10000mm，然后将偏移后的轴线分别向两侧偏移 2000mm。选择所有的道路，然后右击，在弹出的快捷菜单中选择"特性"选项。在弹出的"特性"选项板中选择"图层"，将所选对象的图层改为"道路"图层，得到主要的道路；设置"线型比例"为 30。选择"修剪"命令，修剪掉道路中多余的线条，使道路整体连贯，结果如图 10-12 所示。

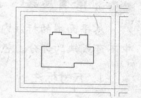

图 10-12　绘制道路

2. 布置绿化

01 单击"标准"工具栏中的"工具选项板窗口"按钮，弹出如图 10-13 所示的"工具选项板"窗口。选择"建筑"中的"树"图例，把"树"图例放在一个空白处；然后利用"缩放"命令，把"树"图例放大到合适尺寸，结果如图 10-14 所示。

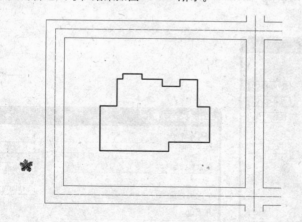

图 10-14　放大后的植物图例

图 10-13　工具选项板

02 选择"复制"命令，把"树"图例复制到各个位置，完成植物的绘制和布置，结果如图 10-15 所示。

小技巧

正确选择"复制"的基点，对于图形定位是非常重要的。第 2 点的选择定位，用户可打开捕捉及极轴状态开关，自动捕捉有关点，自动定位。节点是 AutoCAD 中常用来做定位、标注以及移动、复制等复杂操作的关键点，节点的有效捕捉很关键。

在实际应用中，有时选择了稍微复杂一点的图形并不出现节点，给图形操作带来了一定的麻烦。解决这个问题有个小窍门：当选中的图形不出现节点的时候，使用"复制"命令的快捷键 Ctrl+C，节点就会在选中的图形中显示出来。

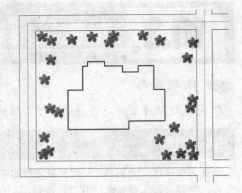

图 10-15　布置绿化植物

10.4. 各种标注

绘制思路

总平面图的标注内容包括尺寸、标高、文字标注、指北针、文字说明等内容，它们是总平面图中不可或缺的部分。完成总平面图的图线绘制后，最后的工作就是进行各种标注，对图形进行完善。

1. 尺寸标注

总平面图上的尺寸应标注新建筑物房屋的总长、总宽及与周围建筑物、构筑物、道路、红线之间的距离。

（1）尺寸样式设置

01 选择菜单栏中的"格式"→"标注样式"命令，也可选择菜单栏中的"标注"→"标注样式"命令，弹出"标注样式管理器"对话框，如图 10-16 所示。

02 单击"新建"按钮，弹出"创建新标注样式"对话框，在"新样式名"文本框中输入"总平面图"，如图 10-17 所示。

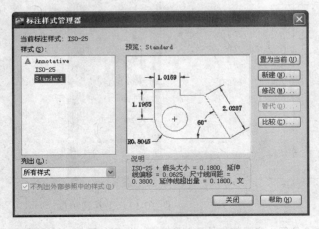

图 10-16　"标注样式管理器"对话框

图 10-17　"创建新标注样式"对话框

03 单击"继续"按钮，进入"新建标注样式：总平面图"对话框。选择"线"选项卡，设定"延伸线"选项组的"超出尺寸线"为 1000，如图 10-18 所示。选择"符号和箭头"选项卡，设定"箭头"选项组中的"第一个"为"☑建筑标记"，"第二个"为"☑建筑标记"，并设定"箭头大小"为 1200，这样就完成了"符号和箭头"选项卡的设置，设置结果如图 10-19 所示。

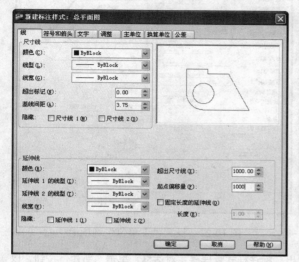
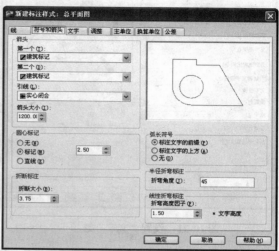

图 10-18　设置"线"选项卡　　　　　图 10-19　设置"符号和箭头"选项卡

04 切换到"文字"选项卡，单击"文字样式"后边的 [...] 按钮，弹出"文字样式"对话框。单击"新建"按钮，建立新的文字样式"米单位"，取消选择"使用大字体"复选框，然后单击"字体名"右侧的下三角按钮 ☑ ，从弹出的下拉列表中选择"黑体"，设定"高度"为 2000，如图 10-20 所示。最后单击"应用"按钮，关闭"文字样式"对话框。

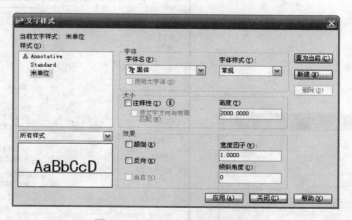

图 10-20　"文字样式"对话框

05 在"文字外观"选项组的"文字高度"微调按钮中填入 2000，在"文字位置"选项组的"从尺寸线偏移"微调按钮中填入 200。这样就完成了"文字"选项卡的设置，结果如图 10-21 所示。

06 单击"主单位"选项卡，在"线性标注"选项组的"后缀"文本框中填入 m，表明以米为单位进行标注，在"测量单位比例"选项组的"比例因子"微调按钮中填入 0.001。这样就完成了"主单位"选项卡的设置，结果如图 10-22 所示。单击"确定"按钮，返回"标注样式管理器"对话框。选择"总平面图"样式，单击右侧的"置为当前"按钮，最后单击"关闭"按钮，返回绘图区。

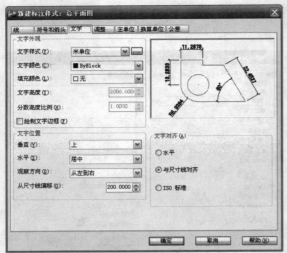
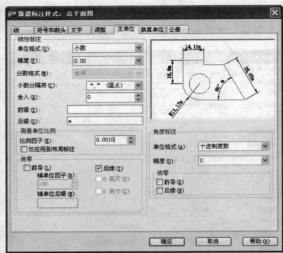

图 10-21 设置"文字"选项卡　　　　　　　图 10-22 设置"主单位"选项卡

07 选择菜单栏中的"标注"→"标注样式"命令，弹出"标注样式管理器"对话框。单击"新建"按钮，以"总平面图"为基础样式，将"用于"设置为"半径标注"，建立"总平面图：半径"样式，如图 10-23 所示。然后单击"继续"按钮，进入"新建标注样式：总平面图：半径"对话框，在"符号和箭头"选项卡中，将"第二个"箭头设为"实心闭合"，如图 10-24 所示，单击"确定"按钮，完成半径标注样式的设置。

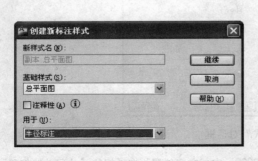

图 10-23 "新建标注样式"对话框　　　　　　图 10-24 半径标注样式设置

08 采用与半径标注样式设置相同的操作方法，分别建立角度标注和引线标注样式，如图 10-25、图 10-26 所示，最终完成尺寸样式的设置。

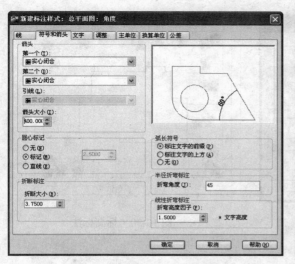

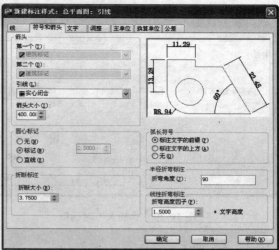

图 10-25　角度标注样式设置　　　　　　图 10-26　引线标注样式设置

（2）标注尺寸

利用"线性"命令标注图形，命令行提示与操作如下。

```
命令：_DIMLINEAR
指定第一条延伸线原点或 <选择对象>：（利用"对象捕捉"选取左侧道路的中心线上一点）
指定第二条延伸线原点：（选取总平面图最左侧竖直线上的一点）
指定尺寸线位置或[多行文字(M)/文字(T)/角度(A)/水平(H)/垂直(V)/旋转(R)]：
（在图中选取合适的位置）
```

结果如图 10-27 所示。

重复上述命令，在总平面图中，标注新建筑物到道路中心线的相对距离，标注结果如图 10-28 所示。

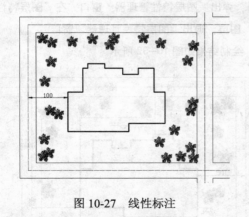

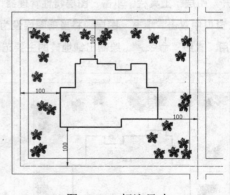

图 10-27　线性标注　　　　　　　　　图 10-28　标注尺寸

2．标高标注

利用"插入块"命令，弹出"插入"对话框，如图 10-29 所示。在"名称"下拉列表框中选择"标高"，单击"确定"按钮，插入到总平面图中。再单击"多行文字"按钮**A**，输入相应的标高值，结果如图 10-30 所示。

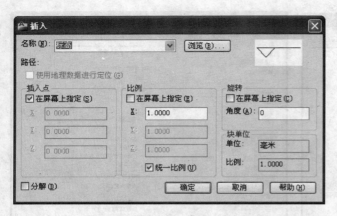

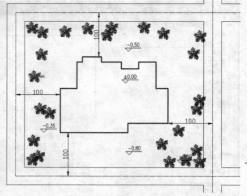

图 10-29 "插入"对话框 　　　　　　　　图 10-30 标高标注

3．文字标注

01 打开"图层"工具栏，单击"图层特性管理器"按钮🔲，弹出"图层特性管理器"窗口。在"图层特性管理器"窗口中双击"文字标注"图层，将当前图层设为"文字标注"图层，退出"图层特性管理器"窗口。

02 利用"多行文字"命令标注入口、道路等，结果如图 10-31 所示。

> **注意**
>
> （1）如果改变现有文字样式的方向或字体，当图形重生成时所有具有该样式的文字对象都将使用新值。
>
> （2）在 AutoCAD 提供的 TrueType 字体中，大写字母可能不能正确反映指定的文字高度。只有在"字体名"中指定 SHX 文件，才能使用"大字体"。只有 SHX 文件可以创建"大字体"。
>
> （3）读者应学习并掌握字体文件的加载方法，以及如何解决乱码现象。

4．图案填充

01 打开"图层"工具栏，单击"图层特性管理器"按钮🔲，弹出"图层特性管理器"窗口。在"图层特性管理器"窗口中双击"填充"图层，将当前图层设为"填充"图层，退出"图层特性管理器"窗口。

02 利用"直线"命令╱，绘制出铺地砖的主要范围轮廓，绘制结果如图 10-32 所示。

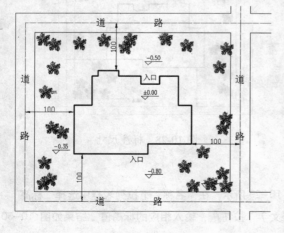

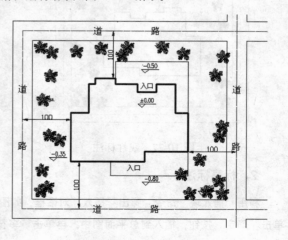

图 10-31 文字标注 　　　　　　　　图 10-32 绘制铺地砖范围

03 利用 "图案填充" 命令，在弹出的 "图案填充和渐变色" 对话框中选择填充图案为 ANGLE，更改 "比例" 为 100，如图 10-33 所示。

图 10-33　"图案填充和渐变色"对话框

04 单击 "添加：拾取点" 按钮，返回绘图区，选择填充区域后按 Enter 键确认，则系统返回 "图案填充和渐变色" 对话框。单击 "确定" 按钮，完成图案填充操作，填充结果如图 10-34 所示。

05 重复利用 "图案填充" 命令，进行草地图案填充，结果如图 10-35 所示。

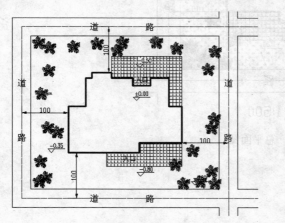

图 10-34　方块图案填充操作结果

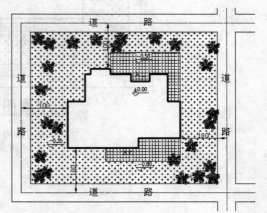

图 10-35　草地图案填充操作结果

5. 图名标注

利用 "多行文字" 命令和 "直线" 命令标注图名，结果如图 10-36 所示。

<u>总平面图</u> 1：500

图 10-36　图名

6. 绘制指北针

利用"圆"命令，绘制一个圆，然后利用"直线"命令，绘制圆的竖直直径和另外两条弦，结果如图 10-37 所示。利用"图案填充"命令，把指针填充为 SOLID，得到指北针的图例，结果如图 10-38 所示。利用"多行文字"命令，在指北针上部标上"北"字，注意字高为 1000，字体为"仿宋_GB2312"，结果如图 10-39 所示。最终完成总平面图的绘制，结果如图 10-40 所示。

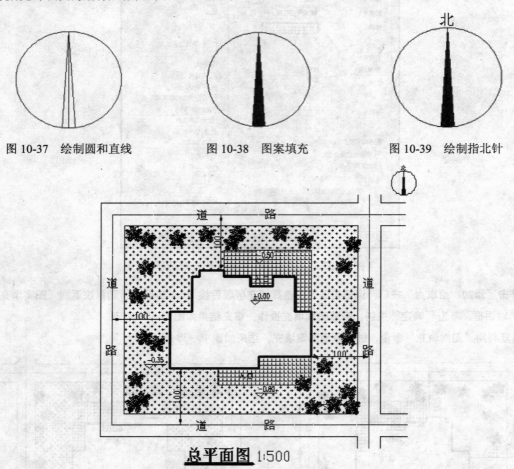

图 10-37　绘制圆和直线　　　　图 10-38　图案填充　　　　图 10-39　绘制指北针

总平面图 1:500

图 10-40　总平面图

第11章

别墅建筑平面图的绘制

　　本章将结合一栋二层小别墅建筑实例，详细介绍建筑平面图的绘制方法。本别墅总建筑面积约为 250m²，拥有客厅、卧室、卫生间、车库、厨房等各种不同功能的房间。别墅首层主要安排客厅、餐厅、厨房、工人房、车库等房间，大部分属于公共空间，用来满足业主会客和聚会等方面的需求；二层主要安排主卧室、客房、书房等房间，属于较私密的空间，给业主提供一个安静而又温馨的居住环境。

学习目标

◆ 了解建筑施工平面图的绘制

◆ 掌握利用 AutoCAD 绘制建筑施工平面图的方法与技巧

◆ 掌握各种基本建筑单元平面图的绘制方法

11.1 别墅首层平面图的绘制

光盘路径	素材文件：素材文件\第 11 章\11.1 别墅首层平面图的绘制.dwg
	视频文件：视频文件\第 11 章\11.1 别墅首层平面图的绘制.avi

绘制思路

首先绘制这栋别墅的定位轴线，接着在已有轴线的基础上绘出别墅的墙线，然后借助已有图库或图形模块绘制别墅的门窗和室内的家具、洁具，最后进行尺寸和文字标注。以下就按照这个思路绘制别墅的首层平面图，如图 11-1 所示。

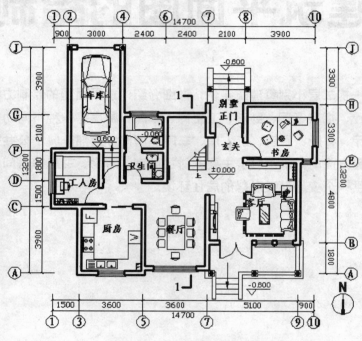

图 11-1 别墅的首层平面图

11.1.1 设置绘图环境

1. 设置单位

选择"格式"→"单位"命令，系统打开"图形单位"对话框，如图 11-2 所示。指定长度与角度的单位及单位的精度。

2. 命名图形

单击"标准"工具栏中的"保存"按钮 🖫，弹出"图形另存为"对话框。在"文件名"文本框中输入图形名称"别墅首层平面图.dwg"，如图 11-3 所示。单击"保存"按钮，建立图形文件。

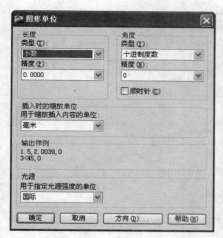

图 11-2　"图形单位"对话框

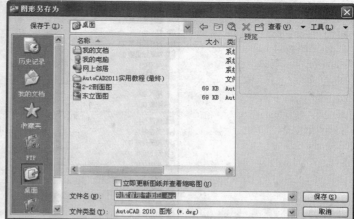

图 11-3　命名图形

3．设置图层

单击"图层"工具栏中的"图层特性管理器"按钮 ，打开"图层特性管理器"窗口，依次创建平面图中的基本图层，如"轴线"、"墙线"、"楼梯"、"门窗"、"家具"、"地坪"、"标注"和"文字"等图层，如图 11-4 所示。

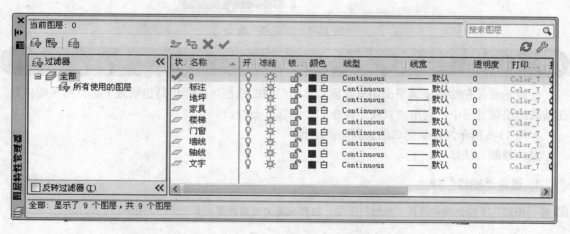

图 11-4　"图层特性管理器"窗口

:::::: 小技巧

（1）有些图层不能删除的原因

若欲删除的图层是正在使用中（既当前图层）或是 0 层、拥有对象等特殊图层，这些图层都是不能删除的。若要删除当前层，请把它切换到非当前层，即把其他层置为当前层，然后删除该层即可。

（2）删除顽固图层的方法

当要删除的图层可能包含对象，或是自动生成的块，可尝试冻结需要保留的图层然后删除其他，最后执行清理命令，这样可能会解决。清理命令可执行如下命令"文件"→"图形实用程序"→"清理"，如图 11-5 所示。

新建(N)...		Ctrl+N
新建图纸集(W)...		
打开(O)...		Ctrl+O
打开图纸集(E)...		
加载标记集(K)...		
关闭(C)		
局部加载(L)		
输入(R)		
附着(T)...		
保存(S)		Ctrl+S
另存为(A)...		Ctrl+Shift+S
电子传递(T)...		
网上发布(W)...		
输出(E)...		
将布局输出到模型(M)...		
页面设置管理器(G)...		
绘图仪管理器(H)...		
打印样式管理器(Y)...		
打印预览(V)		
打印(P)...		Ctrl+P
发布(B)...		
查看打印和发布详细信息(B)...		
图形实用工具(U) ▶	核查(A)	
发送(D)...	修复(R)...	
图形特性(I)...	修复图形和外部参照(X)...	
	图形修复管理器(D)...	
	更新块图标(U)	
	清理(P)...	

图 11-5 "清理"命令

11.1.2 绘制建筑轴线

建筑轴线是在绘制建筑平面图时布置墙体和门窗的依据，同样也是建筑施工定位的重要依据。在轴线的绘制过程中，利用"直线"命令和"偏移"命令。

如图 11-6 所示为绘制完成的别墅平面轴线。

具体绘制方法如下。

1. 设置"轴线"特性

01 在"图层"下拉列表中选择"轴线"图层，将其设置为当前图层，如图 11-7 所示。

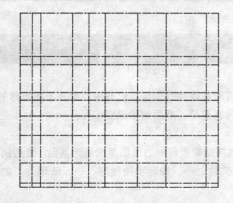

图 11-6 别墅平面轴线

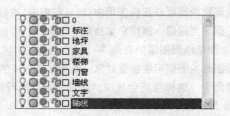

图 11-7 将"轴线"图层设为当前图层

02 加载线型。单击"图层"工具栏中的"图层特性管理器"按钮，打开"图层特性管理器"窗口，单击"轴线"图层栏中的"线型"选项，弹出"选择线型"对话框，如图 11-8 所示。在该对话框中，单击"加载"按钮，弹出"加载或重载线型"对话框，在该对话框的"可用线型"框中选择线型 CENTER 进行加载，如图 11-9 所示。然后单击"确定"按钮，返回"选择线型"对话框，将线型 CENTER 设置为当前使用线型。

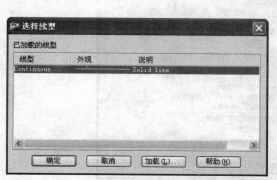

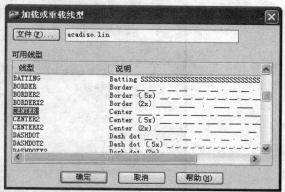

图 11-8　"选择线型"对话框　　　　　图 11-9　加载线型 CENTER

03 设置线型比例。选择菜单栏中的"格式"→"线型"命令，弹出"线型管理器"对话框，选择线型 CENTER，单击"显示细节"按钮，将"全局比例因子"设置为 20，然后单击"确定"按钮，完成对轴线线型的设置，如图 11-10 所示。

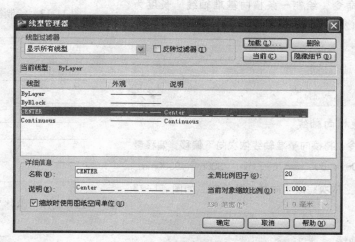

图 11-10　设置线型比例

> **注意**
>
> 在使用 AutoCAD 2011 绘图过程中，应经常性地保存已绘制的图形文件，以避免因软件系统的不稳定导致软件的瞬间关闭而无法及时保存文件，丢失大量已绘制的信息。AutoCAD 2011 软件有自动保存图形文件的功能，使用者只需在绘图时，将该功能激活即可。设置步骤如下：
> 选择"工具"→"选项"命令，弹出"选项"对话框。单击"打开和保存"选项卡，在"文件安全措施"选项组中选中"自动保存"复选框，根据个人需要输入"保存间隔分钟数"，然后单击"确定"按钮，完成设置，如图 11-11 所示。

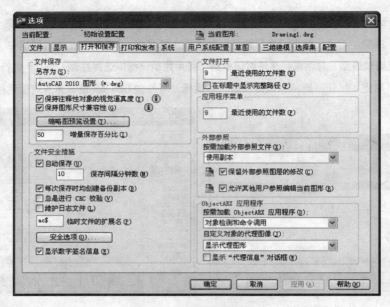

图 11-11　自动保存设置

2．绘制横向轴线

（1）绘制横向轴线基准线

利用"直线"命令，绘制一条横向基准轴线，长度为
14700mm，如图 11—12 所示。命令行提示与操作如下。

```
命令：_LINE
指定第一点：（适当指定一点）
指定下一点或［放弃(U)］：@14700, 0↙
指定下一点或［放弃(U)］：↙
```

（2）绘制其他横向轴线

利用"偏移"命令，将横向基准轴线依次向下偏移，偏移量
分别为 3300mm、3900mm、6000mm、6600mm、7800mm、9300mm、
11400mm、13200mm，依次完成横向轴线的绘制，如图 11—13
所示。

图 11-12　绘制横向基准轴线

图 11-13　利用"偏移"命令绘制横向轴线

3．绘制纵向轴线

（1）绘制纵向轴线基准线

利用"直线"命令，以前面绘制的横向基准轴线的左端点为起点，垂直向下绘制一条纵向基准轴线，长度
为 13200mm，如图 11—14 所示。命令行提示与操作如下。

```
命令：_LINE↙
指定第一点：（适当指定一点）
指定下一点或［放弃(U)］：@0, -13200↙
指定下一点或［放弃(U)］：↙
```

（2）绘制其他纵向轴线

利用"偏移"命令，将纵向基准轴线依次向右偏移，偏移量分别为 900mm、1500mm、3900mm、5100mm、6300mm、8700mm、10800mm、13800mm、14700mm，依次完成纵向轴线的绘制，如图 11-15 所示。

图 11-14　绘制纵向基准轴线

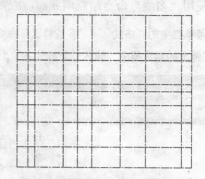

图 11-15　利用"偏移"命令绘制纵向轴线

> **注意**
>
> 在绘制建筑轴线时，一般选择建筑横向、纵向的最大长度为轴线长度，但当建筑物形体过于复杂时，太长的轴线往往会影响图形效果，因此，也可以仅在一些需要轴线定位的建筑局部绘制轴线。

11.1.3　绘制墙体

在建筑平面图中，墙体用双线表示，一般采用轴线定位的方式，以轴线为中心，具有很强的对称关系，绘制墙线通常有 3 种方法。

（1）利用"偏移"命令，直接偏移轴线，将轴线向两侧偏移一定距离，得到双线，然后将所得双线转移至"墙线"图层。

（2）利用"多线"命令直接绘制墙线。

（3）当墙体要求填充成实体颜色时，也可以利用"多段线"命令直接绘制，将"线宽"设置为墙厚即可。

本例推荐选用第 2 种方法，利用"多线"命令绘制墙线，如图 11-16 所示为绘制完成的别墅首层墙体平面。

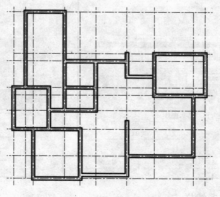

图 11-16　绘制墙体

具体绘制方法如下。

1．定义多线样式

在使用"多线"命令绘制墙线前，应首先对多线样式进行设置。

01 选择菜单栏中的"格式"→"多线样式"命令，弹出"多线样式"对话框，如图 11-17 所示。单击"新建"按钮，在弹出的对话框中，输入"新样式名"为"240 墙"，如图 11-18 所示。

图 11-17 "多线样式"对话框   图 11-18 命名多线样式

02 单击"继续"按钮，弹出"新建多线样式:240 墙"对话框，如图 11-19 所示。在该对话框中进行以下设置：选择直线起点和端点均封口；元素偏移量首行设为 120，第 2 行设为-120。

03 单击"确定"按钮，返回"多线样式"对话框，在"样式"列表框中选择多线样式"240 墙"，将其置为当前，如图 11-20 所示。

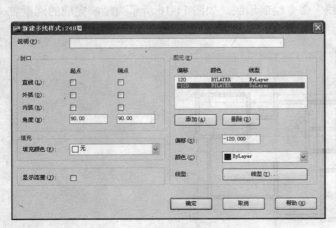

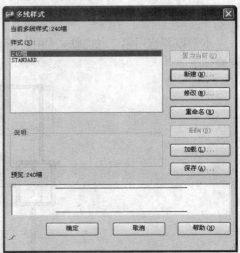

图 11-19 设置多线样式   图 11-20 将"240 墙"多线样式置为当前

2．绘制墙线

01 将"墙线"层置为当前图层，并且将该图层线宽设为 0.30mm。

02 选择菜单栏中的"绘图"→"多线"命令（或者在命令行中输入 ML 命令）绘制墙线，绘制结果如图 11-21 所示。

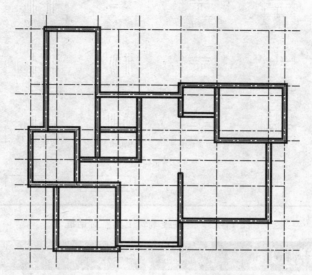

图 11-21　利用"多线"命令绘制墙线

命令行提示与操作如下。

```
命令：_MLINE
当前设置：对正 = 上，比例 = 20.00，样式 = 240 墙
指定起点或 [对正(J)/比例(S)/样式(ST)]：J✓（在命令行输入 J，重新设置多线的对正方式）
输入对正类型 [上(T)/无(Z)/下(B)] <上>：Z✓（在命令行输入 Z，选择"无"为当前对正方式）
当前设置：对正 = 无，比例 = 20.00，样式 = 240 墙
指定起点或 [对正(J)/比例(S)/样式(ST)]：S✓        （在命令行输入 S，重新设置多线比例）
输入多线比例 <20.00>：1✓        （在命令行输入 1，作为当前多线比例）
当前设置：对正 = 无，比例 = 1.00，样式 = 240 墙
指定起点或 [对正(J)/比例(S)/样式(ST)]：        （捕捉左上部墙体轴线交点作为起点）
指定下一点：
……                                      （依次捕捉墙体轴线交点，绘制墙线）
指定下一点或 [放弃(U)]：✓              （绘制完成后，按 Enter 键结束命令）
```

3．编辑和修整墙线

01 选择菜单栏中的"修改"→"对象"→"多线"命令，弹出"多线编辑工具"对话框，如图 11-22 所示。该对话框中提供 12 种多线编辑工具，可根据不同的多线交叉方式选择相应的工具进行编辑。

02 少数较复杂的墙线结合处无法找到相应的多线编辑工具进行编辑，因此可以选择"分解"命令，将多线分解，然后利用"修剪"命令，对该结合处的线条进行修整。

另外，一些内部墙体并不在主要轴线上，可以通过添加辅助轴线，并结合"修剪"命令或"延伸"命令，进行绘制和修整。

经过编辑和修整后的墙线见图 11-16。

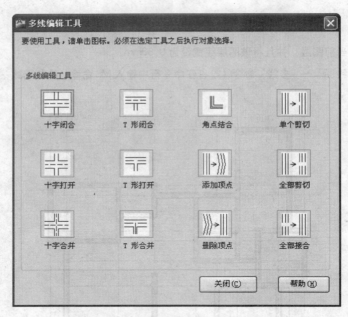

图 11-22　"多线编辑工具"对话框

11.1.4　绘制门窗

　　建筑平面图中门窗的绘制过程如下：首先在墙体相应位置绘制门窗洞口；再使用"直线"、"矩形"和"圆弧"等工具绘制门窗基本图形，并根据所绘门窗的基本图形创建门窗图块；然后在相应门窗洞口处插入门窗图块，并根据需要进行适当调整，进而完成平面图中所有门和窗的绘制。

　　具体绘制方法如下。

1. 绘制门、窗洞口

　　在平面图中，门洞口与窗洞口基本形状相同，因此，在绘制过程中可以将它们一并绘制。

01 在"图层"下拉列表中选择"墙线"图层，将其设置为当前图层。

02 绘制门窗洞口基本图形。利用"直线"命令，绘制一条长度为 240mm 的垂直方向的线段；然后利用"偏移"命令，将线段向右偏移 1000mm，即得到门窗洞口基本图形，如图 11-23 所示。

图 11-23　门窗洞口基本图形

命令行提示与操作如下。

```
命令: _LINE 指定第一点: (适当指定一点)
指定下一点或 [放弃(U)]: @0, 240✓
指定下一点或 [放弃(U)]: ✓
命令: _OFFSET✓
当前设置: 删除源=否   图层=源  OFFSETGAPTYPE=0
指定偏移距离或 [通过(T)/删除(E)/图层(L)] <240>: 1000✓
选择要偏移的对象, 或 [退出(E)/放弃(U)] <退出>: (选择竖直线)
指定要偏移的那一侧上的点, 或 [退出(E)/多个(M)/放弃(U)] <退出>:
选择要偏移的对象, 或 [退出(E)/放弃(U)] <退出>:✓
```

03 绘制门洞，本例绘制的平面图中正门的门洞规格为 1500mm × 240mm。

① 首先，利用"创建块"命令 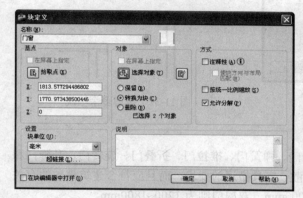，弹出"块定义"对话框，在"名称"下拉列表框中输入"门洞"；单击"选择对象"按钮，选中如图 11-23 所示的图形；单击"拾取点"按钮，选择左侧门洞线上端的端点为插入点；单击"确定"按钮，如图 11-24 所示，完成图块"门洞"的创建。

② 利用"插入块"命令 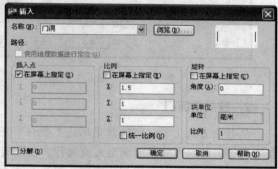，弹出"插入"对话框，在"名称"下拉列表中选择"门洞"，在"比例"选项组中将 X 方向的比例设置为 1.5，如图 11-25 所示。

图 11-24 "块定义"对话框 　　　　　图 11-25 "插入"对话框

③ 单击"确定"按钮，在图中选择正门入口处左侧墙线交点作为基点，插入"门洞"图块，如图 11-26 所示。

④ 利用"移动"命令，在图中选择已插入的正门门洞图块，将其水平向右移动，距离为 300mm，如图 11-27 所示。

命令行提示与操作如下。

```
命令： MOVE✓
选择对象：找到 1 个
选择对象： ✓                              （在图中选择正门门洞图块）
指定基点或 ［位移(D)］ <位移>：            （捕捉图块插入点作为移动基点）
指定第二个点或 <使用第一个点作为位移>： @300,0 ✓ （在命令行中输入第二点相对位置坐标）
```

⑤ 利用"修剪"命令，修剪洞口处多余的墙线，完成正门门洞的绘制，如图 11-28 所示。

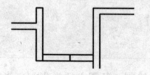　　　　　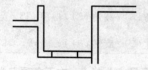　　　　　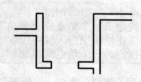

图 11-26 插入正门门洞 　　　图 11-27 移动门洞图块 　　　图 11-28 修剪多余墙线

04 绘制窗洞，本例绘制的平面图中的卫生间窗户洞口的规格为 1500mm × 240mm。

① 首先，利用"插入块"按钮 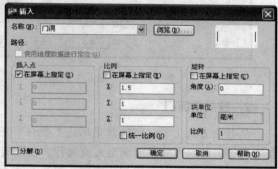，打开"插入"对话框，在"名称"下拉列表中选择"门洞"，将 X 方向的比例设置为 1.5，如图 11-29 所示（由于门窗洞口基本形状一致，因此没有必要创建新的窗洞图块，可以直接利用已有门洞图块进行绘制）。

② 单击"确定"按钮，在图中选择左侧墙线交点作为基点，插入"门洞"图块（在本处实为窗洞）。

③ 利用"移动"命令，在图中选择已插入的窗洞图块，将其向右移动，距离为 480mm，如图 11-30 所示；利用"修剪"命令，修剪窗洞口处多余的墙线，完成卫生间窗洞的绘制，如图 11-31 所示。

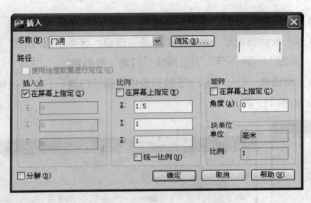

图 11-29 "插入"对话框

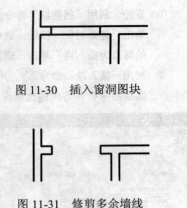

图 11-30 插入窗洞图块

图 11-31 修剪多余墙线

2．绘制平面门

从开启方式上看，门的常见形式主要有平开门、弹簧门、推拉门、折叠门、旋转门、升降门和卷帘门等。门的尺寸主要满足人流通行、交通疏散、家具搬运的要求，而且应符合建筑模数的有关规定。在平面图中，单扇门的宽度一般为 800~1000mm，双扇门则为 1200~1800mm。

门的绘制步骤为：先画出门的基本图形，然后将其创建成图块，最后将门图块插入到已绘制好的相应门洞口位置，在插入门图块的同时，还应调整图块的比例大小和旋转角度以适应平面图中不同宽度和角度的门洞口。

下面通过两个有代表性的实例来介绍一下别墅平面图中不同种类的门的绘制。

（1）单扇平开门

单扇平开门主要应用于卧室、书房和卫生间等这一类私密性较强、来往人流较少的房间。下面以别墅首层书房的单扇门（宽 900mm）为例，介绍单扇平开门的绘制方法。

01 在"图层"下拉列表中选择"门窗"图层，将其设置为当前图层。

02 利用"矩形"命令，绘制一个尺寸为 40mm×900mm 的矩形门扇，如图 11-32 所示。

命令行提示与操作如下。

```
命令：_RECTANG
指定第一个角点或 [倒角(C)/标高(E)/圆角(F)/厚度(T)/宽度(W)]：
（在绘图空白区域内任取一点）
指定另一个角点或 [面积(A)/尺寸(D)/旋转(R)]：@40,900↙
```

03 利用"圆弧"命令，以矩形门扇右上角顶点为起点，右下角顶点为圆心，绘制一条圆心角为 90°，半径为 900mm 的圆弧，得到如图 11-33 所示的单扇平开门图形。

图 11-32 矩形门扇   图 11-33 900mm 宽单扇平开门

命令行提示与操作如下。

```
命令：  ARC 指定圆弧的起点或 [圆心(C)]:            (选取矩形门扇右上角顶点为圆弧起点)
指定圆弧的第二个点或 [圆心(C)/端点(E)]: C✓
指定圆弧的圆心:                                (选取矩形门扇右下角顶点为圆心)
指定圆弧的端点或 [角度(A)/弦长(L)]: A✓
指定包含角: 90✓
```

04 利用"创建块"命令 ，打开"块定义"对话框，如图 11-34 所示，在"名称"下拉列表中输入"900 宽单扇平开门"；单击"选择对象"按钮，选择如图 11-33 所示的单扇平开门的基本图形为块定义对象；单击"拾取点"按钮，选择矩形门扇右下角顶点为基点；最后，单击"确定"按钮，完成"单扇平开门"图块的创建。

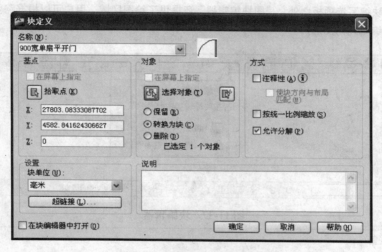

图 11-34　"块定义"对话框

05 利用"插入块"命令，打开"插入"对话框，如图 11-35 所示，在"名称"下拉列表中选择"900 宽单扇平开门"，输入"旋转"角度为-90°，然后单击"确定"按钮，在平面图中选择书房门洞右侧墙线的中点作为插入点，插入门图块，如图 11-36 所示，完成书房门的绘制。

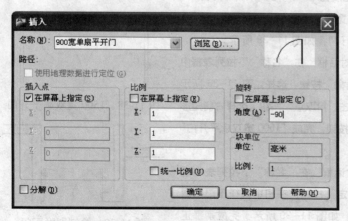

图 11-35　"插入"对话框

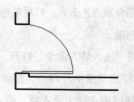

图 11-36　绘制书房门

⠿ 小技巧

建筑制图中有大量的标准图例，可以将这些图例制作成图块，然后插入到图形中去。所以用户要熟练掌握图块的特性及图块的绘制，这是一个 AutoCAD 制图高手必备的利器，图块应用时应注意以下几点：

(1) 图块组成对象图层的继承性；

(2) 图块组成对象颜色、线型和线宽的继承性；

(3) bylaer、byblock 的意义，即随层与随块的意义；

(4) 0 层的使用。

另外，AutoCAD 2011 提供了"图块编辑器"，如图 11-37 所示。"图块编辑器"是专门用于创建块定义并添加动态行为的编写区域。"图块编辑器"提供了专门的编写选项板，通过这些选项板可以快速访问块编写工具。除了块编写选项板之外，"图块编辑器"还提供了绘图区域，用户可以根据需要在程序的主绘图区域中绘制和编辑几何图形。

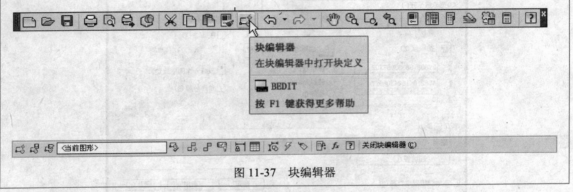

图 11-37　块编辑器

（2）双扇平开门

　　在别墅平面图中，别墅正门以及客厅的阳台门均设计为双扇平开门。下面以别墅正门（宽 1500mm）为例，介绍双扇平开门的绘制方法。

01 在"图层"下拉列表中选择"门窗"图层，将其设置为当前图层。

02 参照上面所述单扇平开门画法，绘制宽度为 750mm 的单扇平开门。

03 利用"镜像"命令，将已绘得的"750 宽单扇平开门"进行水平方向的"镜像"操作，得到宽 1500mm 的双扇平开门，如图 11-38 所示。

04 利用"创建块"命令，打开"块定义"对话框，在"名称"下拉列表框中输入"1500 宽双扇平开门"；单击"选择对象"按钮，选择如图 11-38 所示的双扇平开门的基本图形为块定义对象；单击"拾取点"按钮，选择右侧矩形门扇右下角顶点为基点；然后单击"确定"按钮，完成"1500 宽双扇平开门"图块的创建。

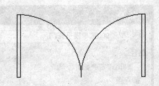

图 11-38　1500 宽双扇平开门

05 利用"插入块"命令，打开"插入"对话框，在"名称"下拉列表中选择"1500 宽双扇平开门"，然后单击"确定"按钮，在图中选择正门门洞右侧墙线的中点作为插入点，插入门图块，如图 11-39 所示，完成别墅正门的绘制。

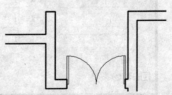

图 11-39　绘制别墅正门

3．绘制平面窗

从开启方式上看，常见窗的形式主要包括固定窗、平开窗、横式旋窗、立式转窗和推拉窗等。窗洞口的宽度和高度尺寸均为 300mm 的扩大模数；在平面图中，一般平开窗的窗扇宽度为 400~600mm，固定窗和推拉窗的尺寸可更大一些。

窗的绘制步骤与门的绘制步骤基本相同，先画出窗体的基本形状，然后将其创建成图块，最后将图块插入到已绘制好的相应窗洞位置，在插入窗图块的同时，可以调整图块的比例大小和旋转角度以适应不同宽度和角度的窗洞口。

下面以餐厅外窗（宽 2400mm）为例，介绍平面窗的绘制方法。

01 在 "图层" 下拉列表中选择 "门窗" 图层，并设置其为当前图层。

02 利用 "直线" 命令，绘制第一条窗线，长度为 1000mm，如图 11-40 所示。　图 11-40　绘制第一条窗线
命令行提示与操作如下。

```
命令：_LINE 指定第一点：（适当指定一点）
指定下一点或 [放弃(U)]：@1000，0 ✓
指定下一点或 [放弃(U)]：✓
```

03 利用 "阵列" 命令，弹出 "阵列" 对话框，如图 11-41 所示，在对话框中选择 "矩形阵列" 单选按钮；单击 "选择对象" 按钮，返回绘图区域，选择上一步所绘窗线；然后右击，再次回到 "阵列" 对话框，设置 "行数" 为 4、"列数" 为 1、"行偏移" 为 80、"列偏移" 为 0；最后单击 "确定" 按钮，完成窗的基本图形的绘制，如图 11-42 所示。

04 利用 "创建块" 命令，打开 "块定义" 对话框，在 "名称" 下拉列表框中输入 "窗"；单击 "选择对象" 按钮，选择如图 11-42 所示的窗的基本图形为 "块定义对象"；单击 "拾取点" 按钮，选择第一条窗线左端点为基点；然后单击 "确定" 按钮，完成 "窗" 图块的创建。

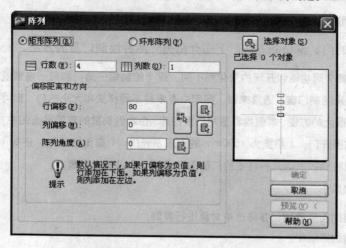

图 11-41　"阵列" 对话框　　　　　　　　　　　　　　图 11-42　窗的基本图形

05 利用 "插入块" 命令，打开 "插入" 对话框，在 "名称" 下拉列表中选择 "窗"，将 X 方向的比例设置为 2.4；然后单击 "确定" 按钮，在图中选择餐厅窗洞左侧墙线的上端点作为插入点，插入窗图块，如图 11-43 所示。

06 绘制窗台。首先，利用"矩形"命令，绘制尺寸为 1000mm×100mm 的矩形；再利用"创建块"命令，将所绘矩形定义为"窗台"图块，将矩形上侧长边的中点设置为图块基点；然后，利用"插入块"命令，打开"插入"对话框，在"名称"下拉列表中选择"窗台"，并将 X 方向的比例设置为 2.6；最后，单击"确定"按钮，选择餐厅窗最外侧窗线中点作为插入点，插入窗台图块，如图 11-44 所示。

图 11-43 绘制餐厅外窗

图 11-44 绘制窗台

4．绘制其他门和窗

根据以上介绍的平面门窗绘制方法，利用已经创建的门窗图块，完成别墅首层平面所有门和窗的绘制，如图 11-45 所示。

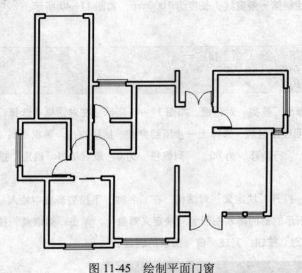

图 11-45 绘制平面门窗

以上所讲的是 AutoCAD 中最基本的门、窗绘制方法，下面介绍另外两种绘制门窗的方法。

01 在建筑设计中，门和窗的样式、尺寸随着房间功能和开间的变化而不同。逐个绘制每一扇门和每一扇窗既费时又费力。因此，绘图者常选择借助图库来绘制门窗。通常来说，图库中有多种不同样式和大小的门、窗可供选择和调用，这给设计者和绘图者提供了很大的方便。本例推荐使用门窗图库，在本例别墅的首层平面图中，共有 8 扇门，其中 4 扇宽为 900mm 的单扇平开门，2 扇宽为 1500mm 的双扇平开门，1 扇为推拉门，还有 1 扇为车库升降门。在图库中，很容易就可以找到以上这几种样式的门的图形模块（参见配套光盘）。
AutoCAD 图库的使用方法很简单，主要步骤如下。

① 打开图库文件，在图库中选择所需的图形模块，并将选中对象进行复制；
② 将复制的图形模块粘贴到所要绘制的图纸中；
③ 根据实际情况的需要，利用"旋转"、"镜像"命令或"缩放"命令对图形模块进行适当的修改和调整。

02 在 AutoCAD 2011 中，还可以利用"标准"工具栏中的"工具选项板窗口"按钮，打开"工具选项板"窗口，在"建筑"选项卡中提供的"公制样例"来绘制门窗。利用这种方法添加门窗时，可以根据需要直接对门窗的尺度和角度进行设置和调整，使用起来比较方便。然而，需要注意的是："工具选项板"窗口中仅提供普通平开门的绘制，而且利用其所绘制的平面窗中玻璃为单线形式，并非建筑平面图中常用的双线形式，因此，不推荐初学者使用这种方法绘制门窗。

11.1.5 绘制楼梯和台阶

楼梯和台阶都是建筑的重要组成部分，是人们在室内和室外进行垂直交通的必要建筑构件。在本例别墅的首层平面中，共有 1 处楼梯和 3 处台阶，如图 11-46 所示。

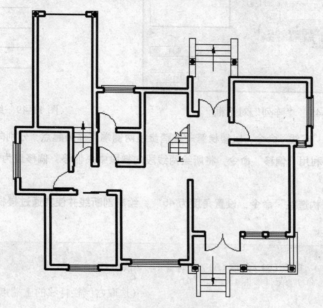

图 11-46 楼梯和台阶

1. 绘制楼梯

楼梯是上下楼层之间的交通通道，通常由楼梯段、休息平台和栏杆（或栏板）组成。在本例别墅中，楼梯为常见的双跑式。楼梯宽度为 900mm，踏步宽为 260mm，高为 175mm，楼梯平台净宽 960mm。本节只介绍首层楼梯平面画法。

首层楼梯平面的绘制过程分为 3 个阶段：首先绘制楼梯踏步线；然后在踏步线两侧（或一侧）绘制楼梯扶手；最后绘制楼梯剖断线以及用来标识方向的带箭头引线和文字，进而完成楼梯平面的绘制。首层楼梯平面图如图 11-47 所示。

具体绘制方法如下。

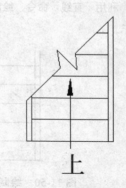

图 11-47 首层楼梯平面图

01 在"图层"下拉列表中选择"楼梯"图层，将其设置为当前图层。

02 绘制楼梯踏步线。利用"直线"命令，以平面图上相应位置点作为起点（通过计算得到的第一级踏步的位置），绘制长度为 1020mm 的水平踏步线。然后，利用"阵列"命令，在弹出"阵列"对话框中进行以下设置，如图 11-48 所示。输入"行数"为 6、"列数"为 1、"行偏移"为 260、"列偏移"为 0；单击"选择对象"

按钮，选择已绘制的第一条踏步线；最后右击，返回"阵列"对话框，单击"确定"按钮，完成踏步线的绘制，如图 11-49 所示。

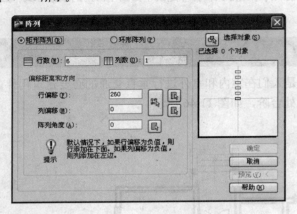

图 11-48 "阵列"对话框   图 11-49 绘制楼梯踏步线

03 绘制楼梯扶手。利用"直线"命令，以楼梯第一条踏步线两侧端点作为起点，分别向上绘制垂直方向线段，长度为 1500mm；然后，利用"偏移"命令，将所绘两线段向梯段中央偏移，偏移量为 60mm（即扶手宽度），如图 11-50 所示。

04 绘制剖断线。利用"构造线"命令，设置角度为 45°，绘制剖断线并使其通过楼梯右侧栏杆线的上端点。命令行提示与操作如下。

```
命令: _XLINE
指定点或 [水平(H)/垂直(V)/角度(A)/二等分(B)/偏移(O)]: A↙
输入构造线的角度 (0) 或 [参照(R)]: 45↙
指定通过点:                      (选取右侧栏杆线的上端点为通过点)
指定通过点: ↙
```

05 利用"直线"命令，绘制 Z 字形折断线；然后利用"修剪"命令，修剪楼梯踏步线和栏杆线，如图 11-51 所示。

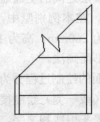

图 11-50 绘制楼梯踏步边线   图 11-51 绘制楼梯剖断线

06 绘制带箭头引线。首先，在命令行中输入 QLEADER 命令，在命令行中输入 S，设置引线样式，在弹出的"引线设置"对话框中选择"引线和箭头"选项卡，选择"引线"单选按钮组中的"直线"单选按钮，设置"箭头"为"实心闭合"，如图 11-52 所示；在"注释"选项卡中，选择"注释类型"为"无"，如图 11-53 所示；然后，以第一条楼梯踏步线中点为起点，垂直向上绘制长度为 750mm 的带箭头引线；最后，利用"移动"命令，将引线垂直向下移动 60mm，如图 11-54 所示。

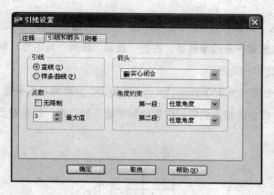

图 11-52　引线设置——引线和箭头

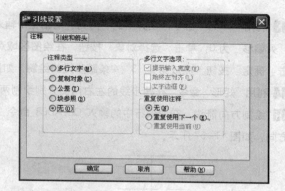

图 11-53　引线设置——注释

07 标注文字。利用"多行文字"命令，设置"文字高度"为 300，在引线下端输入文字为"上"，如图 11-54 所示。

> **注意**
>
> 楼梯平面图是距地面 1m 以上位置，用一个假想的剖切平面，沿水平方向剖开（尽量剖到楼梯间的门窗），然后向下做投影得到的投影图。楼梯平面一般来说是分层绘制的，在绘制时，按照特点可分为底层平面、标准层平面和顶层平面。
>
> 在楼梯平面图中，各层被剖切到的楼梯，按国标规定，均在平面图中以一根 45° 的折断线表示。在每一梯段处画有一个长箭头，并注写"上"或"下"字标明方向。
>
> 楼梯的底层平面图中，只有一个被剖切的梯段及栏板，和一个注有"上"字的长箭头。

2．绘制台阶

本例中，有 3 处台阶，其中室内台阶 1 处，室外台阶 2 处。下面以正门处台阶为例，介绍台阶的绘制方法。

台阶的绘制思路与前面介绍的楼梯平面绘制思路基本相似，因此，可以参考楼梯画法进行绘制。如图 11-55 所示为别墅正门处台阶平面图。

图 11-54　添加箭头和文字

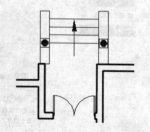

图 11-55　正门处台阶平面图

具体绘制方法如下。

01 单击"图层"工具栏中的"图层特性管理器"按钮，打开"图层特性管理器"窗口，创建新图层，将新图层命名为"台阶"，并将其设置为当前图层。

02 利用"直线"命令，以别墅正门中点为起点，垂直向上绘制一条长度为 3600mm 的辅助线段；然后，以辅助线段的上端点为中点，绘制一条长度为 1770mm 的水平线段，此线段则为台阶第一条踏步线。

03 利用"阵列"命令，在弹出的"阵列"对话框中输入"行数"为 4、"列数"为 1、"行偏移"为 −300、"列偏移"为 0；单击"选择对象"按钮，在绘图区域点选第一条踏步线后，右击，返回"阵列"对话框；单击"确定"按钮，完成第 2、3、4 条踏步线的绘制，如图 11−56 所示。

04 利用"矩形"命令，在踏步线的左右两侧分别绘制两个尺寸为 340mm×1980mm 的矩形，为两侧条石平面。

05 绘制方向箭头。在命令行中的输入 QLEADER 命令，在台阶踏步的中间位置绘制带箭头的引线，标示踏步方向，如图 11−57 所示。

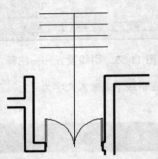

图 11-56　绘制台阶踏步线

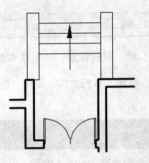

图 11-57　添加方向箭头

06 绘制立柱。在本例中，两个室外台阶处均有立柱，其平面形状为圆形，内部填充为实心，下面为方形基座。由于立柱的形状、大小基本相同，可以将其做成图块，再把图块插入各相应点即可。具体绘制方法如下。

　① 首先，单击"图层"工具栏中的"图层特性管理器"按钮，打开"图层对象管理器"窗口，创建新图层，将新图层命名为"立柱"，并将其设置为当前图层。

　② 接着，利用"矩形"命令，绘制边长为 320mm 的正方形基座；利用"圆"命令，绘制直径为 240mm 的圆形柱身平面。

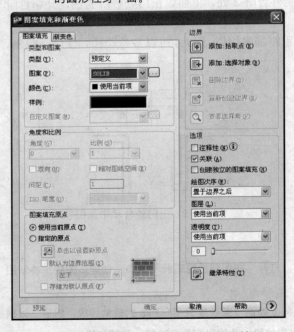

图 11-58　"图案填充和渐变色"对话框

　③ 然后，利用"图案填充"命令，弹出"图案填充和渐变色"对话框，如图 11−58 所示，选择填充类型为"预定义"、图案为 SOLID，在"边界"选项组中单击"添加：拾取点"按钮，在绘图区域选择已绘制的圆形柱身为填充对象，如图 11−59 所示。利用"创建块"命令，将图 11−59 所示的图形定义为"立柱"图块。

　④ 最后，利用"插入块"命令，将定义好的"立柱"图块，插入平面图中相应位置，如图 11−55 所示，完成正门处台阶平面的绘制。

图 11-59　绘制立柱平面

11.1.6　绘制家具

在建筑平面图中，通常要绘制室内家具，以增强平面方案的视觉效果。在本例别墅的首层平面中，共有 7 种不同功能的房间，分别是客厅、工人休息室、厨房、餐厅、书房、卫生间和车库。不同功能种类的房间内所布置的家具也有所不同，对于这些种类和尺寸都不尽相同的室内家具，如果利用"直线"、"偏移"等简单的二维线条编辑工具一一绘制，不仅绘制过程反复、繁琐、容易出错，而且浪费绘图者的时间和精力。因此推荐借助 AutoCAD 图库来完成平面家具的绘制。

AutoCAD 图库的使用方法，在前面介绍门窗画法的时候曾有所提及。下面将结合首层客厅家具和卫生间洁具的绘制实例，详细讲述 AutoCAD 图库的用法。

1. 绘制客厅家具

客厅是主人会客和休闲的空间，因此，在客厅里通常会布置沙发、茶几、电视柜等家具，如图 11-60 所示。

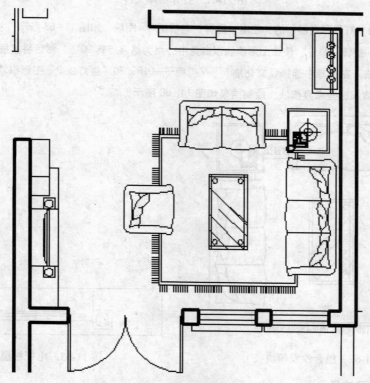

图 11-60　客厅平面家具

01 单击"标准"工具栏中的"打开"按钮，在弹出的"选择文件"对话框中，打开本书配套光盘中的"素材文件\第 11 章\CAD 图块.dwg"文件，如图 11-61 所示。

02 在名称为"沙发和茶几"的一栏中，选择名称为"组合沙发-002P"的图形模块，如图 11-62 所示，选中该图形模块，右击，在快捷菜单中利用"复制选择"命令。

03 返回"别墅首层平面图"的绘图界面，打开"编辑"下拉菜单，利用"粘贴为块"命令，将复制的组合沙发图形，插入客厅平面相应位置。

图 11-61　打开图库文件

04 在图库中名称为"灯具和电器"的一栏中，选择"电视柜 P"图块，如图 11-63 所示，将其复制并粘贴到首层平面图中；利用"旋转"命令，使该图形模块以自身中心点为基点旋转 90°，然后将其插入客厅相应位置。

05 按照同样的方法，在图库中选择"文化墙 P"、"柜子—01P"和"射灯组 P"图形模块分别进行复制，并在客厅平面内依次插入这些家具模块，绘制结果如图 11-60 所示。

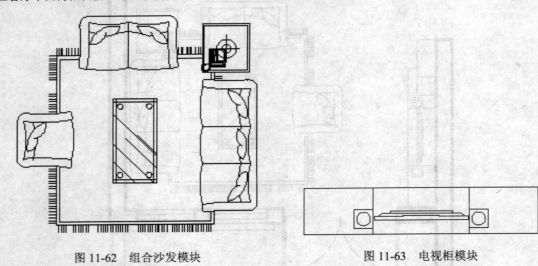

图 11-62　组合沙发模块　　　　　　　　　　图 11-63　电视柜模块

2．绘制卫生间洁具

卫生间主要是供主人盥洗和沐浴的房间，因此，卫生间内应设置浴盆、马桶、洗手池和洗衣机等设施。如图 11-64 所示的卫生间由两部分组成，在家具安排上，外间设置洗手盆和洗衣机；内间则设置浴盆和马桶。下面介绍卫生间洁具的绘制步骤。

01 在"图层"下拉列表中选择"家具"图层，将其设置为当前图层。

02 打开 AutoCAD 图库，在"洁具和厨具"一栏中，选择适合的洁具模块，进行复制后，依次粘贴到平面图中的相应位置，绘制结果如图 11-65 所示。

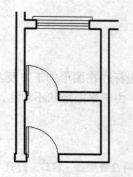
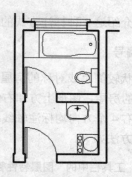

图 11-64　卫生间平面图　　　　　　　　图 11-65　绘制卫生间洁具

在图库中，图形模块的名称很简要，除汉字之外还经常包含英文字母或数字，通常来说，这些名称都是用来表明该家具的特性或尺寸的。例如，前面使用过的图形模块"组合沙发-004P"，其名称中的"组合沙发"表示家具的性质；004 表示该家具模块是同类型家具中的第 4 个；字母 P 则表示这是该家具的平面图形。例如，一个床模块名称为"单人床 9×20"，就是表示该单人床宽度为 900mm、长度为 2000mm。有了这些简单明了的名称，绘图者就可以依据自己的实际需要快捷地选择有用的图形模块，而无需费神地辨认、测量了。

11.1.7　平面标注

在别墅的首层平面图中，标注主要包括 4 部分，轴线编号、平面标高、尺寸标注和文字标注。完成标注后的首层平面图，如图 11-66 所示。

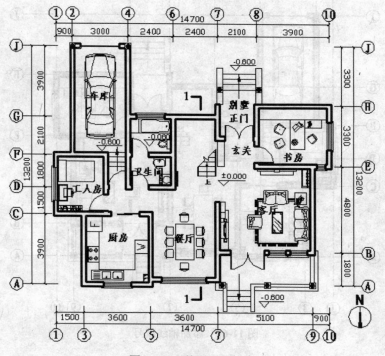

图 11-66　首层平面标注

下面依次介绍这 4 种标注方式的绘制方法。

1．轴线编号

在平面形状较简单或对称的房屋中，平面图的轴线编号一般标注在图形的下方及左侧。对于较复杂或不对称的房屋，图形上方和右侧也可以标注。在本例中，由于平面形状不对称，因此需要在上、下、左、右 4 个方向均标注轴线编号。

具体绘制方法如下。

01 单击"图层"工具栏中的"图层特性管理器"按钮 ，打开"图层特性管理器"窗口，打开"轴线"图层，使其保持可见。创建新图层，将新图层命名为"轴线编号"，并将其设置为当前图层。

02 单击平面图上左侧第一根纵轴线，将十字光标移动至轴线下端点处单击，将夹持点激活（此时，夹持点成红色），然后鼠标向下移动，在命令行中输入 3000 后，按 Enter 键，完成第一条轴线延长线的绘制。

03 利用"圆"命令，以已经绘制的轴线延长线端点作为圆心，绘制半径为 350mm 的圆；然后，利用"移动"命令，向下移动所绘的圆，移动距离为 350mm，如图 11-67 所示。

04 重复上述步骤，完成其他轴线延长线及编号圆的绘制。

05 利用"多行文字"命令，设置文字"样式"为"仿宋_GB2312"，"文字高度"为 300；在每个轴线端点处的圆内输入相应的轴线编号，如图 11-68 所示。

图 11-67　绘制第一条轴线的
延长线及编号圆

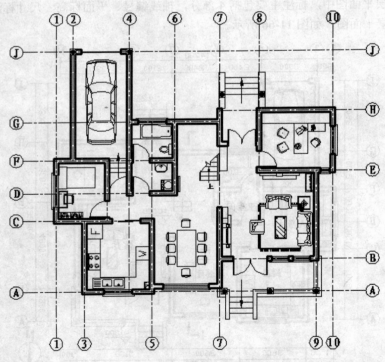

图 11-68　添加轴线编号

注意

平面图上水平方向的轴线编号用阿拉伯数字，从左向右依次编写；垂直方向的编号，用大写英文字母自下而上顺次编写。I、O 及 Z 这 3 个字母不得作为轴线编号，以免与数字 1、0 及 2 混淆。

如果两条相邻轴线间距较小而导致它们的编号有重叠时，可以通过"移动"命令 ✛ 将这两条轴线的编号分别向两侧移动少许距离。

2．平面标高

建筑物中的某一部分与所确定的标准基点的高度差称为该部位的标高，在图纸中通常用标高符号结合数字来表示。建筑制图标准规定，标高符号应以直角等腰三角形表示，如图 11-69 所示。

具体绘制方法如下。

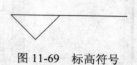

图 11-69　标高符号

01 在"图层"下拉列表中选择"标注"图层，将其设置为当前图层。

02 利用"多边形"命令，绘制边长为 350mm 的正方形。

03 利用"旋转"命令，将正方形旋转 90°；利用"直线"命令，连接正方形左右两个端点，绘制水平对角线。

04 单击水平对角线，将十字光标移动到其右端点处单击，将夹持点激活（此时，夹持点成红色），然后向右移动鼠标，在命令行中输入 600 后，按 Enter 键，完成绘制。

05 利用"创建块"命令，将如图 11-69 所示的标高符号定义为图块。

06 利用"插入块"命令，将已创建的图块插入到平面图中需要标高的位置。

07 利用"多行文字"命令，设置字体为"仿宋_GB2312"、"文字高度"为 300，在标高符号的长直线上方添加具体的标注数值。

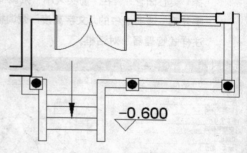

图 11-70　台阶处室外标高

如图 11-70 所示为台阶处室外地面标高。

注意

一般来说，在平面图上绘制的标高反映的是相对标高，而不是绝对标高。

通常情况下，室内标高要高于室外标高，主要使用房间标高要高于卫生间、阳台标高。在绘图中，常见的是将建筑首层室内地面的高度设为零点，标作 ±0.000；低于此高度的建筑部位标高值为负值，在标高数字前加 - 号；高于此高度的部位标高值为正值，标高数字前不加任何符号。

3．尺寸标注

本例中采用的尺寸标注分两道，一道为各轴线之间的距离，另一道为平面总长度或总宽度。具体绘制方法如下。

01 在"图层"下拉列表中选择"标注"图层，将其设置为当前图层。

02 设置标注样式。

① 利用"标注样式"命令，打开"标注样式管理器"对话框，如图 11-71 所示；单击"新建"按钮，打开"创建新标注样式"对话框，在"新样式名"文本框中输入"平面标注"，如图 11-72 所示。

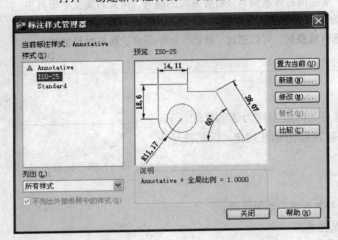

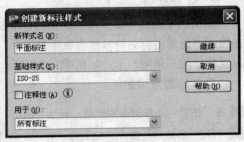

图 11-71　"标注样式管理器"对话框　　　图 11-72　"创建新标注样式"对话框

② 单击"继续"按钮，打开"新建标注样式：平面标注"对话框，选择"符号和箭头"选项卡，在"箭头"选项组中的"第一个"和"第二个"下拉列表中均选择"建筑标记"，在"引线"下拉列表中选择"实心闭合"，在"箭头大小"微调框中输入100，如图 11-73 所示；选择"文字"选项卡，在"文字外观"选项组中的"文字高度"微调框中输入300，如图 11-74 所示；单击"确定"按钮，回到"标注样式管理器"对话框。

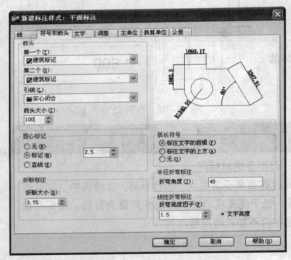

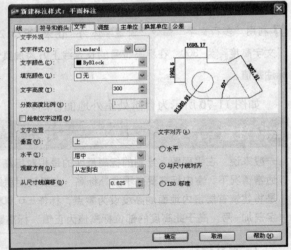

图 11-73　"符号和箭头"选项卡　　　　　图 11-74　"文字"选项卡

③ 在"样式"列表中激活"平面标注"标注样式，单击"置为当前"按钮，如图 11-75 所示。单击"关闭"按钮，完成标注样式的设置。

03 利用"线性"和"连续"命令，标注相邻两轴线之间的距离。

04 再次利用"线性"命令，在已经绘制的尺寸标注的外侧，对建筑平面横向和纵向的总长度进行尺寸标注。

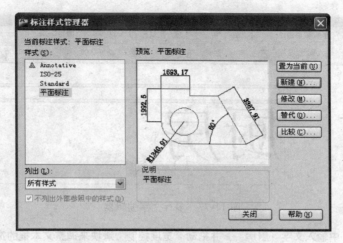

图 11-75　"标注样式管理器"对话框

05 完成尺寸标注后，单击"图层"工具栏中的"图层特性管理器"按钮 ，打开"图层特性管理器"窗口，关闭"轴线"图层，结果如图 11-76 所示。

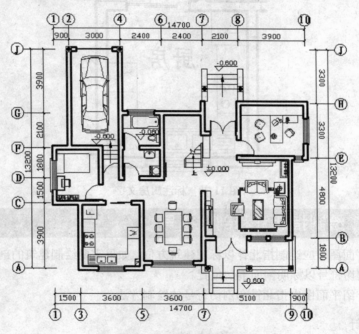

图 11-76　添加尺寸标注

4．文字标注

在平面图中，各房间的功能用途可以用文字进行标识。下面以首层平面中的厨房为例，介绍文字标注的具体方法。

01 在"图层"下拉列表中选择"文字"图层，将其设置为当前图层。

02 利用"多行文字"命令，在平面图中指定文字插入位置后，弹出"文字格式"工具栏，如图 11-77 所示；在工具栏中设置"样式"为 Standard、"字体"为"仿宋_GB2312"、"文字高度"为 300。

图 11-77　多行文字编辑器

03 在"文字编辑框"中输入文字"厨房"，并拖动"宽度控制"滑块来调整文本框的宽度，然后，单击"确定"按钮，完成该处的文字标注。

文字标注结果如图 11-78 所示。

图 11-78　标注厨房文字

11.1.8　绘制指北针和剖切符号

在建筑首层平面图中应绘制指北针以标明建筑方位；如果需要绘制建筑的剖面图，则还应在首层平面图中画出剖切符号以标明剖面剖切位置。

下面将分别介绍平面图中指北针和剖切符号的绘制方法。

1．绘制指北针

01 单击"图层"工具栏中的"图层特性管理器"按钮，打开"图层特性管理器"窗口，创建新图层，将新图层命名为"指北针与剖切符号"，并将其设置为当前图层。

02 利用"圆"命令，绘制直径为 1200mm 的圆。

03 利用"直线"命令，绘制圆的垂直方向直径作为辅助线。

04 利用"偏移"命令，将辅助线分别向左右两侧偏移，偏移量均为 75mm。

05 利用"直线"命令，将两条偏移线与圆的下方交点同辅助线上端点连接起来；然后，利用"删除"命令，删除 3 条辅助线（原有辅助线及两条偏移线），得到一个等腰三角形，如图 11-79 所示。

06 利用"图案填充"命令，弹出"图案填充和渐变色"对话框，选择填充类型为"预定义"、图案为 SOLID，对所绘的等腰三角形进行填充。

07 利用"多行文字"命令，设置"文字高度"为 500mm，在等腰三角形上端顶点的正上方书写大写的英文字母 N，标示平面图的正北方向，如图 11-80 所示。

图 11-79　圆与三角形

图 11-80　指北针

2. 绘制剖切符号

01 利用"直线"命令，在平面图中绘制剖切面的定位线，并使得该定位线两端伸出被剖切外墙面的距离均为 1000mm，如图 11-81 所示。

02 利用"直线"命令，分别以剖切面定位线的两端点为起点，向剖面图投影方向绘制剖视方向线，长度为 500mm。

03 利用"圆"命令，分别以定位线两端点为圆心，绘制两个半径为 700mm 的圆。

04 利用"修剪"命令，修剪两圆之间的投影线条；然后删除两圆，得到两条剖切位置线。

05 将剖切位置线和剖视方向线的线宽都设置为 0.30mm。

06 利用"多行文字"命令，设置"文字高度"为 300mm，在平面图两侧剖视方向线的端部书写剖面剖切符号的编号为 1，如图 11-82 所示，完成首层平面图中剖切符号的绘制。

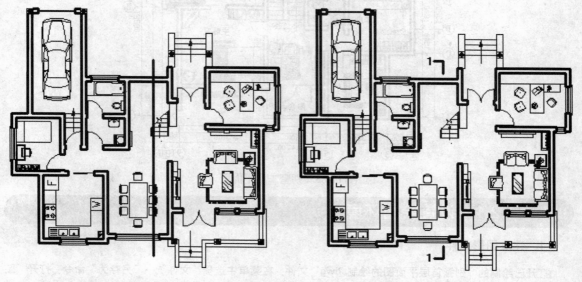

图 11-81　绘制剖切面定位线　　　　　图 11-82　绘制剖切符号

注意

剖面的剖切符号，应由剖切位置线及剖视方向线组成，均应以粗实线绘制。剖视方向线应垂直于剖切位置线，长度应短于剖切位置线，绘图时，剖面剖切符号不宜与图面上的图线相接触。

剖面剖切符号的编号，宜采用阿拉伯数字，按顺序由左至右，由下至上连续编排，并应注写在剖视方向线的端部。

11.2 别墅二层平面图的绘制

光盘路径　素材文件：素材文件\第 11 章\11.2 别墅二层平面图的绘制.dwg
　　　　　　视频文件：视频文件\第 11 章\11.2 别墅二层平面图的绘制.avi

绘制思路

　　在本例别墅中，二层平面图与首层平面图在设计中有很多相同之处，两层平面的基本轴线关系是一致的，只有部分墙体形状和内部房间的设置存在着一些差别。因此，可以在首层平面图的基础上对已有图形元素进行修改和添加，进而完成别墅二层平面图的绘制，效果如图 11-83 所示。

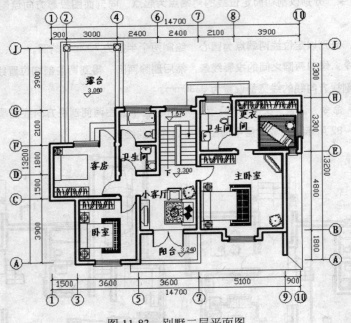

图 11-83　别墅二层平面图

11.2.1　设置绘图环境

1. 建立图形文件

　　打开已绘制的"别墅首层平面图的绘制.dwg"文件，在菜单中选择"文件"→"另存为"命令，打开"图形另存为"对话框，如图 11-84 所示。在"文件名"下拉列表框中输入新的图形文件的名称为"别墅二层平面图.dwg"，然后单击"保存"按钮，建立图形文件。

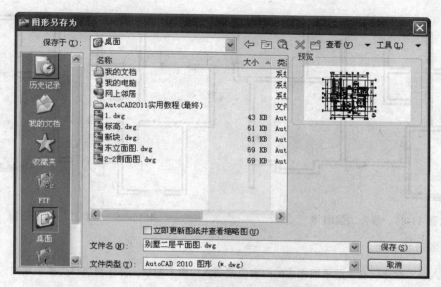

图 11-84 "图形另存为"对话框

2．清理图形元素

首先，利用"删除"命令，删除首层平面图中所有家具、文字和室内外台阶等图形元素；然后，单击"图层"工具栏中的"图层特性管理器"按钮，打开"图层特性管理器"窗口，关闭"轴线"、"家具"、"轴线编号"和"标注"图层。

11.2.2 修整墙体和门窗

1．修补墙体

01 在"图层"下拉列表中选择"墙体"图层，将其设置为当前图层。

02 利用"删除"命令，删除多余的墙体和门窗（与首层平面中位置和大小相同的门窗可保留）。

03 选择"多线"命令，补充绘制二层平面墙体，绘制结果如图 11-85 所示。

2．绘制门窗

二层平面中门窗的绘制，主要借助已有的门窗图块来完成，即利用"插入块"命令，选择在首层平面绘制过程中创建的门窗图块，进行适当的比例和角度调整后，插入二层平面图中，绘制结果如图 11-86 所示。

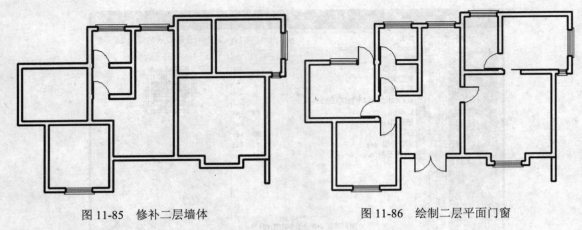

图 11-85　修补二层墙体　　　　　　　图 11-86　绘制二层平面门窗

具体绘制方法如下。

01 利用"插入块"命令，在二层平面相应的门窗位置插入门窗洞图块，并修剪洞口处多余墙线。

02 利用"插入块"命令，在新绘制的门窗洞口位置，根据需要插入门窗图块，并对该图块作适当的比例或角度调整。

03 在新插入的窗平面外侧绘制窗台，具体做法在此不再赘述。

11.2.3　绘制阳台和露台

在二层平面中，有 1 处阳台和 1 处露台，两者绘制方法相似，主要利用"矩形"命令和"修剪"命令进行绘制。

下面分别介绍阳台和露台的绘制步骤。

1．绘制阳台

阳台平面为两个矩形的组合，外部较大矩形长 3600mm、宽 1800mm；较小矩形，长 3400mm、宽 1600mm。

01 单击"图层"工具栏中的"图层特性管理器"按钮，打开"图层特性管理器"窗口，创建新图层，将新图层命名为"阳台"，并将其设置为当前图层。

02 利用"矩形"命令，指定阳台左侧纵墙与横向外墙的交点为第一角点分别绘制尺寸为 3600mm×1800mm 和 3400mm×1600mm 的两个矩形，如图 11-87 所示。

命令行提示与操作如下。

```
命令：_RECTANG↙
指定第一个角点或 [倒角(C)/标高(E)/圆角(F)/厚度(T)/宽度(W)]：
（选择阳台左侧纵墙与横向外墙的交点为第一角点）
指定另一个角点或 [面积(A)/尺寸(D)/旋转(R)]：@3600,-1800↙
命令：_RECTANG↙
指定第一个角点或 [倒角(C)/标高(E)/圆角(F)/厚度(T)/宽度(W)]：
（选择阳台左侧纵墙与横向外墙的交点为第一角点）
指定另一个角点或 [面积(A)/尺寸(D)/旋转(R)]：@3400,-1600↙
```

03 利用"修剪"命令，修剪多余线条，完成阳台平面的绘制，绘制结果如图 11-88 所示。

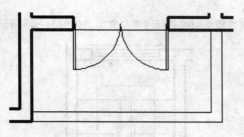

图 11-87　绘制矩形阳台

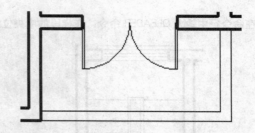

图 11-88　修剪阳台线条

2．绘制露台

01 单击"图层"工具栏中的"图层特性管理器"按钮，打开"图层特性管理器"窗口，创建新图层，将新图层命名为"露台"，并将其设置为当前图层。

02 利用"矩形"命令，绘制露台矩形外轮廓线，矩形尺寸为 3720mm×6240mm；然后，利用"修剪"命令，修剪多余线条。

03 露台周围结合立柱设计有花式栏杆，可利用"多线"命令进行绘制扶手平面，多线间距为 200mm。

04 绘制门口处台阶。该处台阶由两个矩形踏步组成，上层踏步尺寸为 1500mm×1100mm；下层踏步尺寸为 1200mm×800mm。首先，利用"矩形"命令，以门洞右侧的墙线交点为第一角点，分别绘制这两个矩形踏步平面，如图 11-89 所示；然后，利用"修剪"命令，修剪多余线条，完成台阶的绘制。露台绘制结果如图 11-90 所示。

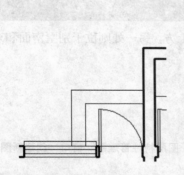

图 11-89　绘制露台门口处台阶

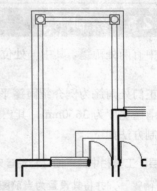

图 11-90　绘制露台

11.2.4　绘制楼梯

别墅中的楼梯共有两跑梯段，首跑 9 个踏步，次跑 10 个踏步，中间楼梯井宽 240mm（楼梯井较通常情况宽一些，做室内装饰用）。本层为别墅的顶层，因此本层楼梯应根据顶层楼梯平面的特点进行绘制，绘制结果如图 11-91 所示。

具体绘制方法如下。

01 在"图层"下拉列表中选择"楼梯"图层，将其设置为当前图层。

02 利用"直线"命令，补全楼梯踏步和扶手线条，如图 11-92 所示。

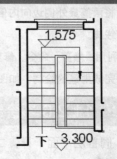

图 11-91　绘制二层平面楼梯

03 在命令行中输入 QLEADER 命令，在梯段的中央位置绘制带箭头引线并标注方向文字，如图 11-93 所示。

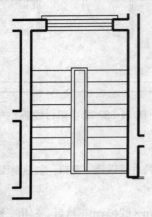

图 11-92　修补楼梯线

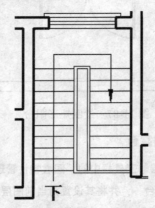

图 11-93　添加剖断线和方向文字

04 在楼梯平台处添加平面标高。

::::: 注意

在顶层平面图中，由于剖切平面在安全栏板之上，该层楼梯的平面图形中应包括两段完整的梯段、楼梯平台以及安全栏板。

在顶层楼梯口处有一个注有"下"字的长箭头，表示方向。

11.2.5　绘制雨篷

在别墅中有两处雨篷，其中一处位于别墅北面的正门上方，另一处则位于别墅南面和东面的转角部分。

下面以正门处雨篷为例介绍雨篷平面的绘制方法。

正门处雨篷宽度为 3660mm，其出挑长度为 1500mm。

具体绘制方法如下。

01 单击"图层"工具栏中的"图层特性管理器"按钮，打开"图层特性管理器"窗口，创建新图层，将新图层命名为"雨篷"，并将其设置为当前图层。

02 利用"矩形"命令，绘制尺寸为 3660mm × 1500mm 的矩形雨篷平面；然后，利用"偏移"命令，将雨篷最外侧边向内偏移 150mm，得到雨篷外侧线脚。

03 利用"修剪"命令，修剪被遮挡的部分矩形线条，完成雨篷的绘制，如图 11-94 所示。

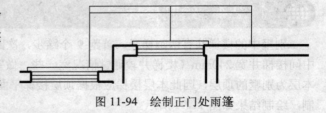

图 11-94　绘制正门处雨篷

11.2.6　绘制家具

同首层平面一样，二层平面中家具的绘制要借助图库来进行，绘制结果如图 11-95 所示。

01 在"图层"下拉列表中选择"家具"图层，将其设置为当前图层。

02 单击"标准"工具栏中的"打开"按钮▷，在弹出的"选择文件"对话框中，打开本书配套光盘中的"素材文件\第 11 章\CAD 图块.dwg"文件。

03 在图库中选择所需家具图形模块进行复制，依次粘贴到二层平面图中相应位置。

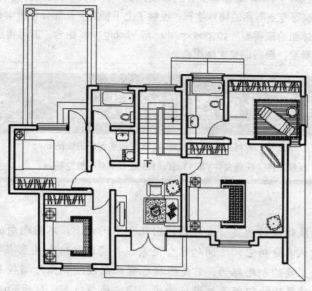

图 11-95　绘制家具

11.2.7　平面标注

1．尺寸标注与定位轴线编号

二层平面的定位轴线和尺寸标注与首层平面基本一致，无需另做改动，直接沿用首层平面的轴线和尺寸标注结果即可。

具体做法如下。

单击"图层"工具栏中的"图层特性管理器"按钮 ，打开"图层特性管理器"窗口，选择"轴线"、"轴线编号"和"标注"图层，使它们均保持可见状态。

2．平面标高

01 在"图层"下拉列表中选择"标注"图层，将其设置为当前图层。

02 利用"插入块"命令，将已创建的图块插入到平面图中需要标高的位置。

03 利用"多行文字"命令，设置"字体"为"仿宋_GB2312"、"文字高度"为 300，在标高符号的长直线上方添加具体的标注数值。

3．文字标注

01 在"图层"下拉列表中选择"文字"图层，将其设置为当前图层；

02 利用"多行文字"命令，设置"字体"为"仿宋_GB2312"、"文字高度"为 300，标注二层平面中各房间的名称。

小技巧

在使用 AutoCAD 时，中、西文字高不等，一直困扰着设计人员，并影响图面质量和美观，若分成几段文字编辑又比较麻烦。通过对 AutoCAD 字体文件的修改，使中、西文字体协调，扩展了字体功能，并提供了对于道路、桥梁、建筑等专业有用的特殊字符，提供了上下标文字及部分希腊字母的输入。此问题可通过选用大字体，调整字体组合来得到，如 gbenor.shx 与 gbcbig.shx 组合，即可得到中英文字一样高的文本，用户可根据各专业需要，自行调整字体组合。

11.3 屋顶平面图的绘制

| 光盘路径 | 素材文件：素材文件\第 11 章\11.3 屋顶平面图的绘制.dwg |
| | 视频文件：视频文件\第 11 章\11.3 屋顶平面图的绘制.avi |

 绘制思路

在本例中，别墅的屋顶设计为复合式坡顶，由几个不同大小、不同朝向的坡屋顶组合而成。因此在绘制过程中，应该认真分析它们之间的结合关系，并将这种结合关系准确地表现出来。

别墅屋顶平面图的主要绘制思路为：首先根据已有平面图绘制出外墙轮廓线，接着偏移外墙轮廓线得到屋顶檐线，并对屋顶的组成关系进行分析，确定屋脊线条；然后绘制烟囱平面和其他可见部分的平面投影，最后对屋顶平面进行尺寸和文字标注。下面就按照这个思路绘制别墅的屋顶平面图，如图 11-96 所示。

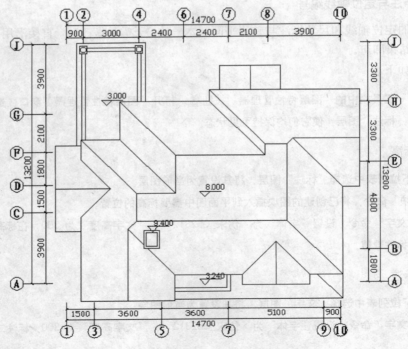

图 11-96　屋顶平面图

11.3.1　设置绘图环境

1. 创建图形文件

由于屋顶平面图以二层平面图为生成基础，因此不必新建图形文件，可借助已经绘制的二层平面图进行创建。

打开已绘制的"别墅二层平面图的绘制.dwg"图形文件，选择"文件"→"另存为"命令，打开"图形另存为"对话框，如图 11-97 所示，在"文件名"下拉列表框中输入新的图形名称为"别墅屋顶平面图.dwg"；然后，单击"保存"按钮，建立图形文件。

图 11-97　"图形另存为"对话框

2. 清理图形元素

01 利用"删除"命令，删除二层平面图中"家具"、"楼梯"和"门窗"图层中的所有图形元素。

02 选择"文件"→"图形实用工具"→"清理"命令，弹出"清理"对话框，如图 11-98 所示。在对话框中选择无用的数据内容，然后单击"清理"按钮，删除"家具"、"楼梯"和"门窗"图层。

03 单击"图层"工具栏中的"图层特性管理器"按钮 ，打开"图层特性管理器"窗口，关闭除"墙体"图层以外的所有可见图层。

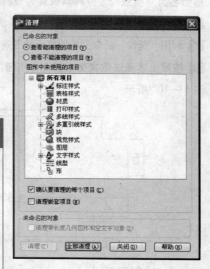

图 11-98　"清理"对话框

> **注意**
>
> 读者应练习使用图层过滤器。图层过滤器可限制"图层特性管理器"和"图层"工具栏上的"图层"控件中显示的图层名。在大型图形中，利用图层过滤器，可以仅显示要处理的图层。
>
> 图层过滤器包含以下两种。
>
> ◆ **图层特性过滤器：** 包括名称或其他特性相同的图层。例如，可以定义一个过滤器，其中包括图层颜色为红色并且名称包括字符 mech 的所有图层。
>
> ◆ **图层组过滤器：** 包括在定义时放入过滤器的图层，而不考虑其名称或特性。

11.3.2　绘制屋顶平面

1．绘制外墙轮廓线

屋顶平面轮廓由建筑的平面轮廓决定，因此，首先要根据二层平面图中的墙体线条，生成外墙轮廓线。

01 单击"图层"工具栏中的"图层特性管理器"按钮，打开"图层特性管理器"窗口，创建新图层，将新图层命名为"外墙轮廓线"，并将其设置为当前图层。

02 利用"多段线"命令 ⏎，在二层平面图中捕捉外墙端点，绘制闭合的外墙轮廓线，如图 11-99 所示。

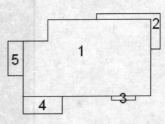

图 11-99　外墙轮廓线图

2．分析屋顶组成

本例别墅的屋顶由几个坡屋顶组合而成。在绘制过程中，可以先将屋顶分解成几部分，将每部分单独绘制后，再重新组合。在此推荐将该屋顶划分为 5 部分，如图 11-100 所示。

3．绘制檐线

11-100　屋顶分解示意

坡屋顶出檐宽度一般根据平面的尺寸和屋面坡度确定。在本别墅中，双坡顶出檐 500mm 或 600mm，四坡顶出檐 900mm，坡屋顶结合处的出檐尺度视结合方式而定。

下面以"分屋顶 4"为例，介绍屋顶檐线的绘制方法。

01 单击"图层"工具栏中的"图层特性管理器"按钮，打开"图层特性管理器"窗口，创建新图层，将新图层命名为"檐线"，并将其设置为当前图层。

02 利用"偏移"命令，将"平面 4"的两侧短边分别向外偏移 600mm、前侧长边向外偏移 500mm。

03 利用"延伸"命令，将偏移后的三条线段延伸，使其相交，生成一组檐线，如图 11-101 所示。

04 按照上述画法依次生成其他分组屋顶的檐线；然后，利用"修剪"命令，对檐线结合处进行修整，结果如图 11-102 所示。

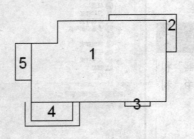

图 11-101　生成"分屋顶 4"檐线

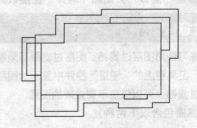

图 11-102　生成屋顶檐线

4．绘制屋脊

01 单击"图层"工具栏中的"图层特性管理器"按钮，打开"图层特性管理器"窗口，创建新图层，将新图层命名为"屋脊"，并将其设置为当前图层。

02 利用 "直线" 命令，在每个檐线交点处绘制倾斜角度为 45°（或 315°）的直线，生成 "垂脊" 定位线，如图 11–103 所示。

03 利用 "直线" 命令，绘制屋顶 "平脊"，绘制结果如图 11–104 所示。

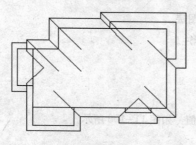 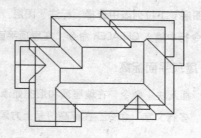

图 11-103　绘制屋顶垂脊　　　　　　　　　图 11-104　绘制屋顶平脊

04 利用 "删除" 命令，删除外墙轮廓线和其他辅助线，完成屋脊线条的绘制，如图 11–105 所示。

5. 绘制烟囱

01 单击 "图层" 工具栏中的 "图层特性管理器" 按钮，打开 "图层特性管理器" 窗口，创建新图层，将新图层命名为 "烟囱"，并将其设置为当前图层。

02 利用 "矩形" 命令，绘制烟囱平面，尺寸为 750mm × 900mm。然后，选择 "偏移" 命令，将得到的矩形向内偏移，偏移量为 120mm（120mm 为烟囱材料厚度）。

03 将绘制的烟囱平面插入屋顶平面相应位置，并修剪多余线条，绘制结果如图 11–106 所示。

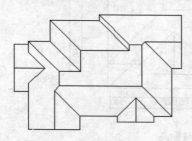 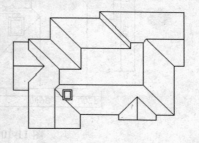

图 11-105　屋顶平面轮廓　　　　　　　　　图 11-106　绘制烟囱

6. 绘制其他可见部分

01 单击 "图层" 工具栏中的 "图层特性管理器" 按钮，打开 "图层特性管理器" 窗口，打开 "阳台"、"露台"、"立柱" 和 "雨篷" 图层。

02 利用 "删除" 命令，删除平面图中被屋顶遮住的部分，绘制结果如图 11–107 所示。

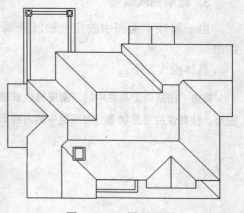

图 11-107　屋顶平面

11.3.3　尺寸标注与标高

1．尺寸标注

01 在"图层"下拉列表中选择"标注"图层，将其设置为当前图层。

02 在命令行中输入 QLEADER 命令，在屋顶平面图中添加尺寸标注。

2．屋顶平面标高

01 利用"插入块"命令，在坡屋顶和烟囱处添加标高符号。

02 利用"多行文字"命令，在标高符号上方添加相应的标高数值，如图 11-108 所示。

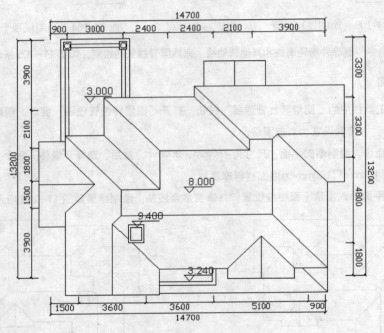

图 11-108　添加尺寸标注与标高

3．绘制轴线编号

由于屋顶平面图中的定位轴线及编号都与二层平面相同，因此可以继续沿用原有轴线编号图形。

具体操作如下。

单击"图层"工具栏中的"图层特性管理器"按钮，打开"图层特性管理器"窗口，打开"轴线编号"图层，使其保持可见状态，对图层中的内容无需做任何改动。

第 **12** 章

别墅建筑立面图的绘制

　　本章仍结合第 11 章中所引用的建筑实例——二层别墅，对建筑立面图的绘制方法进行介绍。该二层别墅的台基为毛石基座，上面设花岗岩铺面；外墙面采用浅色涂料饰面；屋顶采用常见的彩瓦饰面屋顶；在阳台、露台和外廊处皆设有花瓶栏杆，各种颜色的材料与建筑主体相结合，创造了优美的景观。通过学习本章内容，读者应该掌握绘制建筑立面图的基本方法，并能够独立完成一栋建筑物的立面图的绘制。

学习目标

- ◆ 了解建筑施工立面图的绘制过程
- ◆ 掌握利用 AutoCAD 绘制建筑施工立面图的方法与技巧
- ◆ 掌握各种基本建筑单元的立面图绘制方法

12.1 别墅南立面图的绘制

光盘路径	素材文件：素材文件\第 12 章\12.1 别墅南立面图的绘制.dwg
	视频文件：视频文件\第 12 章\12.1 别墅南立面图的绘制.avi

绘制思路

首先，根据已有平面图中提供的信息绘制该立面中各主要构件的定位辅助线，确定各主要构件的位置关系；接着，在已有辅助线的基础上，结合具体的标高数值绘制别墅的外墙及屋顶轮廓线；然后，依次绘制台阶、门窗、阳台等建筑构件的立面轮廓以及其他建筑细部；最后，添加立面标注，并对建筑表面的装饰材料和做法进行必要的文字说明。下面就按照这个思路绘制别墅的南立面图，如图 12-1 所示。

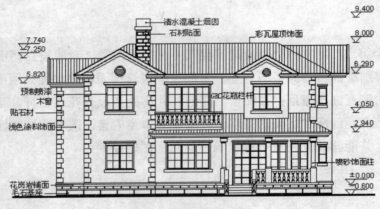

图 12-1 别墅南立面图

建筑小知识

立面图主要反映房屋的外貌和立面装修的做法，这是因为建筑物给人的外表美感主要来自其立面的造型和装修。建筑立面图用来研究建筑立面的造型和装修。反映主要入口或是比较显著地反映建筑物外貌特征的一面的立面图叫做正立面图，其他面的立面图相应地称为背立面图和侧立面图。如果按照房屋的朝向来分，可以分为南立面图、东立面图、西立面图和北立面图。如果按照轴线编号来分，也可以有①～⑥立面图、Ⓐ～Ⓝ立面图等。建筑立面图使用大量图例来表示很多细部，这些细部的构造和做法一般都另有详图。如果建筑物有一部分立面不平行于投影面，可以将这一部分展开到和投影面平行，再画出其立面图，然后在其图名后注写"展开"字样。

12.1.1 设置绘图环境

1. 创建图形文件

由于建筑立面图是以已有的平面图为基础生成的，因此，在这里不必新建图形文件，其立面图可直接借助已有的建筑平面图进行创建。

具体做法如下。

打开已绘制的"别墅首层平面图的绘制.dwg"文件，在菜单栏中选择"文件"→"另存为"命令，打开"图形另存为"对话框，如图 12-2 所示。在"文件名"下拉列表框中输入新的图形文件名称"别墅南立面图.dwg"，然后单击"保存"按钮，建立图形文件。

图 12-2 "图形另存为"对话框

2．清理图形元素

在平面图中，可作为立面图生成基础的图形元素只有外墙、台阶、立柱和外墙上的门窗等，而平面图中的其他元素对于立面图的绘制帮助很小，因此，有必要对平面图形进行选择性的清理。

具体做法如下。

01 利用"删除"命令，删除平面图中的所有室内家具、楼梯以及部分门窗图形。

02 选择菜单栏中的"文件"→"图形实用工具"→"清理"命令，弹出"清理"对话框，如图 12-3 所示，清理图形文件中多余的图形元素。

经过清理后的平面图形如图 12-4 所示。

图 12-3 "清理"对话框

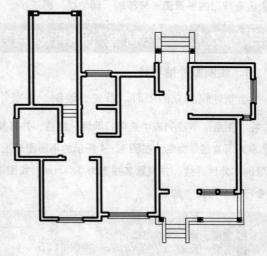

图 12-4 清理后的平面图形

注意

使用"清理"命令对图形和数据内容进行清理时，要确保该元素在当前图纸中确实毫无作用，避免丢失一些有用的数据和图形元素。

对于一些暂时无法确定是否该清理的图层，可以先将其保留，仅删去该图层中无用的图形元素；或者将该图层关闭，使其保持不可见状态，待整个图形文件绘制完成后再进行选择性的清理。

3．添加新图层

在立面图中，有一些基本图层是平面图中所没有的，因此，有必要在绘图的开始阶段对这些图层进行创建和设置。

具体做法如下。

01 单击"图层"工具栏中的"图层特性管理器"按钮，打开"图层特性管理器"窗口，创建 5 个新图层，图层名称分别为"辅助线"、"地坪"、"屋顶轮廓线"、"外墙轮廓线"和"烟囱"，并分别对每个新图层的属性进行设置，如图 12-5 所示。

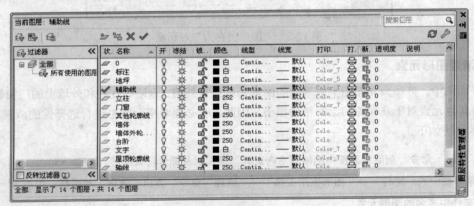

图 12-5　"图层特性管理器"窗口

02 将清理后的平面图形转移到"辅助线"图层。

12.1.2　绘制室外地坪线与外墙定位线

1．绘制室外地坪线

绘制建筑的立面图时，首先要绘制一条室外地坪线。

01 在"图层"下拉列表中选择"地坪"图层，并将其设置为当前图层。

02 利用"直线"命令，在图 12-4 所示的平面图形上方绘制一条长度为 20000mm 的水平线段，将该线段作为别墅的室外地坪线，并设置其线宽为 0.30mm，如图 12-6 所示。

命令行提示与操作如下。

```
命令：_LINE ↙
指定第一点：（适当指定一点）
指定下一点或 [放弃(U)]：@20000,0 ↙
指定下一点或 [放弃(U)]：↙
```

2. 绘制外墙定位线

01 在"图层"下拉列表中选择"外墙轮廓线"图层，并将其设置为当前图层。

02 利用"直线"命令，捕捉平面图形中的各外墙交点，垂直向上绘制墙线的延长线，得到立面的外墙定位线，如图 12-7 所示。

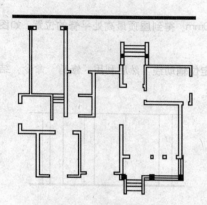

图 12-6　绘制室外地坪线

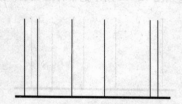

图 12-7　绘制外墙定位线

注意

在立面图的绘制中，利用已有图形信息绘制建筑定位线非常重要。有了水平方向和垂直方向上的双重定位，建筑外部形态就呼之欲出了。

在这里，主要介绍如何利用平面图的信息来添加定位纵线，这种定位纵线所确定的是构件的水平位置；而该构件的垂直位置，则可结合其标高，用偏移基线的方法确定。

下面介绍如何绘制建筑立面的定位纵线。

(1) 在"图层"下拉列表中，选择定位对象所属图层，将其设置为当前图层（例如，当定位门窗位置时，应先将"门窗"图层设为当前图层，然后在该图层中绘制具体的门窗定位线）。

(2) 选择"直线"命令 ✎，捕捉平面基础图形中的各定位点，向上绘制延长线，得到与水平方向垂直的立面定位线，如图 12-8 所示。

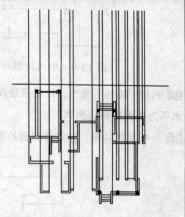

图 12-8　由平面图生成立面定位线

12.1.3　绘制屋顶立面图

别墅屋顶形式较为复杂，是由多个坡屋顶组合而成的复合式屋顶。在绘制屋顶立面时，要引入屋顶平面图，作为分析和定位的基准。

1. 引入屋顶平面

01 单击"标准"工具栏中的"打开"按钮 📂，在弹出的"选择文件"对话框中，选择绘制好的"屋顶平面图的绘制.dwg"文件并将其打开。

02 在打开的图形文件中，选取屋顶平面图形，并将其复制，然后返回立面图绘制区域，将已复制的屋顶平面图形粘贴到首层平面图的对应位置。

03 在"图层"下拉列表中选择"辅助线"图层，并将其关闭，如图12-9所示。

2. 绘制屋顶轮廓线

01 在"图层"下拉列表中选择"屋顶轮廓线"图层，将其设置为当前图层，然后将屋顶平面图形转移到当前图层。

02 利用"偏移"命令，将室外地坪线向上偏移，偏移量为8600mm，得到屋顶最高处平脊的位置，如图12-10所示。

03 利用"直线"命令，由屋顶平面图形向立面图中引绘屋顶定位辅助线，然后利用"修剪"命令，结合定位辅助线修剪如图12-10所示的平脊定位线，得到屋顶平脊线条。

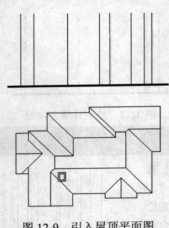

图12-9 引入屋顶平面图   图12-10 绘制屋顶平脊定位线

04 利用"直线"命令，以屋顶最高处平脊线的两侧端点为起点，分别向两侧斜下方绘制垂脊，使每条垂脊与水平方向的夹角均为30°。

05 分析屋顶关系，并结合得到的屋脊交点，确定屋顶轮廓，如图12-11所示。

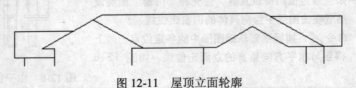

图12-11 屋顶立面轮廓

3. 绘制屋顶细部

（1）当双坡顶的平脊与立面垂直时，双坡屋顶细部绘制方法如下（以左边数第2个屋顶为例）。

01 利用"偏移"命令，以坡屋顶左侧垂脊为基准线，连续向右偏移，偏移量依次为35mm、165mm、25mm和125mm。

02 绘制檐口线脚。

① 利用"矩形"命令，自上而下依次绘制"矩形1"、"矩形2"、"矩形3"和"矩形4"，4个矩形的尺寸分别为810mm×120mm、1050mm×60mm、930mm×120mm和810mm×60mm；接着，利用"移动"命令，调整4个矩形的位置关系，如图12-12所示。

② 选择"矩形 1"图形，单击其右上角点，将该点激活（此时，该点呈红色），将鼠标水平向左移动，在命令行中输入 80 后，按 Enter 键，完成拉伸操作；按照同样的方法，将"矩形 3"左上角点激活，并将其水平向左拉伸 120mm，如图 12-13 所示。

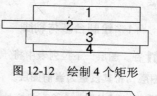

图 12-12　绘制 4 个矩形

③ 利用"移动"命令，以"矩形 2"左上角点为基点，将拉伸后所得图形移动到屋顶左侧垂脊下端。

④ 利用"修剪"命令，修剪多余线条，完成檐口线脚的绘制，如图 12-14 所示。

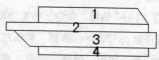

图 12-13　将矩形拉伸得到梯形

03 利用"直线"命令，以该双坡屋顶的最高点为起点，绘制一条垂直辅助线。

04 利用"镜像"命令，将绘制的屋顶左半部分选中，作为镜像对象，以绘制的垂直辅助线为对称轴，通过镜像操作（不删除源对象）绘制屋顶的右半部分。

05 利用"修剪"命令，修整多余线条，得到该坡屋顶立面图形，如图 12-15 所示。

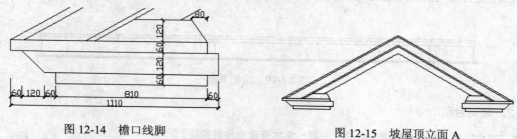

图 12-14　檐口线脚　　　　　　　　　图 12-15　坡屋顶立面 A

（2）当双坡顶的平脊与立面垂直时，坡屋顶细部绘制方法如下（以左边第 1 个屋顶为例）。

01 利用"偏移"命令，将坡屋顶最左侧垂脊线向右偏移，偏移量为 100mm；向上偏移该坡屋顶平脊线，偏移距离为 60mm。

02 利用"偏移"命令，以坡屋顶檐线为基准线，向下方连续偏移，偏移量依次为 60mm、120mm 和 60mm。

03 利用"偏移"命令，以坡屋顶最左侧垂脊线为基准线，向右连续偏移，每次偏移距离均为 80mm。

04 利用"延伸"命令和"修剪"命令，对已有线条进行修整，得到该坡屋顶的立面图形，如图 12-16 所示。

按照上面介绍的两种坡屋顶立面的画法，绘制其他的屋顶立面，绘制结果如图 12-17 所示。

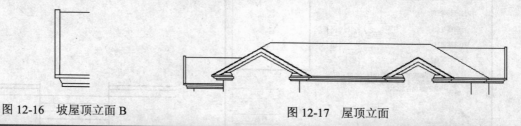

图 12-16　坡屋顶立面 B　　　　　　图 12-17　屋顶立面

⸬⸬⸬ 12.1.4　绘制台基与台阶

台基和台阶的绘制方法很简单，都是通过偏移基线来完成。下面分别介绍这两种构件的绘制方法。

1．绘制台基与勒脚

01 在"图层"下拉列表中将"屋顶轮廓线"图层暂时关闭，并将"辅助线"图层重新打开，然后选择"台阶"图层，将其设置为当前图层。

02 利用"偏移"命令，将室外地坪线向上偏移，偏移量为600mm，得到台基线；然后将台基线继续向上偏移，偏移量为120mm，得到"勒脚线1"。

03 再次利用"偏移"命令，将前面所绘的各条外墙定位线分别向墙体外侧偏移，偏移量为60mm；然后利用"修剪"命令，修剪过长的墙线和台基线，如图12-18所示。

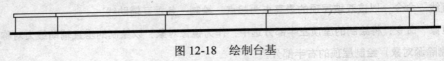

图 12-18　绘制台基

04 按照上述方法，绘制台基上方"勒脚线2"，勒脚高度为80mm，与外墙面之间的距离为30mm，如图12-19所示。

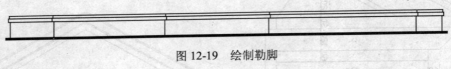

图 12-19　绘制勒脚

2．绘制台阶

01 在"图层"下拉列表中选择"台阶"图层，将其设置为当前图层。

02 利用"阵列"命令，在弹出的"阵列"对话框中，选择"矩形阵列"单选按钮，输入"行数"为5，"列数"为1，"行偏移"为150；选择"室外地坪线"为阵列对象；然后单击"确定"按钮，完成阵列操作，如图12-20所示。

03 利用"修剪"命令，结合台阶两侧的定位辅助线，对台阶线条进行修剪，得到台阶图形，如图12-21所示。绘制完成的台基和台阶立面如图12-22所示。

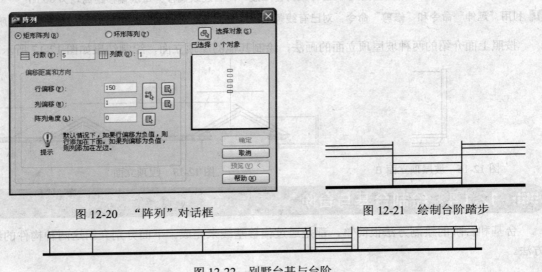

图 12-20　"阵列"对话框　　　　　　　　　　图 12-21　绘制台阶踏步

图 12-22　别墅台基与台阶

12.1.5　绘制立柱与栏杆

1．绘制立柱

在本别墅中，有 3 处设有立柱，即别墅的两个入口和车库大门处。其中，两个入口处的立柱样式和尺寸是完全相同的；而车库立柱尺度较大，在外观样式上也略有不同。

下面主要介绍别墅南面入口处立柱的画法。

具体绘制方法如下。

01 在"图层"下拉列表中选择"立柱"图层，将其设置为当前图层。

02 绘制柱基。立柱的柱基由 1 个矩形和 1 个梯形组成，如图 12-23 所示。矩形宽 320mm、高 840mm，梯形上端宽 240mm、下端宽 320mm、高 60mm。

命令行提示与操作如下。

```
命令：_RECTANG
指定第一个角点或 [倒角(C)/标高(E)/圆角(F)/厚度(T)/宽度(W)]：（适当指定一点）
指定另一个角点或 [面积(A)/尺寸(D)/旋转(R)]：@320, 840↙
命令：_line 指定第一点：                （选择矩形上边中点为第 1 点）
指定下一点或 [放弃(U)]：@0, 60↙
指定下一点或 [放弃(U)]：↙
命令：_line 指定第一点：                （选取上一步绘得线段上的端点作为第 1 点）
指定下一点或 [放弃(U)]：@120, 0↙
指定下一点或 [放弃(U)]：↙
命令：_line 指定第一点：                （选取上一步绘得线段的端点作为第 1 点）
指定下一点或 [放弃(U)]：@40, -60↙
指定下一点或 [放弃(U)]：↙            （即连接矩形右上角顶点，得到梯形右侧斜边）
命令：MIRROR
选择对象：找到 1 个，总计 2 个
选择对象：                            （选择已经绘制的梯形右半部）
指定镜像线的第一点：指定镜像线的第二点：  （选择梯形中线作为镜像对称轴）
要删除源对象吗？[是(Y)/否(N)] <N>：↙   （按 Enter 键，即"不删除源对象"）
```

03 绘制柱身，立柱柱身立面为矩形，宽 240mm、高 1350mm。利用"矩形"命令，绘制矩形柱身。

04 绘制柱头，立柱柱头由 4 个矩形和 1 个梯形组成，如图 12-24 所示。其绘制方法可参考柱基画法。将柱基、柱身和柱头组合，得到完整的立柱立面，如图 12-25 所示。

图 12-23　柱基　　　　　图 12-24　柱头　　　　　图 12-25　立柱立面

05 利用"创建块"命令，将所绘立柱图形定义为图块，命名为"立柱立面 1"，并选择立柱基底中点作为插入点。然后利用"插入块"命令，结合立柱定位辅助线，将立柱图块插入立面图中相应位置，再利用"修剪"命令，修剪多余线条，如图 12-26 所示。

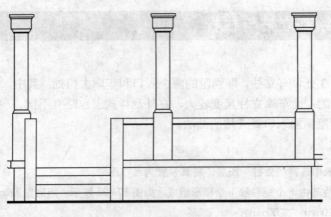

图 12-26　插入立柱图块

2. 绘制栏杆

01 单击"图层"工具栏中的"图层特性管理器"按钮 🔲，打开"图层特性管理器"窗口，创建新图层，将新图层命名为"栏杆"，并将其设置为当前图层。

02 绘制水平扶手。扶手高度为 100mm，其上表面距室外地坪线高度差为 1470mm。利用"偏移"命令，向上连续 3 次偏移室外地坪线，偏移量依次为 1350mm、20mm 和 100mm，得到水平扶手定位线。然后利用"修剪"命令，修剪水平扶手线条。

03 按上述方法和数据，结合栏杆定位纵线，绘制台阶两侧的栏杆扶手，如图 12-27 所示。

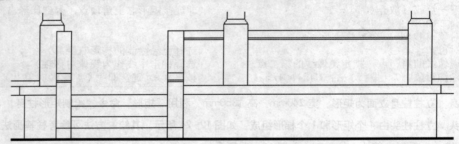

图 12-27　绘制栏杆扶手

04 单击"标准"工具栏中的"打开"按钮 🖻，在弹出的"选择文件"对话框中，选择本书配套光盘中的"素材文件\第 11 章\CAD 图块.dwg"文件；在名称为"装饰"的一栏中，选择"花瓶栏杆"图形模块，如图 12-28 所示；右击并选择"剪贴板"→"带基点复制"命令，返回立面图绘图区域。

05 右击并选择"剪贴板"→"粘贴为块"命令，在水平扶手右端的下方位置插入第 1 根栏杆图形。

06 利用"阵列"命令，弹出"阵列"对话框，在对话框中选择"矩形阵列"单选按钮，选取已插入的第一根花瓶栏杆作为阵列对象，并设置"行数"为 1，"列数"为 8，"行偏移"为 0，"列偏移"为 −250，最后单击"确定"按钮，完成阵列操作。

07 利用"插入块"命令，绘制其他位置的花瓶栏杆，如图 12-29 所示。

图 12-28　花瓶栏杆

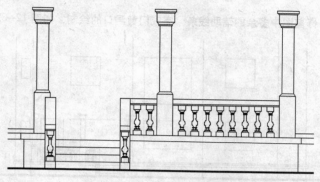

图 12-29　立柱与栏杆

12.1.6　绘制立面门窗

门和窗是建筑立面图中的重要构件，在建筑立面图的设计和绘制中，选用合适的门窗样式，可以使建筑的外观形象更加生动，更富有表现力。

在本别墅中，建筑门窗大多为平开式，还有少量百叶窗，主要起透气通风的作用，如图 12-30 所示。

图 12-30　立面门窗

1. 绘制门窗洞口

01 在"图层"下拉列表中选择"门窗"图层，将其设置为当前图层。

02 利用"直线"命令，绘制立面门窗洞口的定位辅助线，如图 12-31 所示。

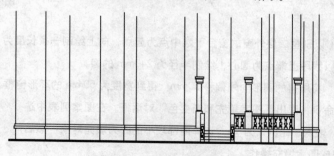

图 12-31　门窗洞口定位辅助线

03 根据门窗洞口的标高，确定洞口垂直位置和高度：利用"偏移"命令，将室外地坪线向上偏移，偏移量依次为 1500mm、3000mm、4800mm 和 6300mm。

04 利用"修剪"命令，修剪图中多余的辅助线条，完成门窗洞口的绘制，如图 12-32 所示。

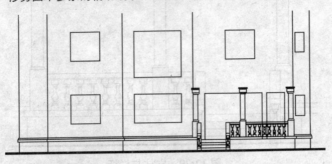

图 12-32　立面门窗洞口

2.　绘制门窗

在 AutoCAD 建筑图库中，通常会有许多类型的立面门窗图形模块，这为设计者和绘图者提供了更多的选择空间，也能节省大量的绘图时间。

绘图者可以在图库中根据需要找到合适的门窗图形模块，然后运用"复制"、"粘贴"等命令，将其添加到立面图中相应的门窗洞口位置。

3.　绘制窗台

在本别墅立面中，外窗下方设有 150mm 高的窗台。因此，外窗立面的绘制完成后，还要在窗下添加窗台立面。

具体绘制方法如下。

01 利用"矩形"命令，绘制尺寸为 1000mm×150mm 的矩形。

02 利用"创建块"命令，将该矩形定义为"窗台立面"图块，将矩形上侧长边中点设置为基点。

03 执行"插入块"命令，打开"插入"对话框。在"名称"下拉列表框中选择"窗台立面"选项，根据实际需要设置 X 方向的比例数值，然后单击"确定"按钮，选择窗洞下端中点作为插入点，插入窗台图块。

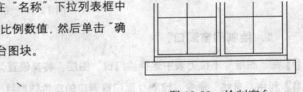

绘制结果如图 12-33 所示。

图 12-33　绘制窗台

4.　绘制百叶窗

01 利用"直线"命令，以别墅二层外窗的窗台下端中点为起点，向上绘制一条长度为 2410mm 的垂直线段。

02 利用"圆"命令，以线段上端点为圆心，绘制半径为 240mm 的圆。

03 利用"偏移"命令，将所得的圆形向外偏移 50mm，得到宽度为 50mm 的环形窗框。

04 执行"图案填充"命令，弹出"图案填充和渐变色"对话框。在图案列表中选择 LINE 作为填充图案，输入"比例"为 25，选择内部较小的圆为填充对象；然后单击"确定"按钮，完成图案填充操作。

05 利用"删除"命令，删除垂直辅助线。

绘制的百叶窗图形如图 12-34 所示。

图 12-34　绘制百叶窗

12.1.7 绘制其他建筑构件

1. 绘制阳台

01 在"图层"下拉列表中选择"阳台"图层,将其设置为当前图层。

02 利用"直线"命令,由阳台平面向立面图引定位纵线。

03 阳台底面标高为3.140m。利用"偏移"命令,将室外地坪线向上偏移,偏移量为3740mm;然后利用"修剪"命令,参照定位纵线修剪偏移线,得到阳台底面基线。

04 绘制栏杆。首先在"图层"下拉列表中选择"栏杆"图层,将其设置为当前图层;利用"偏移"命令,将阳台底面基线向上连续偏移两次,偏移量分别为150mm和120mm,得到栏杆基座;利用"插入块"命令,在基座上方插入第一根栏杆图形,且栏杆中轴线与阳台右侧边线的水平距离为180mm;利用"阵列"命令,得到一组栏杆,相邻栏杆中心间距为250mm,如图12-35所示(具体做法参看12.1.5节中栏杆扶手的画法)。

05 在栏杆上添加扶手,扶手高度为100mm,扶手与栏杆之间垫层为20m(具体做法参看12.1.5节中栏杆扶手的画法)。

绘制的阳台立面如图12-35所示。

2. 绘制烟囱

烟囱的立面形状很简单,它由4个大小不一,但垂直中轴线都在同一直线上的矩形组成。

01 在"图层"下拉列表中选择"屋顶轮廓线"图层,并将其打开,使其保持为可见状态;然后选择"烟囱"图层,将其设置为当前图层。

02 利用"矩形"命令,由上至下依次绘制4个矩形,矩形尺寸分别为750mm×450mm、860mm×150mm、780mm×40mm和750mm×1965mm。

03 将绘得的4个矩形组合在一起,并将组合后的图形插入到立面图中相应的位置(该位置可由定位纵线结合烟囱的标高确定)。

04 利用"修剪"命令,修剪多余的线条,得到如图12-36所示的烟囱立面。

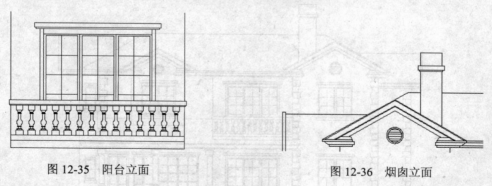

图 12-35 阳台立面　　　　　　　　　　　　　图 12-36 烟囱立面

3. 绘制雨篷

01 单击"图层"工具栏中的"图层特性管理器"按钮,打开"图层特性管理器"窗口,创建新图层,将新图层命名为"雨篷",并将其设置为当前图层。

02 利用"直线"命令，以阳台底面基线的左端点为起点，向左下方绘制一条与水平方向夹角为30°的线段。

03 结合标高，绘出雨篷檐口定位线以及雨篷与外墙水平交线位置。

04 参考四坡屋顶檐口样式绘制雨篷檐口线脚。

05 利用"镜像"命令，生成雨篷右侧垂脊与檐口（参见坡屋顶画法）。

06 雨篷上部有一段短纵墙，其立面形状由两个矩形组成，上面的矩形尺寸为 340mm × 810mm；下面的矩形尺寸为240mm × 100mm。利用"矩形"命令，依次绘制这两个矩形。

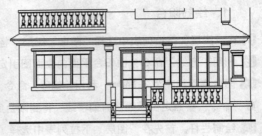

图 12-37　雨篷立面

绘制的雨篷立面如图 12-37 所示。

4．绘制外墙面贴石

别墅外墙转角处均贴有石材装饰，由两种大小不同的矩形石上下交替排列。

具体绘制方法如下。

01 单击"图层"工具栏中的"图层特性管理器"按钮，打开"图层特性管理器"窗口，创建新图层，将新图层命名为"墙贴石"，并将其设置为当前图层。

02 利用"矩形"命令，绘制两个矩形，其尺寸分别为 250mm × 250mm 和 350mm × 250mm；然后利用"移动"命令，使两个矩形的左侧边保持上下对齐，两个矩形之间的垂直距离为 20mm，如图 12-38 所示。

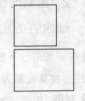

03 利用"阵列"命令，弹出"阵列"对话框。在对话框中选择"矩形阵列"单选按钮；并选择图 12-38 所示的图形为"阵列对象"；输入"行数"为10，"列数"为1，"行偏移"为−540，"列偏移"为0；然后单击"确定"按钮，完成"阵列"操作。

图 12-38　贴石单元

04 利用"创建块"命令，将阵列后得到的一组贴石图形定义为图块，命名为"贴石组"，并选择从上面数第一块贴石的左上角点作为图块插入点。

05 利用"插入块"命令，在立面图中每个外墙转角处插入"贴石组"图块，如图 12-39 所示。

图 12-39　外墙面贴石

12.1.8　立面标注

在绘制别墅的立面图时，通常要将建筑外表面基本构件的材料和做法用图形填充的方式表示出来，并配以文字说明；在建筑立面的一些重要位置应绘制立面标高。

1. 立面材料做法标注

下面以台基为例，介绍如何在立面图中表示建筑构件的材料和做法。

01 在"图层"下拉列表中选择"台阶"图层，将其设置为当前图层。

02 利用"图案填充"命令，打开"图案填充和渐变色"对话框，如图12-40所示。在其中进行如下设置：单击"图案"下拉列表框右侧的 按钮，弹出如图12-41所示的"填充图案选项板"对话框，在"其他预定义"选项卡中选择AR-BRELM作为填充图案；在对话框中设置填充"角度"为0，"比例"为4；选择"使用当前原点"、"创建独立的图案填充"并将绘图次序设置为"置于边界之后"；在"边界"选项组中单击"添加：拾取点"按钮，返回绘图区域，选择立面图中的台基作为填充对象。

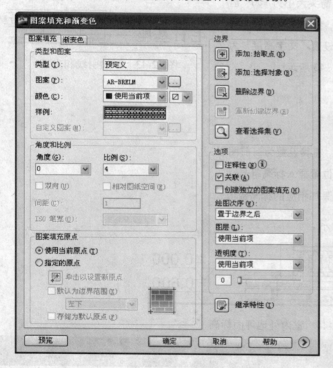

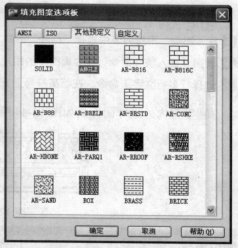

图 12-40　"图案填充和渐变色"对话框　　　　图 12-41　"填充图案选项板"对话框

完成设置后，单击"确定"按钮，进行图案填充，填充结果如图12-42所示。

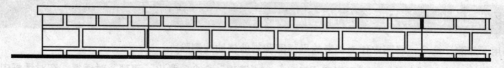

图 12-42　填充台基表面材料

小技巧

当使用"图案填充"命令▦时，所使用图案的比例因子值均为1，即是原本定义时的真实样式。然而，随着界限定义的改变，比例因子应做相应的改变，否则会使填充图案过密或过疏，因此在选择比例因子时可使用下列技巧进行操作。

(1) 当处理较小区域的图案时，可以减小图案的比例因子值；相反地，当处理较大区域的图案填充时，则可以增加图案的比例因子值。

(2) 比例，因子应恰当选择，比例因子的恰当选择要视具体的图形界限的大小而定。

(3) 当处理较大的填充区域时，要特别小心，如果选用的图案比例因子太小，则所产生的图案就像是使用 SOLID 命令所得到的填充结果一样，这是因为在单位距离中有太多线，不仅看起来不恰当，而且也增加了文件的长度。

(4) 比例因子的取值应遵循"宁大不小"的原则。

03 在"图层"下拉列表中选择"文字"图层，将其设置为当前图层。

04 在命令行中输入 QLEADER 命令，设置引线箭头大小为150，箭头形式为"点"；以台基立面的内部点为起点，绘制水平引线；利用"多行文字"命令，在引线左端添加文字，设置"文字高度"为250，输入文字内容为"毛石基座"，如图 12-43 所示。

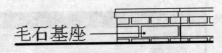

图 12-43　添加引线和文字

2．立面标高

具体绘制方法如下。

01 在"图层"下拉列表中选择"标注"图层，将其设置为当前图层。

02 利用"插入块"命令，在立面图中的相应位置插入标高符号。

03 选择"多行文字"命令，在标高符号上方添加相应的标高数值。

别墅室内外地坪面标高如图 12-44 所示。

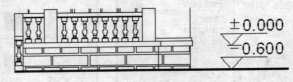

图 12-44　室内外地坪面标高

注意

立面图中的标高符号一般画在立面图形外，同方向的标高符号应大小一致，排列在同一条铅垂线上。必要时为了清楚起见，也可标注在图内。若建筑立面图左右对称，标高应标注在左侧，否则两侧均应标注。

12.1.9　清理多余的图形元素

01 利用"删除"命令，将图中作为参考的平面图和其他辅助线删除。

02 选择菜单栏中的"文件"→"图形实用工具"→"清理"命令，弹出"清理"对话框。在对话框中选择无用的数据内容，单击"清理"按钮进行清理。

03 在"标准"工具栏中单击"保存"按钮 ⊟，保存图形文件，完成别墅南立面图的绘制。

12.2 别墅西立面图的绘制

光盘路径　素材文件：素材文件\第 12 章\12.2 别墅西立面图的绘制.dwg

　　　　　　视频文件：视频文件\第 12 章\12.2 别墅西立面图的绘制.avi

绘制思路

　　首先，根据已有的别墅平面图和南立面图画出别墅西立面中各主要构件的水平和垂直定位辅助线；然后通过定位辅助线绘出外墙和屋顶轮廓；接着绘制门窗以及其他建筑细部；最后，在绘制的立面图形中添加标注和文字说明，并清理多余的图形线条。下面就按照这个思路绘制别墅的西立面图，如图 12-45 所示。

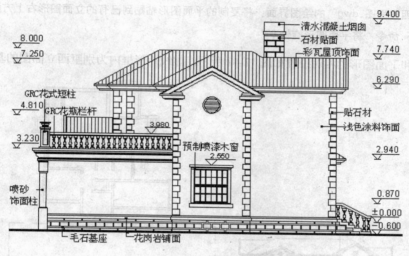

图 12-45　别墅西立面图

12.2.1　设置绘图环境

1. 创建图形文件

　　打开已绘制的"别墅南立面图的绘制.dwg"文件，选择菜单栏中的"文件"→"另存为"命令，打开"图形另存为"对话框，如图 12-46 所示。在"文件名"下拉列表框中输入新的图形文件名称为"别墅西立面图.dwg"；单击"保存"按钮，建立图形文件。

2. 引入已知图形信息

01 在"标准"工具栏中单击"打开"按钮 ▷，打开已绘制的"别墅首层平面图的绘制.dwg"文件。在该图形文件中，单击"图层"工具栏中的"图层特性管理器"按钮，打开"图层特性管理器"窗口，关闭除"墙体"、"门窗"、"台阶"和"立柱"以外的其他图层；然后选择现有可见的平面图形，进行复制。

图 12-46　"图形另存为"对话框

02 返回"别墅西立面图.dwg"的绘图界面，将复制的平面图形粘贴到已有的立面图形右上方区域。

03 利用"旋转"命令，将平面图形旋转 90°。

引入立面和平面图形的相对位置如图 12-47 所示，虚线矩形框内为别墅西立面图的基本绘制区域。

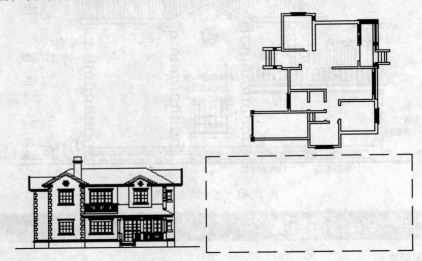

图 12-47　引入已有的立面和平面图形

3. 清理图形元素

01 选择"文件"→"图形实用工具"→"清理"命令，在弹出的"清理"对话框中，清理图形文件中多余的图形元素。

02 单击"图层"工具栏中的"图层特性管理器"按钮，打开"图层特性管理器"窗口，创建两个新图层，分别命名为"辅助线 1"和"辅助线 2"。

03 在绘图区域中，选择已有立面图形，将其移动到"辅助线 1"图层；选择平面图形，将其移动到"辅助线 2"图层。

12.2.2 绘制地坪线、外墙和屋顶轮廓线

1. 绘制室外地坪线

01 在"图层"下拉列表中选择"地坪"图层,将其设置为当前图层,并设置该图层线宽为 0.30mm。

02 利用"直线"命令,在南立面图中室外地坪线的右侧延长线上绘制一条长度为 20000mm 的线段,作为别墅西立面的室外地坪线。

2. 绘制外墙定位线

01 在"图层"下拉列表中选择"外墙轮廓线"图层,将其设置为当前图层。

02 利用"直线"命令,捕捉平面图形中的各外墙交点,向下绘制垂直延长线,得到墙体定位线,如图 12-48 所示。

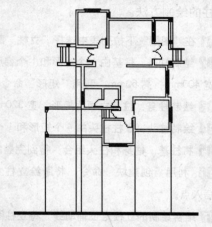

图 12-48 绘制室外地坪线与外墙定位线

3. 绘制屋顶轮廓线

01 在平面图形的相应位置,引入别墅的屋顶平面图。

02 单击"图层"工具栏中的"图层特性管理器"按钮 🔩,打开"图层特性管理器"窗口,创建新图层,将其命名为"辅助线 3";然后将屋顶平面图转移到"辅助线 3"图层,关闭"辅助线 2"图层,并将"屋顶轮廓线"图层设置为当前图层。

03 选择"直线"命令 ✏,由屋顶平面图和南立面图分别向所绘的西立面图引垂直和水平方向的屋顶定位辅助线,结合这两个方向的辅助线确定立面屋顶轮廓。

04 绘制屋顶檐口及细部(参看 12.1.3 节中屋顶的画法)。

05 选择"修剪"命令 ╱╌,根据屋顶轮廓线对外墙线进行修整,完成绘制。

绘制结果如图 12-49 所示。

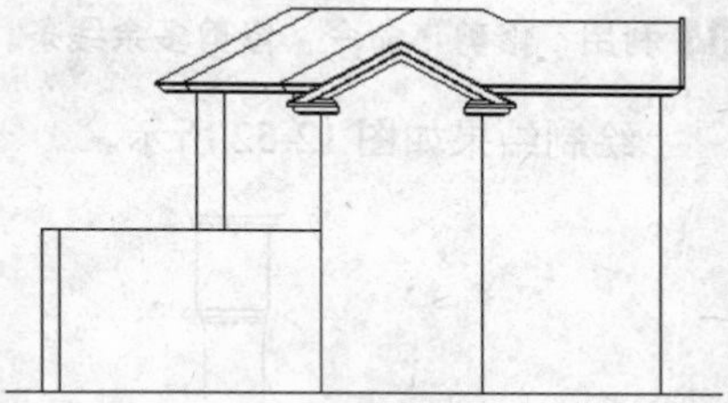

图 12-49 绘制屋顶及外墙轮廓线

12.2.3 绘制台基和立柱

1. 绘制台基

台基的绘制可以采用以下两种方法。

第 1 种:利用偏移室外地坪线的方法绘制水平台基线。

第 2 种:根据已有的平面和立面图形,依靠定位辅助线,确定台基轮廓。

绘制结果如图 12-50 所示。

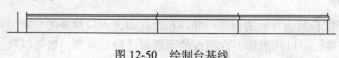

图 12-50 绘制台基线

2．绘制立柱

本图有 3 处立柱，其中两入口处立柱尺度较小，而车库立柱则尺度更大些。此处仅介绍车库立柱的绘制方法。

01 在"图层"下拉列表中选择"立柱"图层，将其设置为当前图层。

02 绘制柱基，柱基由 1 个矩形和 1 个梯形组成，其中矩形宽 400mm，高 1050mm；梯形上端宽 320mm，下端宽 400mm，高 50mm；利用"矩形"命令，结合"拉伸"操作，绘制柱基立面。

03 绘制柱身，柱身立面为矩形，宽 320mm，高 1600mm；利用"矩形"命令，绘制矩形柱身立面。

04 绘制柱头，立柱柱头由 4 个矩形和 1 个梯形组成，利用"矩形"命令，结合"拉伸"操作，绘制柱头立面。

05 将柱基、柱身和柱头组合，得到完整的立柱立面，如图 12-51 所示。

06 利用"创建块"命令，将所绘立柱立面定义为图块，命名为"车库立柱"，选择柱基下端中点为图块插入点。

07 结合绘制的立柱定位辅助线，将立柱图块插入立面图相应位置。

3．绘制柱顶檐部

01 利用"直线"命令，绘制柱顶水平延长线。

02 利用"偏移"命令，将绘得的延长线向上连续偏移，偏移量依次为 50mm、40mm、20mm、220mm、30mm、40mm、50mm 和 100mm。

03 利用"直线"命令，绘制柱头左侧边线的延长线；选择"偏移"命令 ⊈，偏移该延长线并结合利用"样条曲线"命令 ～，进一步绘制檐口线脚。

04 利用"修剪"命令，修剪多余线条。

绘制结果如图 12-52 所示。

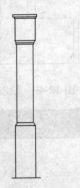

图 12-51　车库立柱

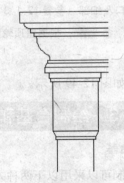

图 12-52　柱顶檐部

12.2.4　绘制雨篷、台阶与露台

1．绘制入口雨篷

在西立面中，可以看到南立面的雨篷一角，和北立面主入口雨篷的一部分，有必要将它们绘制出来。对于这两处雨篷，可以按照前面介绍过的雨篷画法进行绘制；也可以直接从南立面图已绘制

的雨篷中截取形状相似的部分，经适当调整后插入本立面图相应位置。下面以南侧的雨篷为例，介绍西立面中雨篷可见部分的绘制方法。

具体绘制方法如下。

01 在"图层"下拉列表中选择"雨篷"图层，将其设置为当前图层。

02 结合平面图和雨篷标高确立雨篷位置，即雨篷檐口距地坪线垂直距离为 2700mm，且雨篷可见伸出长度为 220mm。

03 从左侧南立面图中选择雨篷右檐部分，进行复制，并选择其最右侧端点为复制的基点，将其粘贴到西立面图中已确定的雨篷位置。

04 利用"修剪"命令，对多余线条进行修剪，完成雨篷绘制，如图 12-53 所示。

按照同样的方法绘制北侧雨篷，如图 12-54 所示。

2．绘制台阶侧立面

此处台阶指的是别墅南面入口处的台阶，其正立面形象如图 12-27 所示。台阶共 4 级踏步，两侧有花瓶栏杆。在西立面图中，该台阶侧面可见，如图 12-55 所示。因此，这里介绍的是台阶侧立面的绘制方法。

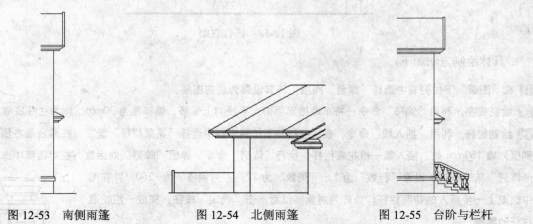

图 12-53　南侧雨篷　　　　图 12-54　北侧雨篷　　　　图 12-55　台阶与栏杆

01 在"图层"下拉列表中选择"台阶"图层，将其设置为当前图层。

02 利用"直线"命令和"偏移"命令，结合由平面图引入的定位辅助线，绘制台阶踏步侧面，如图 12-56 所示。

03 利用"矩形"命令，在每级踏步上方绘制宽 390mm、高 150mm 的栏杆基座；利用"修剪"命令，修剪基座线条，如图 12-57 所示。

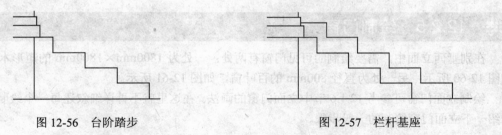

图 12-56　台阶踏步　　　　　　　　　图 12-57　栏杆基座

04 利用"插入块"命令，在"名称"下拉列表框中选择"花瓶栏杆"选项，在栏杆基座处插入花瓶栏杆。

05 利用"直线"命令，连接每根栏杆右上角端点，得到扶手基线。

06 利用"偏移"命令，将扶手基线连续向上偏移两次，偏移量分别为 20mm 和 100mm。

07 利用"修剪"命令，对多余的线条进行整理，完成台阶和栏杆的绘制，如图 12-55 所示。

3. 绘制露台

车库上方为开敞露台，周围设有花瓶栏杆，角上立花式短柱，如图 12-58 所示。

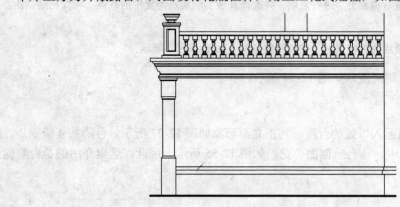

图 12-58　露台立面

具体绘制方法如下。

01 在"图层"下拉列表中选择"露台"图层，将其设置为当前图层。

02 绘制底座。利用"偏移"命令，将车库檐部顶面水平线向上偏移，偏移量为 30mm，作为栏杆底座。

03 绘制栏杆。利用"插入块"命令，在"名称"下拉列表框中选择"花瓶栏杆"选项，在露台最右侧、距离别墅外墙 150mm 处，插入第一根花瓶栏杆；执行"阵列"命令，弹出"阵列"对话框，在对话框中选择"矩形阵列"单选按钮；设置"行数"为 1，"列数"为 22，"列偏移"为-250，并在图中选取上一步插入的花瓶栏杆作为阵列对象；然后单击"确定"按钮，完成一组花瓶栏杆的绘制。

04 绘制扶手。利用"偏移"命令，将栏杆底座基线向上连续偏移，偏移量分别为 630mm、20mm 和 100mm。

05 绘制短柱。打开 CAD 图库，在图库中选择"花式短柱"图形模块，如图 12-59 所示；对该图形模块进行适当的尺度调整后，将其插入露台栏杆左侧位置，完成露台立面的绘制。

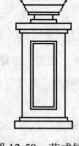

图 12-59　花式短柱

12.2.5　绘制门窗

在别墅西立面中，需要绘制的可见门窗有两处：一处为 1800mm×1800mm 的矩形木质旋窗，如图 12-60 所示；另一处为直径 800mm 的百叶窗，如图 12-61 所示。

绘制立面门窗可参考 12.1.6 节中立面门窗的画法。在这里就不再详细叙述每一个绘制细节，只介绍一下立面门窗绘制的一般步骤。

图 12-60　1800mm×1800mm 的矩形木质旋窗

图 12-61　直径 800mm 的百叶窗

01 通过已有平面图形绘制门窗洞口定位辅助线，确立门窗洞口位置。

02 打开 CAD 图库，选择合适的门窗图形模块进行复制，将其粘贴到立面图中相应的门窗洞口位置。

03 删除门窗洞口定位辅助线。

04 在外窗下方绘制矩形窗台，完成门窗绘制。

别墅西立面门窗绘制结果如图 12-62 所示。

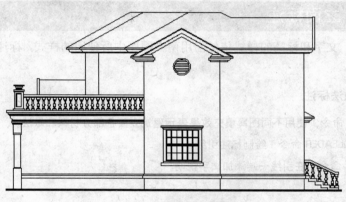

图 12-62　绘制立面门窗

⁙ 12.2.6　绘制其他建筑细部

1．绘制烟囱

在别墅西立面图中，烟囱的立面外形仍然是由 4 个大小不一，但垂直中轴线都在同一直线上的矩形组成的。只是由于观察方向的变化，烟囱可见面的宽度与南立面图中有所不同。

具体绘制方法如下。

01 在"图层"下拉列表中选择"烟囱"图层，将其设置为当前图层。

02 利用"矩形"命令，绘制 4 个矩形，矩形尺寸由上至下依次为 900mm × 450mm、1010mm × 150mm、930mm × 40mm 和 900mm × 1020mm。

03 将 4 个矩形连续组合起来，使它们的垂直中轴线都在同一条直线上。

04 绘制定位线确定烟囱位置，然后将所绘烟囱图形插入立面图中，如图 12-63 所示。　图 12-63　烟囱西立面

2．绘制外墙面贴石

01 在"图层"下拉列表中选择"墙贴石"图层，将其设置为当前图层。

02 利用"插入块"命令，在立面图中每个外墙转角处插入"贴石组"图块，如图 12-64 所示。

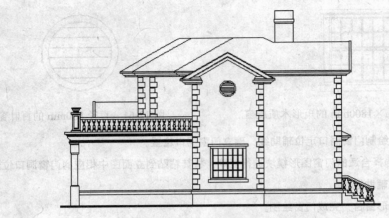

图 12-64　墙面贴石

12.2.7　立面标注

在本立面图中，文字和标高的样式依然沿用南立面图中所使用的样式，标注方法也与前面介绍的基本相同。

1．立面材料做法标注

01 利用"图案填充"命令，使用不同图案填充效果表示建筑立面各部分材料和做法。

02 在命令行中输入 QLEADER 命令，绘制标注引线。

03 利用"多行文字"命令，在引线一端添加文字说明。

2．立面标高

01 在"图层"下拉列表中选择"标注"图层，将其设置为当前图层。

02 利用"插入块"命令，在立面图中的相应位置插入标高符号。

03 利用"多行文字"命令，在标高符号上方添加相应的标高数值，如图 12-65 所示。

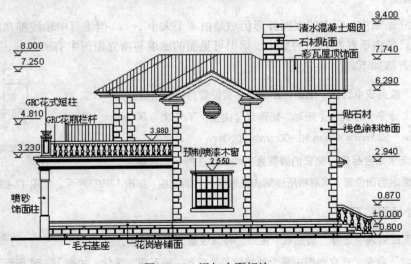

图 12-65　添加立面标注

12.2.8　清理多余的图形元素

01 利用"删除"命令，将图中作为参考的平、立面图形和其他辅助线删除。

02 选择菜单栏中的"文件"→"图形实用工具"→"清理"命令，弹出"清理"对话框。在对话框中选择无用的数据和图形元素，单击"清理"按钮进行清理。

03 单击工具栏中的"标准"→"保存"按钮，保存图形文件，完成别墅西立面图的绘制。

12.3.　别墅东立面图和北立面图的绘制

图 12-66 和图 12-67 所示分别为别墅的东、北立面图。读者可参考建筑立面图的绘制方法，自行绘制这两个方向的立面图。

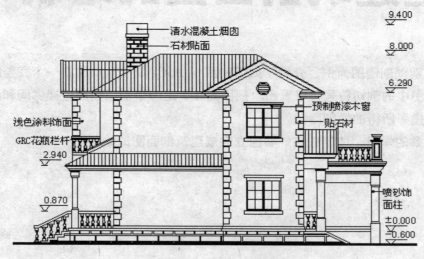

图 12-66　别墅东立面图

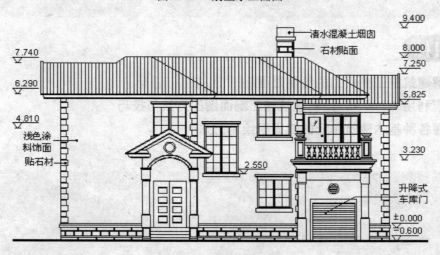

图 12-67　别墅北立面图

第13章

别墅建筑剖面图的绘制

　　本章以别墅剖面图为例，介绍了如何利用 AutoCAD 2011 绘制一个完整的建筑剖面图。由平面图中的剖切符号可以看出，剖面图 1-1 是一个剖切面通过楼梯间和阳台，剖切后向左进行投影所得的横剖面图。

　　通过本章的学习，读者应该能够独立完成建筑剖面图的绘制。

学习目标

◆ 了解建筑施工剖面图的绘制过程

◆ 掌握利用 AutoCAD 绘制建筑施工剖面图的方法与技巧

◆ 掌握各种基本建筑单元的剖面图绘制方法

13.1　建筑剖面图设计原则

　　建筑剖面图是指用一个假想的剖切面将房屋垂直剖开所得到的投影图。建筑剖面图是与平、立面图相互配合表达建筑物的重要图样，它主要反映建筑物的结构形式、垂直空间利用、各层构造做法和门窗洞口高度等情况。

　　一般来说，建筑剖面图中应表达以下内容：

- ◆ 建筑内部主要结构形式；
- ◆ 建筑物的分层情况；
- ◆ 建筑物主要承重构件的位置和相互关系，如各层梁、板、柱及墙体的连接关系等；
- ◆ 建筑物的内部总高度、各层层高、楼地面标高、室内外地坪标高以及门窗等各部位高度；
- ◆ 被剖切到的墙体、楼板、楼梯和门窗；
- ◆ 建筑物未被剖切到的可见部分。

　　本节简要介绍一些与建筑剖面图相关的绘制方法和设计原则，以帮助读者更科学、更有效地绘制出建筑剖面图，进行更加准确、鲜明地表达建筑物的性质和特点。

　　众所周知，建筑剖面图的作用是对无法在平面图和立面图中表述清楚的建筑内部进行剖切，以表达建筑设计师对建筑物内部的组织与处理。因此，剖切平面位置的选择很重要。通常来说，剖面图的剖切平面一般选择在建筑内部结构和构造比较复杂的位置，或者选择在内部结构和构造有变化、有代表性的部位，如楼梯间等。

　　对于不同的建筑物，其剖切面数量也不同。对于结构简单的建筑物，可能绘制一两个剖切面就足够；然而，有些建筑物构造复杂且内部功能没有明显的规律性，则需要绘制从多个角度剖切的剖面图才能满足要求。结构和形状对称的建筑物，剖面图可以只绘制一半，有的建筑物在某一条轴线之间具有不同布置，可以在同一个剖面图上绘出不同位置的剖面图，但是要添加文字标注加以说明。

　　另外，由于建筑剖面图要表达房屋高度与宽度或长度之间的组成关系，一般而言，比平面图和立面图都要复杂，且要求表达的构造内容也较多，因此，有时会将建筑剖面图采用较大的比例（如1：50）绘制出。

13.2　别墅剖面图 1-1 的绘制

光盘路径

素材文件：素材文件\第 13 章\13.2 别墅剖面图 1-1 的绘制.dwg
视频文件：视频文件\第 13 章\13.2 别墅剖面图 1-1 的绘制.avi

 绘制思路

　　别墅剖面图的主要绘制思路为：首先根据已有的建筑立面图生成建筑剖面外轮廓线；接着绘制建筑物的各层楼板、墙体、屋顶和楼梯等被剖切的主要构件；然后绘制剖面门窗和建筑中未被剖切的可见部分；最后在所绘的剖面图中添加尺寸标注和文字说明。下面就按照这个思路绘制别墅的剖面图 1-1，如图 13-1 所示。

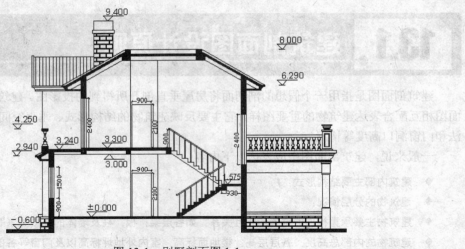

图 13-1　别墅剖面图 1-1

13.2.1　设置绘图环境

1．创建图形文件

打开已绘制的"别墅东立面图.dwg"文件，选择菜单栏中"文件"→"另存为"命令，打开"图形另存为"对话框。在"文件名"下拉列表框中输入新的图形文件名称为"别墅剖面图 1-1.dwg"，如图 13-2 所示。单击"保存"按钮，建立图形文件。

图 13-2　"图形另存为"对话框

2．引入已知图形信息

01 单击"标准"工具栏中单击"打开"按钮，打开已绘制的"别墅首层平面图的绘制.dwg"文件，单击工具栏中的"图层特性管理器"按钮，打开"图层特性管理器"窗口，关闭除"墙体"、"门窗"、"台阶"和"立柱"以外的其他图层；然后选择现有可见的平面图形，进行复制。

02 返回"别墅剖面图 1-1.dwg"的绘图界面，将复制的平面图形粘贴到已有立面图正上方对应位置。

03 利用"旋转"命令，将平面图形旋转 270°。

3．整理图形元素

01 选择"文件"→"图形实用工具"→"清理"命令，在弹出的"清理"对话框中，清理图形文件中多余的图形元素。

02 单击工具栏中的"图层特性管理器"按钮，打开"图层特性管理器"窗口，创建两个新图层，将新图层分别命名为"辅助线 1"和"辅助线 2"。

03 将清理后的平面和立面图形分别转移到"辅助线 1"和"辅助线 2"图层。

引入立面和平面图形的相对位置如图 13-3 所示。

4．生成剖面图轮廓线

01 利用"删除"命令，保留立面图的外轮廓线及可见的立面轮廓，删除其他多余图形元素，得到剖面图的轮廓线，如图 13-4 所示。

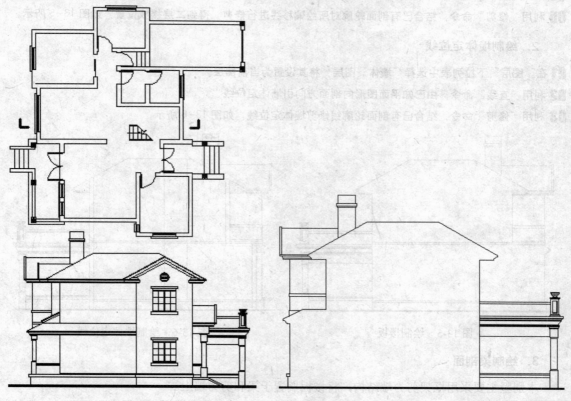

图 13-3　引入已知图形信息　　　　　图 13-4　由立面图生成剖面轮廓

02 单击工具栏中的"图层特性管理器"按钮，打开"图层特性管理器"窗口，创建新图层，将新图层命名为"剖面轮廓线"，并将其设置为当前图层。

03 将所绘制的轮廓线转移到"剖面轮廓线"图层。

⋮⋮ 小技巧

在操作界面显示工具栏的方法如下。

(1) 右击任意工具栏空白处，即可弹出工具条列表，只需单击相应所需的工具栏名称，使其名称前出现"勾选"标记，表示选中。

(2) 菜单，选择"视图"→"工具栏"命令，打开"自定义用户界面"窗口，进行自定义工具的设置。

⋮⋮ 13.2.2 绘制楼板与墙体

1．绘制楼板定位线

01 单击工具栏中的"图层特性管理器"按钮，打开"图层特性管理器"窗口，创建新图层，将新图层命名为"楼板"，并将其设置为当前图层。

02 利用"偏移"命令，将室外地坪线向上连续偏移两次，偏移量依次为 500mm 和 100mm。

03 利用"修剪"命令，结合已有剖面轮廓对所绘偏移线进行修剪，得到首层楼板位置。

04 利用"偏移"命令，再次将室外地坪线向上连续偏移两次，偏移量依次为 3200mm 和 100mm。

05 利用"修剪"命令，结合已有剖面轮廓对所绘偏移线进行修剪，得到二层楼板位置，如图 13-5 所示。

2．绘制墙体定位线

01 在"图层"下拉列表中选择"墙体"图层，将其设置为当前图层。

02 利用"直线"命令，由已知平面图形向剖面方向引墙体定位线。

03 利用"修剪"命令，结合已有剖面轮廓线修剪墙体定位线，如图 13-6 所示。

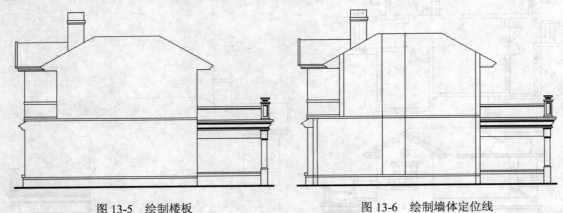

图 13-5　绘制楼板　　　　　　　　　　图 13-6　绘制墙体定位线

3．绘制梁剖面

本别墅主要采用框架剪力墙结构，将楼板搁置于梁和剪力墙上。

梁的剖面宽度为 240mm；首层楼板下方梁高为 300mm，二层楼板下方梁高为 200mm；梁的剖面形状为矩形。

具体绘制方法如下。

01 在"图层"下拉列表中选择"楼板"图层，将其设置为当前图层。

02 利用"矩形"命令，绘制尺寸为 240mm×100mm 的矩形。

03 利用"创建块"命令，将绘制的矩形定义为图块，图块名称为"梁剖面"。

04 利用"插入块"命令，在每层楼板下相应位置插入"梁剖面"图块，并根据梁的

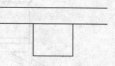

实际高度调整图块 y 方向比例数值（当该梁位于首层楼板下方时，设置 y 方向比例为 3；当梁位于二层楼板下方时，设置 y 方向比例为 2），如图 13-7 所示。

图 13-7 绘制梁剖面

13.2.3 绘制屋顶和阳台

1. 绘制屋顶剖面

01 在"图层"下拉列表中选择"屋顶轮廓线"图层，将其设置为当前图层。

02 利用"偏移"命令，将图中坡屋面两侧轮廓线向内连续偏移 3 次，偏移量分别为 80mm、100mm 和 180mm。

03 再次利用"偏移"命令，将图中坡屋面顶部水平轮廓线向下连续偏移 3 次，偏移量分别为 200mm、100mm 和 200mm。

04 利用"直线"命令，根据偏移所得的屋架定位线绘制屋架剖面，如图 13-8 所示。

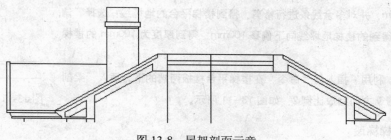

图 13-8 屋架剖面示意

2. 绘制阳台和雨篷剖面

01 在"图层"下拉列表中选择"阳台"图层，将其设置为当前图层。

02 利用"偏移"命令，将二层楼板的定位线向下偏移 60mm，得到阳台板位置；然后，利用"修剪"命令，对多余楼板和墙体线条进行修剪，得到阳台板剖面。

03 在"图层"下拉列表中选择"雨篷"图层，将其设置为当前图层。

04 按照前面介绍的屋顶剖面画法，绘制阳台下方雨篷剖面，如图 13-9 所示。

3. 绘制栏杆剖面

01 在"图层"下拉列表中选择"栏杆"图层，将其设置为当前图层。

02 绘制基座。利用"偏移"命令，将栏杆基座外侧垂直轮廓线向右偏移，偏移量为 320mm；然后，利用"修剪"命令，结合基座水平定位线修剪多余线条，得到宽度为 320mm 的基座剖面轮廓。

03 按照同样的方法绘制宽度为 240mm 的下栏板、宽度为 320mm 的栏杆扶手和宽度为 240mm 的扶手垫层剖面。

04 利用"插入块"命令，在扶手与下栏板之间插入一根花瓶栏杆，使其底面中点与栏杆基座的上表面中点重合，如图 13-10 所示。

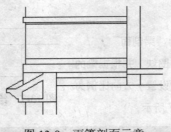

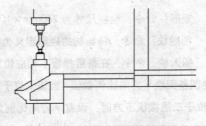

图 13-9　雨篷剖面示意　　　　　　　　　　　图 13-10　阳台剖面

⠿⠿ 13.2.4　绘制楼梯

本别墅中仅有一处楼梯，该楼梯为常见的双跑形式。第 1 跑梯段有 9 级踏步，第 2 跑有 10 级踏步；楼梯平台宽度为 960mm，平台面标高为 1.575m。下面介绍楼梯剖面的绘制方法。

1. 绘制楼梯平台

01 在"图层"下拉列表中选择"楼梯"图层，将其设置为当前图层。

02 利用"偏移"命令，将室内地坪线向上偏移 1575mm，将楼梯间外墙的内侧墙线向左偏移 960mm，并对多余线条进行修剪，得到楼梯平台的地坪线；选择"偏移"命令 ⬚，将得到的楼梯地坪线向下偏移 100mm，得到厚度为 100mm 的楼梯平台楼板。

03 绘制楼梯梁。利用"插入块"命令，在楼梯平台楼板两端的下方插入"梁剖面"图块，并设置 y 方向缩放比例 2，如图 13-11 所示。

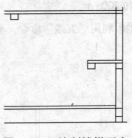

图 13-11　绘制楼梯平台

2. 绘制楼梯梯段

01 利用"多段线"命令，以楼梯平台面左侧端点为起点，由上至下绘制第 1 跑楼梯踏步线。命令行提示与操作如下。

```
命令: _pline                    （单击左侧"绘图"工具栏中" ↪ "按钮）
指定起点:                       （单击楼梯平台左侧上角点作为多段线起点）
当前线宽为 0
指定下一点或 [圆弧(A)……宽度(W)]: 175✓
                   （向下移动鼠标，在命令行中输入 175 后，按 Enter 键进行确认）
指定下一点或 [圆弧(A)……宽度(W)]: 260✓
                   （向左移动鼠标，在命令行中输入 260 后，按 Enter 键进行确认）
指定下一点或 [圆弧(A)……宽度(W)]: 175✓
                   （向下移动鼠标，在命令行中输入 175 后，按 Enter 键进行确认）
指定下一点或 [圆弧(A)……宽度(W)]: 260✓
                   （向左移动鼠标，在命令行中输入 260 后，按 Enter 键进行确认）
……                           （多次重复上述操作，绘制楼梯踏步线）
指定下一点或 [圆弧(A)……宽度(W)]: 175✓    （向下移动鼠标，在命令行中输入
175 后，按 Enter 键，多段线端点落在室内地坪线上，结束第 1 跑梯段的绘制）
```

02 绘制第 1 跑梯段的底面线。

① 首先，利用"直线"命令，分别以楼梯第 1、2 级踏步线下端点为起点，绘制两条垂直定位辅助线，确定梯段底面位置。
命令行提示与操作如下。

```
命令：L
LINE 指定第一点：                              (单击第 1 级踏步左下角点为起点)
指定下一点或 [放弃(U)]：120✓        (向下移动鼠标，在命令行中输入 120，并按 Enter 键)
指定下一点或 [放弃(U)]：✓            (按 Enter 键，完成操作)
命令：L
LINE 指定第一点：                              (单击第 2 级踏步左下角点为起点)
指定下一点或 [放弃(U)]：120✓        (向下移动鼠标，在命令行中输入 120，并按 Enter 键)
指定下一点或 [放弃(U)]：✓            (按 Enter 键，完成操作)
```

②　再次选择"直线"命令 ∕，连接两条垂直线段的下端点，绘制楼梯底面线条；然后，选择"延伸"命令 ⟶∕，延伸楼梯底面线条，使其与楼梯平台和室内地坪面相交；最后，修剪并删除其他辅助线条，完成第 1 跑梯段的绘制，如图 13-12 所示。

03 依据同样方法，绘制楼梯第 2 跑梯段，需要注意的是，此梯段最上面一级踏步高 150mm，不同于其他踏步高度（175mm）。

04 修剪多余的辅助线与楼板线。

3．填充楼梯被剖切部分

由于楼梯平台与第 1 跑梯段均为被剖切部分，因此需要对这两处进行图案填充。

利用"图案填充"命令，在弹出的对话框中选择"填充图案"为 SOLID 类型，然后在绘图界面中选取需填充的楼梯剖断面（包括中部平台），进行填充，填充结果如图 13-13 所示。

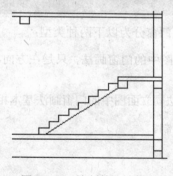

图 13-12　绘制第 1 跑梯段

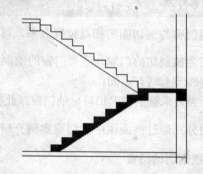

图 13-13　填充梯段及平台剖面

4．绘制楼梯栏杆

楼梯栏杆的高度为 900mm，相邻两根栏杆的间距为 230mm，栏杆的截面直径为 20mm。
具体绘制方法如下。

01 在"图层"下拉列表中选择"栏杆"图层，将其设置为当前图层。

02 单击"格式"下拉菜单，选择"多线样式"命令，创建新的多线样式，将其命名为"20mm 栏杆"，在弹出的"新建多线样式"对话框中选择直线起点和端点均不封口；元素偏移量首行设为 10，第二行设为 -10，最后单击"确定"按钮，完成对新多线样式的设置。

03 选择"绘图"下拉菜单中的"多线"命令（或者在命令行中输入 ml，执行多线命令），在命令行中选择多线对正方式为"无"，比例为 1，样式为"20mm 栏杆"；然后，以楼梯每一级踏步线中点为起点，向上绘制长度为 900mm 的多线。

04 绘制扶手。选择"复制"命令 ，将楼梯梯段底面线复制并粘贴到栏杆线上方端点处，得到扶手底面线条；接着，利用"偏移"命令，将扶手底面线条向上偏移50mm，得到扶手上表面线条；然后，利用"直线"命令 ，绘制扶手端部线条。

05 利用"图案填充"命令，将楼梯上端护栏剖面填充为实体颜色。

绘制完成的楼梯剖面，如图13-14所示。

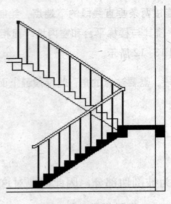

图 13-14 楼梯剖面

13.2.5 绘制门窗

按照门窗与剖切面的相对位置关系，可以将剖面图中的门窗分为以下两种类型：

一类为被剖切的门窗。这类门窗的绘制方法近似于平面图中的门窗画法，只是在方向、尺度及其他一些细节上略有不同；

另一类为未被剖切但仍可见的门窗。此类门窗的绘制方法同立面图中的门窗画法基本相同。

下面分别通过剖面图中的门窗实例介绍这两类门窗的绘制。

1．被剖切的门窗

在楼梯间的外墙上，有一处窗体被剖切，该窗高度为2400mm，窗底标高为2.500m。该窗体的绘制方法如下。

01 在"图层"下拉列表中选择"门窗"图层，将其设置为当前图层。

02 利用"偏移"命令，将室内地坪线向上连续偏移两次，偏移量依次为2500mm和2400mm。

03 利用"延伸"命令，使两条偏移线段均与外墙线正交；然后，选择"修剪"命令 ，修剪墙体外部多余的线条，得到该窗体的上、下边线。

04 利用"偏移"命令，将两侧墙线分别向内偏移，偏移量均为80mm；然后，利用"修剪"命令 ，修剪窗线，完成窗体剖面绘制，如图13-15所示。

2．未被剖切但仍可见的门窗

在剖面图中，有两处门可见，即首层工人房和二层客房的房间门。这两扇门的尺寸均为900mm×2100mm。下面介绍这两处门的绘制方法。

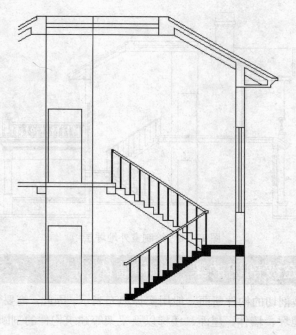

图 13-15　剖面图中的门窗

01 在"图层"下拉列表中选择"门窗"图层,将其设置为当前图层。

02 利用"偏移"命令,将首层和二层地坪线分别向上偏移,偏移量均为 2100mm。

03 利用"直线"命令,由平面图确定这两处门的水平位置,绘制门洞定位线。

04 利用"矩形"命令,绘制尺寸为 900mm×2100mm 的矩形门立面,并将其定义为图块,图块名称为"900×2100 立面门"。

05 利用"插入块"命令,在已确定的门洞的位置,插入"900×2100 立面门"图块,并删除定位辅助线,完成门的绘制,如图 13-15 所示。

> **⠿· 注意**
>
> 在绘制建筑剖面图中的门窗或楼梯时,除了利用前面介绍的方法直接绘制外,也可借助图库中的图形模块来进行绘制,例如,一些未被剖切的可见门窗或者一组楼梯栏杆等。在常见的室内图库中,有很多不同种类和尺寸的门窗和栏杆立面可供选择,绘图者只需找到适合的图形模块进行复制,然后粘贴到图中即可。如果图库中提供的图形模块与实际需要的图形之间存在尺寸或角度上的差异,可先将模块分解,然后利用"旋转" ⟳ 或"缩放" ▦ 命令进行修改,将其调整到满意的结果后,插入图中相应位置。

⠿ 13.2.6　绘制室外地坪层

01 在"图层"下拉列表中选择"地坪"图层,将其设置为当前图层。

02 利用"偏移"命令,将室外地坪线向下偏移,偏移量为 150mm,得到室外地坪层底面位置。

03 利用"修剪"命令,结合被剖切的外墙,修剪地坪层线条,完成室外地坪层的绘制,如图 13-16 所示。

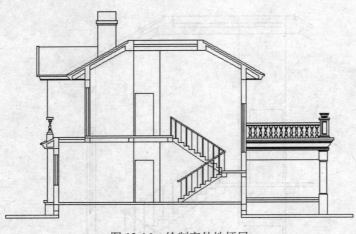

图 13-16　绘制室外地坪层

13.2.7　填充被剖切的梁、板和墙体

在建筑剖面图中，被剖切的构件断面一般用实体填充表示。因此，需要使用"图案填充"命令，将所有被剖切的楼板、地坪、墙体、屋面、楼梯以及梁架等建筑构件的剖断面进行实体填充。

具体绘制方法如下。

01 单击工具栏中的"图层特性管理器"按钮 ▦ ，打开"图层特性管理器"窗口，创建新图层，将新图层命名为"剖面填充"，并将其设置为当前图层。

02 利用"图案填充"命令，在弹出的对话框中设置"图案"为 SOLID，然后，在绘图界面中选取需填充的构件剖断面，进行填充，填充结果如图 13-17 所示。

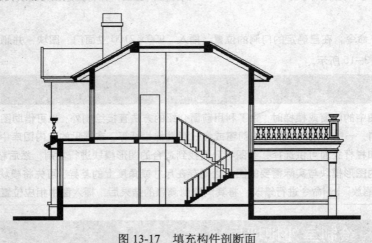

图 13-17　填充构件剖断面

13.2.8　绘制剖面图中可见部分

在剖面图中，除以上绘制的被剖切的主体部分外，在被剖切外墙的外侧还有一些部分是未被剖切到但却可见的。在绘制剖面图的过程中，这些可见部分同样不可忽视。这些可见部分是建筑剖面图的一部分，同样也是建筑立面的一部分，因此，其绘制方法可参考前面章节介绍的建筑立面图画法。

在本例中，由于剖面图是在已有立面图基础上绘制的，因此，在剖面图绘制的开始阶段，就选择性保留了已有立面图的一部分，为此处的绘制提供了很大的方便。然而，保留部分并不是完全准确的，许多细节和变化都没有表现出来。所以，应该使用绘制立面图的具体方法，根据需要对已有立面的可见部分进行修整和完善。

在本图中需要修整和完善的可见部分包括车库上方露台、局部坡屋顶、烟囱和别墅室外台基等，绘制结果如图 13-18 所示。

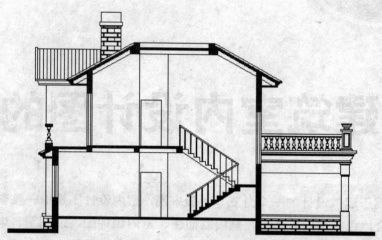

图 13-18　绘制剖面图中可见部分

13.2.9　剖面标注

一般情况下，在方案初步设计阶段，剖面图中的标注以剖面标高和门窗等构件尺寸为主，用来表明建筑内、外部空间以及各构件间的水平和垂直关系。

1. 剖面标高

在剖面图中，一些主要构件的垂直位置需要通过标高来表示，如室内外地坪、楼板、屋面、楼梯平台等。具体绘制方法如下。

01 在"图层"下拉列表中选择"标注"图层，将其设置为当前图层。

02 利用"插入块"命令，在相应标注位置插入标高符号。

03 利用"多行文字"命令，在标高符号的长直线上方，添加相应的标高数值。

2. 尺寸标注

在剖面图中，对门、窗和楼梯等构件应进行尺寸标注。具体绘制方法如下。

01 在"图层"下拉列表中选择"标注"图层，将其设置为当前图层。

02 选择菜单栏中的"标注"→"标注样式"命令，将"平面标注"设置为当前标注样式。

03 利用"线性"命令，对各构件尺寸进行标注。

第14章

别墅建筑室内设计图的绘制

室内设计属于建筑设计的一个分支。一般来说，室内设计图是指一整套与室内设计相关的图纸的集合，包括室内平面图、室内立面图、室内地坪图、顶棚图、电气系统图和节点大样图等。这些图纸分别表达室内设计某一方面的情况和数据，只有将它们组合起来，才能得到完整、详尽的室内设计资料。本章将继续以前面章节中使用的别墅作为实例，依次介绍几种常用的室内设计图的绘制方法。

学习目标

- ◆ 了解室内建筑施工图的绘制过程
- ◆ 掌握利用 AutoCAD 绘制室内建筑施工图的方法与技巧
- ◆ 掌握各种室内建筑特殊图样绘制方法

14.1 客厅平面图的绘制

 光盘路径
素材文件：素材文件\第 14 章\14.1 客厅平面图的绘制.dwg
视频文件：视频文件\第 14 章\14.1 客厅平面图的绘制.avi

绘制思路

　　首先利用已绘制的首层平面图生成客厅平面图轮廓，然后在客厅平面中添加各种家具图形；最后对所绘制的客厅平面图进行尺寸标注，如有必要，还要添加室内方向索引符号进行方向标识。下面按照这个思路绘制别墅客厅的平面图，如图 14-1 所示。

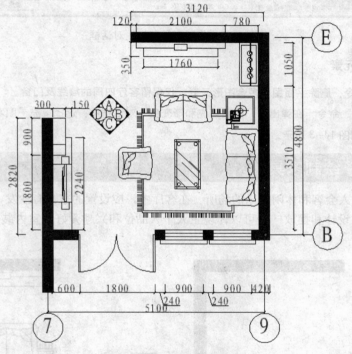

图 14-1　别墅客厅平面图

14.1.1　设置绘图环境

1. 创建图形文件

　　由于本章所绘的客厅平面图是首层平面图中的一部分，因此不必使用 AutoCAD 软件中的"新建"命令来创建新的图形文件，可以利用已经绘制好的首层平面图直接进行创建。

　　打开已绘制的"别墅首层平面图的绘制.dwg"文件，选择"文件"→"另存为"命令，打开"图形另存为"对话框。在"文件名"下拉列表框中输入新的图形文件名称为"客厅平面图.dwg"，如图 14-2 所示。单击"保存"按钮，建立图形文件。

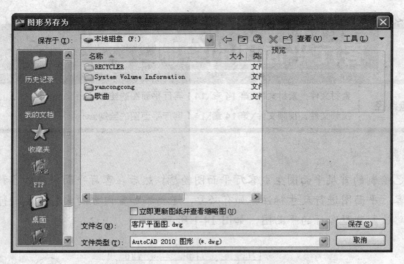

图 14-2 "图形另存为"对话框

2．清理图形元素

01 利用"删除"命令，删除平面图中多余图形元素，仅保留客厅四周的墙线及门窗。

02 利用"图案填充"命令，在弹出的"图案填充和渐变色"对话框中，选择填充"图案"为 SOLID，填充客厅墙体，填充结果如图 14-3 所示。

14.1.2　绘制家具

客厅是别墅主人会客和休闲娱乐的场所。在客厅中，应设置的家具有沙发、茶几、电视柜等。除此之外，还可以设计和摆放一些可以体现主人个人品位和兴趣爱好的室内装饰物品，如图 14-4 所示。

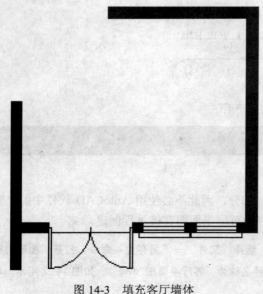

图 14-3　填充客厅墙体

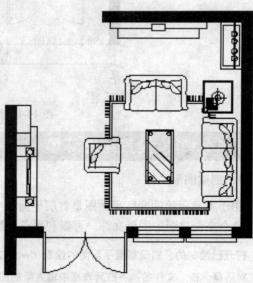

图 14-4　绘制客厅家具

14.1.3　室内平面标注

1. 轴线标识

单击工具栏中的"图层特性管理器"按钮，打开"图层特性管理器"窗口，选择"轴线"和"轴线编号"图层，并将它们打开，除保留客厅相关轴线与轴号外，删除所有多余的轴线和轴号图形。

2. 尺寸标注

01 在"图层"下拉列表中选择"标注"图层，将其设置为当前图层。

02 设置标注样式。选择菜单栏中的"格式"→"标注样式"命令，打开"标注样式管理器"对话框，创建新的标注样式，并将其命名为"室内标注"；单击"继续"按钮，打开"新建标注样式：室内标注"对话框，在该对话框中，选择"符号和箭头"选项卡，在"箭头"选项组中的"第一个"和"第二个"下拉列表中均选择"建筑标记"，在"引线"下拉列表中选择"点"，在"箭头大小"微调框中输入50；选择"文字"选项卡，在"文字外观"选项组中的"文字高度"微调框中输入150；完成设置后，将新建的"室内标注"设为当前标注样式。

03 利用"线性"命令，对客厅平面中的墙体尺寸、门窗位置和主要家具的平面尺寸进行标注。

标注结果如图 14-5 所示。

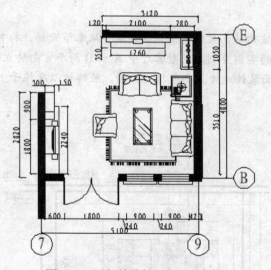

图 14-5　添加轴线标识和尺寸标注

3. 方向索引

在绘制一组室内设计图纸时，为了统一室内方向标识，通常要在平面图中添加方向索引符号。具体绘制方法如下。

01 在"图层"下拉列表中选择"标注"图层，将其设置为当前图层。

02 选择"矩形"命令，绘制一个边长为300mm的正方形；接着，选择"直线"命令，绘制正方形对角线；然后，选择"旋转"命令，将所绘制的正方形旋转45°。

03 选择"圆"命令，以正方形对角线交点为圆心，绘制半径为 150mm 的圆，该圆与正方形内切。

04 利用"分解"命令，将正方形进行分解，并删除正方形下半部的两条边和垂直方向的对角线，剩余图形为等腰直角三角形与圆；然后，选择"修剪"命令，结合已知圆，修剪正方形水平对角线。

05 利用"图案填充"命令，在弹出的"图案填充和渐变色"对话框中，选择填充"图案"为 SOLID，对等腰三角形中未与圆重叠的部分进行填充，得到如图 14-6 所示的索引符号。

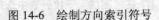

06 利用"创建块"命令，将所绘索引符号定义为图块，命名为"室内索引符号"。

图 14-6　绘制方向索引符号

07 利用"插入块"命令，在平面图中插入索引符号，并根据需要调整符号角度。

08 利用"多行文字"命令，在索引符号的圆内添加字母或数字进行标注。

14.2 客厅立面图 A 的绘制

光盘路径	素材文件：素材文件\第 14 章\14.2 客厅立面图 A 的绘制.dwg
	视频文件：视频文件\第 14 章\14.2 客厅立面图 A 的绘制.avi

绘制思路

室内立面图主要反映室内墙面装修与装饰的情况。从本节开始，本书拟用两节的篇幅介绍室内立面图的绘制过程，选取的实例分别为别墅客厅中 A 和 B 两个方向的立面。

在别墅客厅中，A 立面装饰元素主要包括文化墙、装饰柜以及柜子上方的装饰画和射灯，如图 14-7 所示。

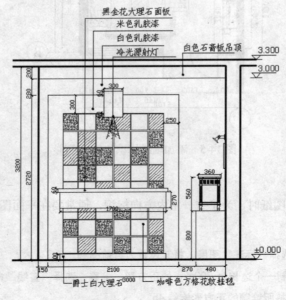

图 14-7　客厅立面图 A

14.2.1　设置绘图环境

1. 创建图形文件

打开已绘制的"客厅平面图的绘制.dwg"文件，选择菜单栏中的"文件"→"另存为"命令，打开"图形另存为"对话框。在"文件名"下拉列表框中输入新的图形文件名称"客厅立面图 A.dwg"，如图 14—8 所示。单击"保存"按钮，建立图形文件。

2. 清理图形元素

01 单击工具栏中的"图层特性管理器"按钮，打开"图层特性管理器"窗口，关闭与绘制对象相关不大的图层，如"轴线"、"轴线编号"图层等。

02 利用"删除"命令和"修剪"命令，清理平面图中多余的家具和墙体线条。

清理后，所得平面图形如图 14—8 所示。

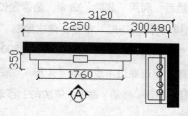

图 14-8　清理后的平面图形

14.2.2　绘制地面、楼板与墙体

在室内立面图中，被剖切的墙线和楼板线都用粗实线表示。

1. 绘制室内地坪

01 单击工具栏中的"图层特性管理器"按钮，打开"图层特性管理器"窗口，创建新图层，将新图层命名为"粗实线"，设置该图层"线宽"为 0.30mm，并将其设置为当前图层。

02 利用"直线"命令，在平面图上方绘制长度为 4000mm 的室内地坪线，其标高为±0.000。

2. 绘制楼板线和梁线

01 利用"偏移"命令，将室内地坪线连续向上偏移两次，偏移量依次为 3200mm 和 100mm，得到楼板定位线。

02 单击工具栏中的"图层特性管理器"按钮，打开"图层特性管理器"窗口，创建新图层，将新图层命名为"细实线"，并将其设置为当前图层。

03 利用"偏移"命令，将室内地坪线向上偏移 3000mm，得到梁底面位置。

04 将所绘梁底定位线转移到"细实线"图层。

3. 绘制墙体

01 利用"直线"命令，由平面图中的墙体位置，生成立面图中的墙体定位线。

02 选择"修剪"命令，对墙线、楼板线以及梁底定位线进行修剪，如图 14—9 所示。

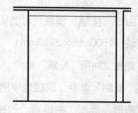

图 14-9　绘制地面、楼板与墙体

14.2.3 绘制文化墙

1. 绘制墙体

01 单击工具栏中的"图层特性管理器"按钮，打开"图层特性管理器"窗口，创建新图层，将新图层命名为"文化墙"，并将其设置为当前图层。

02 利用"偏移"命令，将左侧墙线向右偏移，偏移量为150mm，得到文化墙左侧定位线。

03 利用"矩形"命令，以定位线与室内地坪线交点为左下角点绘制"矩形1"，尺寸为2100mm×2720mm；然后，利用"删除"命令，删除定位线。

04 利用"矩形"命令，依次绘制"矩形2"、"矩形3"、"矩形4"、"矩形5"、"矩形6"，各矩形尺寸依次为1600mm×2420mm、1700mm×100mm、300mm×420mm、1760mm×60mm和1700mm×270mm；使得各矩形底边中点均与"矩形1"底边中点重合。

05 利用"移动"命令，依次向上移动"矩形4"、"矩形5"和"矩形6"，移动距离分别为2360mm、1120mm、850mm。

06 利用"修剪"命令，修剪多余线条，如图14-10所示。

2. 绘制装饰挂毯

01 单击"标准"工具栏中的"打开"按钮 📂，在弹出的"选择文件"对话框中，选择本书配套光盘中的"素材文件\第11章\CAD图块.dwg"文件。

02 在名称为"装饰"的一栏中，选择"挂毯"图形模块进行复制，如图14-11所示；返回"客厅立面图"的绘图界面，将复制的图形模块粘贴到立面图右侧空白区域。

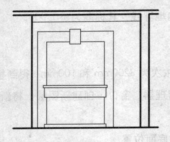

图 14-10　绘制文化墙墙体

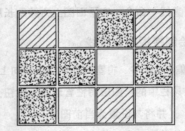

图 14-11　挂毯模块

03 由于"挂毯"模块尺寸为1140mm×840mm，小于铺放挂毯的矩形区域（1600mm×2320mm），因此，有必要对挂毯模块进行重新编辑：首先，利用"分解"命令，将"挂毯"图形模块进行分解；然后，利用"复制"命令，以挂毯中的方格图形为单元，复制并拼贴成新的挂毯图形；最后，将编辑后的挂毯图形填充到文化墙中央矩形区域，绘制结果如图14-12所示。

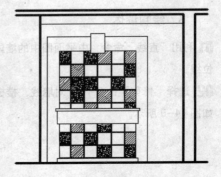

图 14-12　绘制装饰挂毯

3．绘制筒灯

01 单击"标准"工具栏中的"打开"按钮 ，在弹出的"选择文件"对话框中，选择本书配套光盘中的"素材文件\第 11 章\CAD 图块.dwg"文件。

02 在名称为"灯具和电器"的一栏中，选择"筒灯 L"，如图 14-13 所示；选中该图形后，右击，在快捷菜单中选择"剪贴板"→"带基点复制"命令，选取筒灯图形上端顶点作为基点。

03 返回"客厅立面图 A"的绘图界面，将复制的"筒灯 L"模块，粘贴到文化墙中"矩形 4"的下方，如图 14-14 所示。

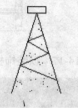

图 14-13　筒灯立面

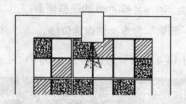

图 14-14　绘制筒灯

14.2.4　绘制家具

1．绘制柜子底座

01 在"图层"下拉列表中选择"家具"图层，将其设置为当前图层。

02 利用"矩形"命令，以右侧墙体的底部端点为矩形右下角点，绘制尺寸为 480mm×800mm 的矩形。

2．绘制装饰柜

01 单击"标准"工具栏中的"打开"按钮 ，在弹出的"选择文件"对话框中，选择本书配套光盘中的"素材文件\第 11 章\CAD 图块.dwg"文件。

02 在名称为"装饰"的一栏中，选择"柜子-01CL"，如图 14-15 所示；选中该图形，将其复制；返回"客厅立面图 A"的绘图界面，将复制的图形粘贴到已绘制的柜子底座上方。

3．绘制射灯组

01 利用"偏移"命令，将室内地坪线向上偏移，偏移量为 2000mm，得到射灯组定位线。

02 单击"标准"工具栏中的"打开"按钮 ，在弹出的"选择文件"对话框中，选择"CAD 图块.dwg"文件并将其打开。

03 在名称为"灯具和电器"的一栏中，选择"射灯组 CL"，如图 14-16 所示；选中该图形后，在右键的快捷菜单中选择"剪贴板"→"复制"命令；返回"客厅立面图 A"的绘图界面，将复制的"射灯组 CL"模块，粘贴到已绘制的定位线处。

04 利用"删除"命令，删除定位线。

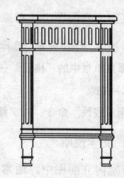

图 14-15　"柜子-01CL"图形模块

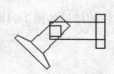

图 14-16　"射灯组 CL"图形模块

4．绘制装饰画

在装饰柜与射灯组之间的墙面上，挂有裱框装饰画一幅。本图只看到画框侧面，其立面可用相应大小的矩形表示。

具体绘制方法如下。

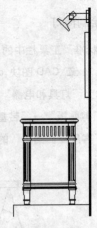

01 利用"偏移"命令，将室内地坪线向上偏移，偏移量为1500mm，得到画框底边定位线。

02 利用"矩形"命令，以定位线与墙线交点作为矩形右下角点，绘制尺寸为 30mm × 420mm 的画框侧面。

03 利用"删除"命令，删除定位线。

如图 14-17 所示为以装饰柜为中心的家具组合立面。

图 14-17　以装饰柜为中心的家具组合

14.2.5　室内立面标注

1．室内立面标高

01 在"图层"下拉列表中选择"标注"图层，将其设置为当前图层。

02 利用"插入块"命令，在立面图中地坪、楼板和梁的位置插入标高符号。

03 利用"多行文字"命令，在标高符号的长直线上方添加标高数值。

2．尺寸标注

在室内立面图中，对家具的尺寸和空间位置关系都要使用"线性"命令进行标注。

01 在"图层"下拉列表中选择"标注"图层，将其设置为当前图层。

02 选择菜单栏中的"格式"→"标注样式"命令，打开"标注样式管理器"对话框，选择"室内标注"作为当前标注样式。

03 利用"线性"命令，对家具的尺寸和空间位置关系进行标注。

3．文字说明

在室内立面图中，通常用文字说明来表达各部位表面的装饰材料和装修做法。

01 在"图层"下拉列表中选择"文字"图层，将其设置为当前图层。

02 在命令行中输入 QLEADER 命令，绘制标注引线。

03 利用"多行文字"命令，设置"字体"为"仿宋_GB2312"，"文字高度"为 100，在引线一端添加文字说明。

标注的结果如图 14-18 所示。

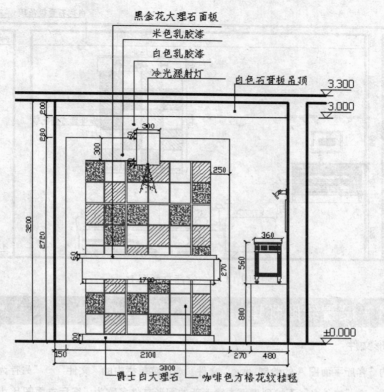

图 14-18　室内立面标注

14.3　客厅立面图 B 的绘制

光盘路径 ┊ 素材文件：素材文件\第 14 章\14.3 客厅立面图 B 的绘制.dwg
┊ 视频文件：视频文件\第 14 章\14.3 客厅立面图 B 的绘制.avi

绘制思路

　　本节仍然介绍别墅室内立面图的绘制方法，选用实例为别墅客厅 B 立面。在客厅立面图 B 中，室内设计上以沙发、茶几和墙面装饰为主；在绘制方法上，如何利用已有图库插入家具模块仍然是绘制的重点。

　　首先利用已绘制的客厅平面图生成墙体和楼板，然后利用图库中的图形模块绘制各种家具和墙面装饰；最后对所绘制的客厅平面图进行尺寸标注和文字说明。下面按照这个思路绘制别墅客厅的立面图 B，如图 14-19 所示。

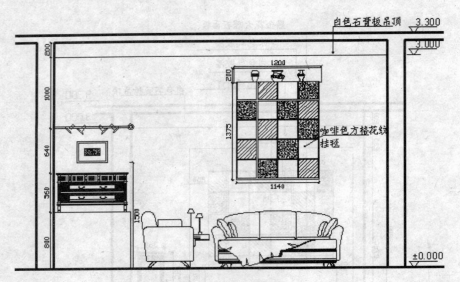

图 14-19　客厅立面图 B

14.3.1　设置绘图环境

1．创建图形文件

打开已绘制的"客厅平面图 A 的绘制.dwg"文件，选择菜单栏中的"文件"→"另存为"命令，打开"图形另存为"对话框。在"文件名"下拉列表框中输入新的图形文件名称为"客厅立面图 B.dwg"，如图 14-20所示。单击"保存"按钮，建立图形文件。

图 14-20　"图形另存为"对话框

2．清理图形元素

01 单击工具栏中的"图层特性管理器"按钮，打开"图层特性管理器"窗口，关闭与绘制对象相关不大的图层，如"轴线"、"轴线编号"图层等。

02 利用"旋转"命令，将平面图进行旋转，旋转角度为 90°。

03 利用"删除"命令和"修剪"命令,清理平面图中多余的家具和墙体线条。

清理后,所得平面图形如图 14-21 所示。

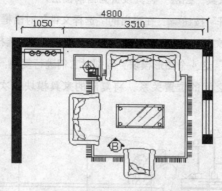

图 14-21　清理后的平面图形

14.3.2　绘制地坪、楼板与墙体

1. 绘制室内地坪

01 单击工具栏中的"图层特性管理器"按钮 ,打开"图层特性管理器"窗口,创建新图层,图层名称为"粗实线",设置图层线宽为 0.30mm;并将其设置为当前图层。

02 利用"直线"命令,在平面图上方绘制长度为 6000mm 的客厅室内地坪线,标高为 ±0.000。

2. 绘制楼板

01 利用"偏移"命令,将室内地坪线连续向上偏移两次,偏移量依次为 3200mm 和 100mm,得到楼板位置。

02 单击"图层"工具栏中的"图层特性管理器"按钮 ,打开"图层特性管理器"窗口,创建新图层,将新图层命名为"细实线",并将其设置为当前图层。

03 利用"偏移"命令,将室内地坪线向上偏移 3000mm,得到梁底位置。

04 将偏移得到的梁底定位线转移到"细实线"图层。

3. 绘制墙体

01 利用"直线"命令,由平面图中的墙体位置生成立面墙体定位线。

02 利用"修剪"命令,对墙线和楼板线进行修剪,得到墙体、楼板和梁的轮廓线,如图 14-22 所示。

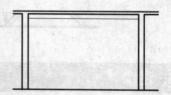

图 14-22　绘制地面、楼板与墙体轮廓

14.3.3　绘制家具

在立面图 B 中,需要着重绘制的是两个家具装饰组合。第 1 个是以沙发为中心的家具组合,包括三人沙发、双人沙发、长茶几和位于沙发侧面用来摆放电话和台灯的小茶几。另外一个是位于左侧的,以装饰柜为中心的家具组合,包括装饰柜及其底座、裱框装饰画和射灯组。

下面就分别来介绍这些家具及组合的绘制方法。

1．绘制沙发与茶几

01 在"图层"下拉列表中选择"家具"图层，将其设置为当前图层。

02 单击"标准"工具栏中的"打开"按钮 ，在弹出的"选择文件"对话框中，选择本书配套光盘中的"素材文件\第 11 章\CAD 图块.dwg"文件；在名称为"沙发和茶几"一栏中，选择"沙发–002B"、"沙发–002C"和"茶几–03L"和"小茶几与台灯"这 4 个图形模块，分别对它们进行复制；返回"客厅立面图 B"的绘图界面，按照平面图中提供的各家具之间的位置关系，将复制的家具模块依次粘贴到立面图中相应位置，如图 14–23 所示。

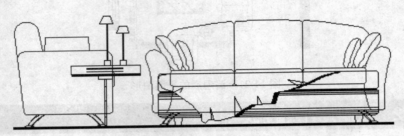

图 14-23　粘贴沙发和茶几图形模块

03 由于各图形模块在此方向上的立面投影有交叉重合现象，因此有必要对这些家具进行重新组合。具体方法为：首先，将图中的沙发和茶几图形模块分别进行分解；然后，根据平面图中反映的各家具间的位置关系，删去家具模块中被遮挡的线条，仅保留立面投影中可见的部分；最后，将编辑后的图形组合定义为块。

如图 14-24 所示为绘制完成的以沙发为中心的家具组合。

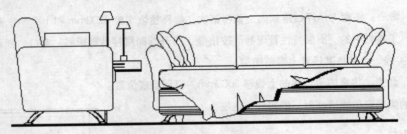

图 14-24　重新组合家具图形模块

> **注意**
>
> 在图库中，很多家具图形模块都是以个体为单元进行绘制的，因此，当多个家具模块被选取并插入到同一室内立面图中时，由于投影位置的重叠，不同家具模块间难免会出现互相重叠和相交的情况，线条变得繁多且杂乱。对于这种情况，可以采用重新编辑模块的方法进行绘制，具体步骤如下：
>
> 首先，利用"分解"命令，将相交或重叠的家具模块分别进行分解；
>
> 然后，利用"修剪"和"删除"命令，根据家具立面图投影的前后次序，清除图形中被遮挡的线条，仅保留家具立面投影的可见部分；
>
> 最后，将编辑后得到的图形定义为块，避免因分解后的线条过于繁杂而影响图形的绘制。

2. 绘制装饰柜

01 利用 "矩形" 命令 □, 以左侧墙体的底部端点为矩形左下角点, 绘制尺寸为 1050mm × 800mm 的矩形底座。

02 单击 "标准" 工具栏中的 "打开" 按钮 📂, 在弹出的 "选择文件" 对话框中, 选择本书配套光盘中的 "素材文件\第 11 章\CAD 图块.dwg" 文件; 在名称为 "装饰" 的一栏中, 选择 "柜子—01ZL", 如图 14—25 所示; 选中该图形模块进行复制; 返回 "客厅立面图 B" 的绘图界面, 将复制的图形模块, 粘贴到已绘制的柜子底座上方。

图 14-25　装饰柜正立面

3. 绘制射灯组与装饰画

01 利用 "偏移" 命令, 将室内地坪线向上偏移, 偏移量为 2000mm, 得到射灯组定位线。

02 单击 "标准" 工具栏中的 "打开" 按钮 📂, 在弹出的 "选择文件" 对话框中, 选择本书配套光盘中的 "素材文件\第 11 章\CAD 图块.dwg" 文件; 在名称为 "灯具和电器" 的一栏中, 选择 "射灯组 ZL", 如图 14—26 所示; 选中该图形模块进行复制; 返回 "客厅立面图 B" 的绘图界面, 将复制的模块粘贴到已绘制的定位线处; 然后, 利用 "删除" 命令, 删除定位线。

03 再次打开图库文件, 在名称为 "装饰" 的一栏中, 选择 "装饰画 01", 如图 14—27 所示; 对该模块进行 "带基点复制", 复制基点为画框底边中点。

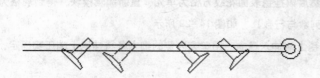

图 14-26　射灯组正立面

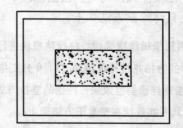

图 14-27　装饰画正立面

04 返回 "客厅立面图 B" 的绘图界面, 以装饰柜底座的底边中点为插入点, 将复制的模块粘贴到立面图中。

05 利用 "移动" 命令, 将装饰画模块垂直向上移动, 移动距离为 1500mm。

如图 14-28 所示为绘制完成的以装饰柜为中心的家具组合。

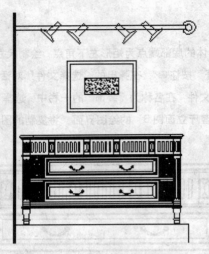

图 14-28　以装饰柜为中心的家具组合

⋮⋮⋮⋮ 14.3.4　绘制墙面装饰

1.　绘制条形壁龛

01 单击"图层"工具栏中的"图层特性管理器"按钮📇，打开"图层特性管理器"窗口，创建新图层，将新图层命名为"墙面装饰"，并将其设置为当前图层。

02 利用"偏移"命令，将梁底面投影线向下偏移180mm，得到"辅助线1"；再次利用"偏移"命令，将右侧墙面线向左偏移900mm，得到"辅助线2"。

03 利用"矩形"命令，以"辅助线1"与"辅助线2"的交点为矩形右上角点，绘制尺寸为1200mm×200mm的矩形壁龛。

04 利用"删除"命令✐，删除两条辅助线。

2.　绘制挂毯

在壁龛下方，垂挂一条咖啡色挂毯作为墙面装饰。此处挂毯与立面图 A 中文化墙内的挂毯均为同一花纹样式，此处挂毯面积较小，因此，可继续利用挂毯图形模块进行绘制。

具体绘制方法如下。

01 重新编辑挂毯模块：将挂毯模块进行分解，然后以挂毯表面花纹方格为单元，重新编辑模块，得到规格为4×6的方格花纹挂毯模块（4、6 分别指方格的列数与行数），如图 14-29 所示。

02 绘制挂毯垂挂效果：挂毯的垂挂方式是将挂毯上端伸入壁龛，用壁龛内侧的细木条将挂毯上端压实固定，并使其下端垂挂在壁龛下方墙面上。

　　① 首先，利用"移动"命令，将绘制好的新挂毯模块，移动到条形壁龛下方，使其上侧边线中点与壁龛下侧边线中点重合。再次利用"移动"命令，将挂毯模块垂直向上移动40mm。

　　② 然后，利用"偏移"命令，将壁龛下侧边线向上偏移，偏移量为10mm。

　　③ 最后，利用"分解"命令，将新挂毯模块进行分解，并利用"修剪"和"删除"命令，以偏移线为边界，修剪并删除挂毯上端多余部分。

绘制结果如图 14-30 所示。

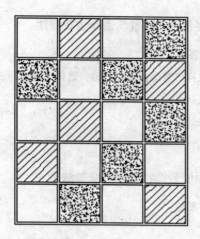

图 14-29　重新编辑挂毯模块

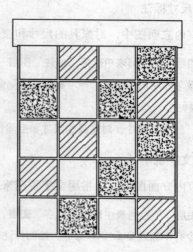

图 14-30　垂挂的挂毯

3．绘制瓷器

01 在 "图层" 下拉列表中选择 "墙面装饰" 图层，将其设置为当前图层。

02 单击 "标准" 工具栏中的 "打开" 按钮 📂，在弹出的 "选择文件" 对话框中，选择本书配套光盘中的 "素材文件\第 11 章\CAD 图块.dwg" 文件；在名称为 "装饰" 的一栏中，选择 "陈列品 6"、"陈列品 7" 和 "陈列品 8" 模块，对选中的图形模块进行复制，并将其粘贴到立面图 B 中。

03 根据壁龛的高度，分别对每个图形模块的尺寸比例进行适当调整，然后将它们依次插入壁龛中，如图 14-31 所示。

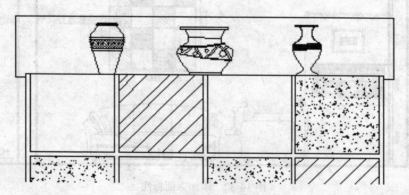

图 14-31　绘制壁龛中的瓷器

14.3.5　立面标注

1．室内立面标高

01 在 "图层" 下拉列表中选择 "标注" 图层，将其设置为当前图层。

02 利用 "插入块" 命令，在立面图中地坪、楼板和梁的位置插入标高符号。

03 利用 "多行文字" 命令，在标高符号的长直线上方添加标高数值。

2．尺寸标注

在室内立面图中，对家具的尺寸和空间位置关系都要使用"线性"命令进行标注。

01 在"图层"下拉列表中选择"标注"图层，将其设置为当前图层。

02 选择菜单栏中的"格式"→"标注样式"命令，打开"标注样式管理器"对话框，选择"室内标注"作为当前标注样式。

03 利用"线性"命令，对家具的尺寸和空间位置关系进行标注。

3．文字说明

在室内立面图中，通常用文字说明来表达各部位表面的装饰材料和装修做法。

01 在"图层"下拉列表中选择"文字"图层，将其设置为当前图层。

02 在命令行中输入 QLEADER 命令，绘制标注引线。

03 利用"多行文字"命令，设置"字体"为"仿宋_GB2312"，"文字高度"为 100，在引线一端添加文字说明。

标注结果如图 14-32 所示。

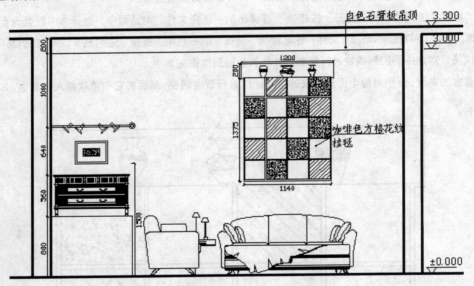

图 14-32　添加立面标注

14.3.6　小结与引申

本小节和上一小节分别以别墅客厅 A、B 两个方向的室内立面图为例，详细介绍了建筑室内立面图的绘制方法，使读者对室内立面图的绘制步骤和要点都有了较深刻的了解。通过学习这两节的内容，读者应该掌握绘制室内立面图的基本方法，并能够独立完成普通难度的室内立面图的绘制。

如图 14-33 和图 14-34 所示分别为别墅客厅立面图 C、D。读者可参考前面介绍的室内立面图画法，绘制这两个方向的室内立面图。

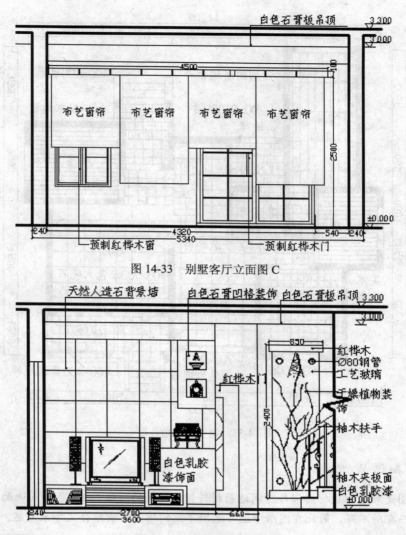

图 14-33　别墅客厅立面图 C

图 14-34　别墅客厅立面图 D

14.4 别墅首层地坪图的绘制

 光盘路径

素材文件：素材文件\第 14 章\14.4 别墅首层地坪图的绘制.dwg

视频文件：视频文件\第 14 章\14.4 别墅首层地坪图的绘制.avi

绘制思路

首先，由已知的首层平面图生成平面墙体轮廓；接着，各门窗洞口位置绘制投影线；然后，根据各房间地面材料类型，选取适当的填充图案对各房间地面进行填充；最后，添加尺寸和文字标注。下面就按照这个思路绘制别墅的首层地坪图，如图 14-35 所示。如何用图案填充绘制地坪材料以及如何绘制引线、添加文字标注，是本节学习的重点。

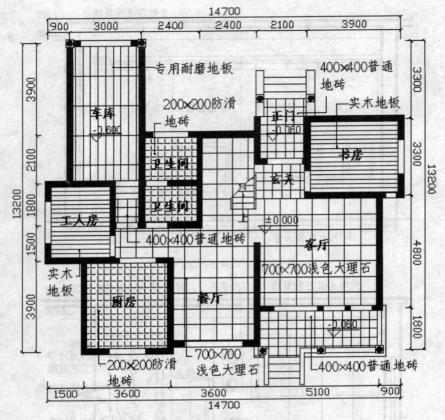

图 14-35 别墅首层地坪图

建筑小知识

室内地坪图是表达建筑物内部各房间地面材料铺装情况的图纸。由于各房间地面使用材料因房间功能的差异而有所不同，因此在图纸中通常选用不同的填充图案结合文字来表达。

14.4.1 设置绘图环境

1. 创建图形文件

打开已绘制的"别墅首层平面图的绘制.dwg"文件，选择菜单栏中"文件"→"另存为"命令，打开"图形另存为"对话框。在"文件名"下拉列表框中输入新的图形名称为"别墅首层地坪图.dwg"，如图 14-36 所示。单击"保存"按钮，建立图形文件。

2. 清理图形元素

01 单击工具栏中的"图层特性管理器"按钮，打开"图层特性管理器"窗口，关闭"轴线"、"轴线编号"和"标注"图层。

02 利用"删除"命令，删除首层平面图中所有的家具和门窗图形。

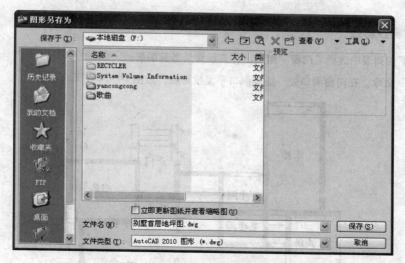

图 14-36 "图形另存为"对话框

03 选择"文件"→"图形实用工具"→"清理"命令，清理无用的图形元素。

清理后，所得平面图形如图 14-37 所示。

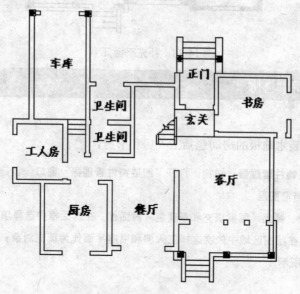

图 14-37 清理后的平面图

14.4.2 补充平面元素

1. 填充平面墙体

01 在"图层"下拉列表中选择"墙体"图层，将其设置为当前图层。

02 利用"图案填充"命令，弹出"图案填充和渐变色"对话框，在对话框中选择填充"图案"为 SOLID，在绘图区域中选择墙体内部点，选择墙体作为填充对象进行填充。

2．绘制门窗投影线

01 在"图层"下拉列表中选择"门窗"图层，将其设置为当前图层。

02 利用"直线"命令，在门窗洞口处，绘制洞口平面投影线，如图 14-38 所示。

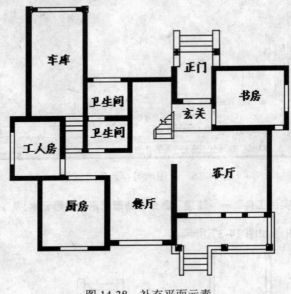

图 14-38　补充平面元素

14.4.3　绘制地板

1．绘制木地板

在首层平面中，铺装木地板的房间包括工人房和书房。

01 单击工具栏中的"图层特性管理器"按钮，打开"图层特性管理器"窗口，创建新图层，将新图层命名为"地坪"，并将其设置为当前图层。

02 利用"图案填充"命令，弹出"图案填充和渐变色"对话框，在对话框中选择填充"图案"为 LINE 并设置图案填充"比例"为 60；在绘图区域中依次选择工人房和书房平面作为填充对象，进行地板图案填充。书房地板绘制效果如图 14-39 所示。

2．绘制地砖

本例使用的地砖种类主要有两种，即卫生间、厨房使用的防滑地砖和入口、阳台等处地面使用普通地砖。

01 绘制防滑地砖，在卫生间和厨房中，地面的铺装材料为 200mm×200mm 防滑地砖。利用"图案填充"命令，弹出"图案填充和渐变色"对话框，在对话框中选择填充"图案"为 ANGEL，并设置图案填充"比例"为 30；在绘图区域中依次选择卫生间和厨房平面作为填充对象，进行防滑地砖图案的填充。卫生间地板绘制效果如图 14-40 所示。

图 14-39 绘制书房木地板

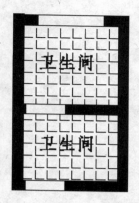

图 14-40 绘制卫生间防滑地砖

02 绘制普通地砖。在别墅的入口和外廊处，地面铺装材料为 400mm×400mm 普通地砖。利用"图案填充"命令，弹出"图案填充和渐变色"对话框，在对话框中选择填充"图案"为 NET，并设置图案填充"比例"为 120；在绘图区域中依次选择入口和外廊平面作为填充对象，进行普通地砖图案的填充。主入口处地板绘制效果如图 14-41 所示。

3. 绘制大理石地面

通常客厅和餐厅的地面材料可以有多种选择，如普通地砖、耐磨木地板等。本例设计者选择在客厅、餐厅和走廊地面铺装浅色大理石材料，光亮、易清洁而且耐磨损。

利用"图案填充"命令，弹出"图案填充和渐变色"对话框，在对话框中选择填充"图案"为 NET，并设置图案填充"比例"为 210；在绘图区域中依次选择客厅、餐厅和走廊平面作为填充对象，进行大理石地面图案的填充。客厅地板绘制效果如图 14-42 所示。

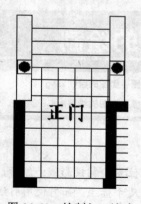

图 14-41 绘制入口地砖

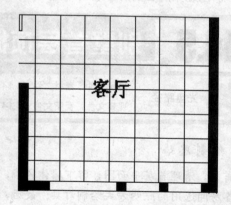

图 14-42 绘制客厅大理石地板

4. 绘制车库地板

本例中车库地板材料采用的是车库专用耐磨地板。

利用"图案填充"命令，弹出"图案填充和渐变色"对话框，在对话框中选择填充"图案"为 GRATE、并设置图案填充"角度"为 90°、"比例"为 400；在绘图区域中选择车库平面作为填充对象，进行车库地面图案的填充，如图 14-43 所示。

图 14-43　绘制车库地板

14.4.4　尺寸标注及文字说明

1. 尺寸标注与标高

在本图中，尺寸标注和平面标高的内容及要求与平面图基本相同。由于本图是基于已有首层平面图基础上绘制生成的，因此，本图中的尺寸标注可以直接沿用首层平面图的标注结果。

2. 文字说明

01 在"图层"下拉列表中选择"文字"图层，将其设置为当前图层。

02 在命令行中输入 QLEADER 命令，并设置引线的箭头形式为"点"，箭头大小为 60。

03 利用"多行文字"命令，设置"字体"为"仿宋_GB2312"，"文字高度"为 300，在引线一端添加文字说明，标明该房间地面的铺装材料和做法。

14.5. 别墅首层顶棚平面图的绘制

| 光盘路径 | 素材文件：素材文件\第 14 章\14.5 别墅首层顶棚平面图的绘制.dwg |
| | 视频文件：视频文件\第 14 章\14.5 别墅首层顶棚平面图的绘制.avi |

🗂 绘制思路

首先，清理首层平面图，留下墙体轮廓，并在各门窗洞口位置绘制投影线；然后，绘制吊顶并根据各房间选用的照明方式绘制灯具；最后，进行文字说明和尺寸标注。如何使用引线和多行文字命令添加文字标注，仍是绘制过程中的重点。下面按照这个思路绘制别墅首层顶棚平面图，如图 14-44 所示。

建筑小知识

建筑室内顶棚图主要表达的是，建筑室内各房间顶棚的材料和装修做法，以及灯具的布置情况。由于各房间的使用功能不同，其顶棚的材料和做法均有各自不同的特点，需要使用图形填充结合适当的文字加以说明。

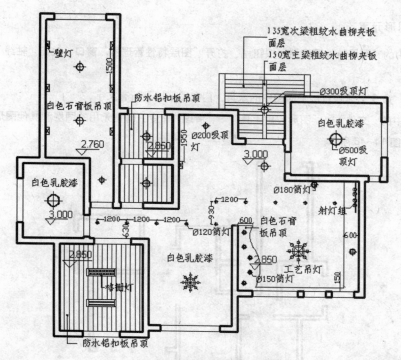

图 14-44　别墅首层顶棚平面图

14.5.1　设置绘图环境

1．创建图形文件

打开已绘制的"别墅首层平面图的绘制.dwg"文件，选择菜单栏中的"文件"→"另存为"命令，打开"图形另存为"对话框。在"文件名"下拉列表框中输入新的图形文件名称为"别墅首层顶棚平面图.dwg"，如图 14-45 所示。单击"保存"按钮，建立图形文件。

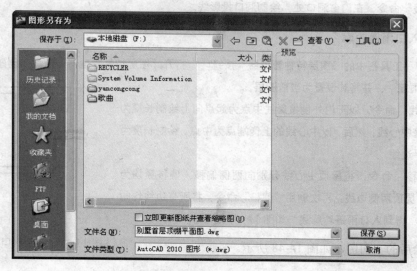

图 14-45　"图形另存为"对话框

2. 清理图形元素

01 单击工具栏中的"图层特性管理器"按钮 🔳，打开"图层特性管理器"窗口，关闭"轴线"、"轴线编号"和"标注"图层。

02 利用"删除"命令，删除首层平面图中的家具、门窗图形以及所有文字。

03 选择菜单栏中的"文件"→"图形实用工具"→"清理"命令，清理无用的图层和其他图形元素。清理后，所得平面图形如图 14-46 所示。

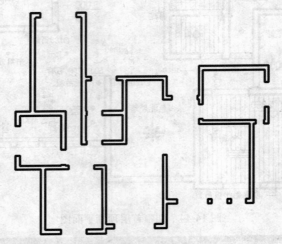

图 14-46 清理后的平面图

⠿ 14.5.2 补绘平面轮廓

1. 绘制门窗投影线

01 在"图层"下拉列表中选择"门窗"图层，将其设置为当前图层。

02 利用"直线"命令，在门窗洞口处，绘制洞口投影线。

2. 绘制入口雨篷轮廓

01 单击"图层"工具栏中的"图层特性管理器"按钮 🔳，打开"图层特性管理器"窗口，创建新图层，将新图层命名为"雨篷"，并将其设置为当前图层。

02 选择"直线"命令，以正门外侧投影线中点为起点向上绘制长度为 2700mm 的雨篷中心线；然后，以中心线的上侧端点为中点，绘制长度为 3660mm 的水平边线。

03 利用"偏移"命令，将屋顶中心线分别向两侧偏移，偏移量均为 1830mm，得到屋顶两侧边线；再次利用"偏移"命令，将所有边线均向内偏移 240mm，得到入口雨篷轮廓线，如图 14-47 所示。

经过补绘后的平面图，如图 14-48 所示。

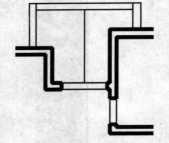

图 14-47 绘制入口雨篷投影轮廓

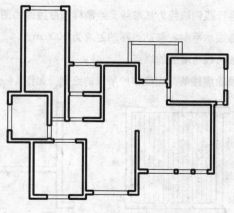

图 14-48　补绘顶棚平面轮廓

⦂⦂⦂ 14.5.3　绘制吊顶

在别墅首层平面中，有 3 处做吊顶设计，即卫生间、厨房和客厅。其中，卫生间和厨房是出于防水或防油烟的需要，安装铝扣板吊顶；在客厅上方局部设计石膏板吊顶，既美观大方又为各种装饰性灯具的设置和安装提供了方便。下面分别介绍这 3 处吊顶的绘制方法。

1. 绘制卫生间吊顶

基于卫生间使用过程中的防水要求，在卫生间顶部安装铝扣板吊顶。

01 单击"图层"工具栏中的"图层特性管理器"按钮🔲，打开"图层特性管理器"窗口，创建新图层，将新图层命名为"吊顶"，并将其设置为当前图层。

02 利用"图案填充"命令，弹出"图案填充和渐变色"对话框，在对话框中选择填充"图案"为 LINE；并设置图案填充"角度"为 90、"比例"为 60。

在绘图区域中选择卫生间顶棚平面作为填充对象，进行图案填充，如图 14-49 所示。

2. 绘制厨房吊顶

基于厨房使用过程中的防水和防油的要求，在厨房顶部安装铝扣板吊顶。

01 在"图层"下拉列表中选择"吊顶"图层，将其设置为当前图层。

02 利用"图案填充"命令，弹出"图案填充和渐变色"对话框，在对话框中选择填充"图案"为 LINE；并设置图案填充"角度"为 90、"比例"为 60。

在绘图区域中选择厨房顶棚平面作为填充对象，进行图案填充，如图 14-50 所示。

3. 绘制客厅吊顶

客厅吊顶的方式为周边式，不同于前面介绍的卫生间和厨房所采用的完全式吊顶。客厅吊顶的重点部位在西面电视墙的上方。

01 利用"偏移"命令，将客厅顶棚东、南两个方向轮廓线向内偏移，偏移量分别为 600mm 和 100mm，得到"轮廓线 1"和"轮廓线 2"。

02 利用"样条曲线"命令，以客厅西侧墙线为基准线，绘制样条曲线，如图 14-51 所示。

03 利用"移动"命令，将样条曲线水平向右移动，移动距离为 600mm。

04 利用"直线"命令，连接样条曲线与墙线的端点。

05 利用"修剪"命令，修剪吊顶轮廓线条，完成客厅吊顶的绘制，如图 14-52 所示。

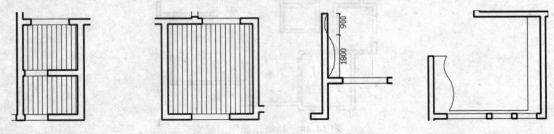

图 14-49 绘制卫生间吊顶　　图 14-50 绘制厨房吊顶　　图 14-51 绘制样条曲线　　图 14-52 客厅吊顶轮廓

14.5.4 绘制入口雨篷顶棚

别墅正门入口雨篷的顶棚由一条水平的主梁和两侧数条对称布置的次梁组成。

具体绘制方法如下。

01 在"图层"下拉列表中选择"顶棚"图层，将其设置为当前图层。

02 绘制主梁。利用"偏移"命令，将雨篷中心线依次向左右两侧进行偏移，偏移量均为 75mm；然后，利用"删除"命令，将原有中心线删除。

03 绘制次梁。利用"图案填充"命令，弹出"图案填充和渐变色"对话框，在对话框中选择填充"图案"为 STEEL、并设置图案填充"角度"为 135、"比例"为 135。

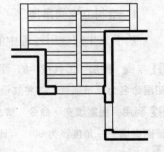

在绘图区域中选择中心线两侧矩形区域作为填充对象，进行图案填充，如图 14-53 所示。

图 14-53 绘制入口雨篷的顶棚

14.5.5 绘制灯具

不同种类的灯具由于材料和形状的差异，其平面图形也大有不同。在本别墅实例中，灯具种类主要包括工艺吊灯、吸顶灯、筒灯、射灯和壁灯等。在 AutoCAD 图纸中，并不需要详细描绘出各种灯具的具体式样，一般情况下，每种灯具都是用灯具图例来表示的。下面分别介绍几种灯具图例的绘制方法。

1. 绘制工艺吊灯

工艺吊灯仅在客厅和餐厅使用，与其他灯具相比，形状比较复杂。

01 单击"图层"工具栏中的"图层特性管理器"按钮，打开"图层特性管理器"窗口，创建新图层，将新图层命名为"灯具"，并将其设置为当前图层。

02 利用"圆"命令，绘制两个同心圆，它们的半径分别为 150mm 和 200mm。

03 利用"直线"命令，以圆心为端点，向右绘制一条长度为 400mm 的水平线段。

04 利用"圆"命令，以线段右端点为圆心，绘制一个较小的圆，其半径为50mm；然后，利用"移动"命令，水平向左移动小圆，移动距离为100mm，如图 14-54 所示。

图 14-54　绘制第一个吊灯单元

05 利用"阵列"命令，在弹出的"阵列"对话框中，选择"环形阵列"单选按钮，并设置"项目总数"为 8、"填充角度"为 360；选择同心圆圆心为阵列中心点；选择图 14-54 中的水平线段和右侧小圆为阵列对象；在左下角选中"复制时旋转项目"复选框。

设置完成后单击"确定"按钮，生成工艺吊灯图例，如图 14-55所示。

图 14-55　工艺吊灯图例

2. 绘制吸顶灯

在别墅首层平面中，吸顶灯是使用最广泛的灯具。别墅入口、卫生间和卧室的房间都使用吸顶灯来进行照明。

常用的吸顶灯图例有圆形和矩形两种。在此主要介绍圆形吸顶灯图例。

具体绘制方法如下。

01 利用"圆"命令，绘制两个同心圆，它们的半径分别为 90mm 和 120mm。

02 利用"直线"命令，绘制两条互相垂直的直径；激活已绘直径的两端点，将直径向两侧分别拉伸，每个端点处拉伸量均为 40mm，得到一个正交十字。

03 利用"图案填充"命令，在弹出的"图案填充和渐变色"对话框中，选择填充"图案"为 SOLID，对同心圆中的圆环部分进行填充。

如图 14-56 所示为绘制完成的吸顶灯图例。

图 14-56　吸顶灯图例

3. 绘制格栅灯

在别墅中，格栅灯是专用于厨房的照明灯具。

具体绘制方法如下。

01 利用"矩形"命令，绘制尺寸为 1200mm × 300mm 的矩形格栅灯轮廓。

02 利用"分解"命令，将矩形分解；然后，利用"偏移"命令，将矩形两条短边分别向内偏移，偏移量均为80mm。

03 利用"矩形"命令，绘制两个尺寸为 1040mm × 45mm 的矩形灯管，两个灯管平行间距为 70mm。

04 利用"图案填充"命令，弹出"图案填充和渐变色"对话框，在对话框中选择填充"图案"为 ANSI32，并设置填充"比例"为 10，对两矩形灯管区域进行填充。

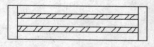

图 14-57　格栅灯图例

如图 14-57 所示为绘制完成的格栅灯图例。

4. 绘制筒灯

筒灯体积较小，主要应用于室内装饰照明和走廊照明。常见筒灯图例由两个同心圆和一个十字组成。

具体绘制方法如下。

01 利用"圆"命令，绘制两个同心圆，它们的半径分别为 45mm 和 60mm。

02 利用"直线"命令，绘制两条互相垂直的直径。

03 激活已绘制的两条直径的所有端点，将两条直径分别向其两端方向拉伸，每个方向拉伸量均为 20mm，得到正交的十字。

图 14-58　筒灯图例

如图 14-58 所示为绘制完成的筒灯图例。

5. 绘制壁灯

在别墅中，车库和楼梯侧墙面都通过设置壁灯来辅助照明。本图中使用的壁灯图例由矩形及其两条对角线组成。

具体绘制方法如下。

01 利用"矩形"命令，绘制尺寸为 300mm×150mm 的矩形。

02 利用"直线"命令，绘制矩形的两条对角线。

图 14-59　壁灯图例

如图 14-59 所示为绘制完成的壁灯图例。

6. 绘制射灯组

射灯组的平面图例在绘制客厅平面图时已有介绍，具体绘制方法可参看前面 14.5.5 节内容。

7. 在顶棚图中插入灯具图例

01 利用"创建块"命令，将所绘制的各种灯具图例分别定义为图块。

02 利用"插入块"命令，根据各房间或空间的功能，选择适合的灯具图例并根据需要设置图块比例，然后将其插入顶棚中相应的位置。

如图 14-60 所示为客厅顶棚灯具布置效果。

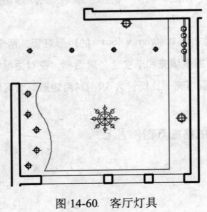

图 14-60　客厅灯具

14.5.6 尺寸标注及文字说明

1. 尺寸标注

在顶棚图中，尺寸标注的内容主要包括灯具和吊顶的尺寸以及它们的水平位置。此处的尺寸标注依然同前面一样，是通过"线性"命令来完成的。

01 将标注图层设置为当前图层。

02 选择菜单栏中"标注"→"标注样式"命令，将"室内标注"设置为当前标注样式。

03 利用"线性"命令，对顶棚图进行尺寸标注。

2. 标高标注

在顶棚图中，各房间顶棚的高度需要通过标高来表示。

01 利用"插入块"命令，将标高符号插入到各房间顶棚位置。

02 利用"多行文字"命令，在标高符号的长直线上方添加相应的标高数值。

标注结果如图 14-61 所示。

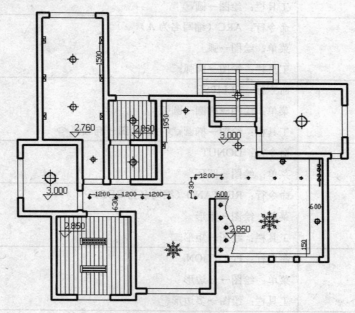

图 14-61 添加尺寸标注与标高

3. 文字说明

在顶棚图中，各房间的顶棚材料做法和灯具的类型都要通过文字说明来表达。

01 在"图层"下拉列表中选择"文字"图层，将其设置为当前图层。

02 在命令行中输入 QLEADER 命令，并设置引线箭头大小为 60。

03 利用"多行文字"命令，设置"字体"为"仿宋_GB2312"，"文字高度"为 300，在引线的一端添加文字说明。

附录　AutoCAD 2011 常用命令

基本二维绘图命令

命令名	执行方式
直线段	命令行：LINE
	菜单：绘图→直线
	工具栏：绘图→直线
构造线	命令行：XLINE
	菜单：绘图→构造线
	工具栏：绘图→构造线
圆	命令行：CIRCLE
	菜单：绘图→圆
	工具栏：绘图→圆
圆弧	命令行：ARC（缩写名为 A）
	菜单：绘图→弧
	工具栏：绘图→圆弧
椭圆与椭圆弧	命令行：ELLIPSE
	菜单：绘图→椭圆→圆弧
	工具栏：绘图→椭圆 或 绘图→椭圆弧
圆环	命令行：DONUT
	菜单：绘图→圆环
矩形	命令行：RECTANG（缩写名为 REC）
	菜单：绘图→矩形
	工具栏：绘图→矩形
正多边形	命令行：POLYGON
	菜单：绘图→多边形
	工具栏：绘图→多边形
点	命令行：POINT
	菜单：绘图→点→单点 或 多点
	工具栏：绘图→点
等分点	命令行：MEASURE（缩写名为 ME）
	菜单：绘图→点→定距等分

高级二维绘图命令

命令名	执行方式
绘制多段线	命令行：PLINE（缩写名为 PL） 菜单：绘图→多段线 工具栏：绘图→多段线
编辑多段线	命令行：PEDIT（缩写名为 PE） 菜单：修改→对象→多段线 工具栏：修改 II→编辑多段线
绘制样条曲线	命令行：SPLINE 菜单：绘图→样条曲线 工具栏：绘图→样条曲线
编辑样条曲线	命令行：SPLINEDIT 菜单：修改→对象→样条曲线 工具栏：修改 II→编辑样条曲线
绘制多线	命令行：MLINE 菜单：绘图→多线
编辑多线	命令行：MLEDIT 菜单：修改→对象→多线
创建面域	命令行：REGION 菜单：绘图→面域 工具栏：绘图→面域
面域的布尔运算	命令行：UNION（并集）或 INTERSECT（交集）或 SUBTRACT（差集） 菜单：修改→实体编辑→并集（交集、差集） 工具栏：实体编辑→并集（交集、差集）
图案填充	命令行：HATCH 菜单：绘图→图案填充 工具条：绘图→图案填充 或绘图→渐变色
编辑填充	命令行：HATCHEDIT 菜单：修改→对象→图案填充

平面图形编辑命令

命令名	执行方式
复制	命令行：COPY 菜单：修改→复制 工具栏：修改→复制

命令名	执行方式
镜像	命令行：MIRROR 菜单：修改→镜像 工具栏：修改→镜像
偏移	命令行：OFFSET 菜单：修改→偏移 工具栏：修改→偏移
阵列	命令行：ARRAY 菜单：修改→阵列 工具栏：修改→阵列
移动	命令行：MOVE 菜单：修改→移动 快捷菜单：选择要复制的对象，在绘图区域右击，从打开的快捷菜单中选择"移动"命令 工具栏：修改→移动
旋转	命令行：ROTATE 菜单：修改→旋转 快捷菜单：选择要旋转的对象，在绘图区域右击，从打开的快捷菜单中选择"旋转"命令 工具栏：修改→旋转
缩放	命令行：SCALE 菜单：修改→缩放 快捷菜单：选择要缩放的对象，在绘图区域右击，从打开的快捷菜单中选择"缩放"命令 工具栏：修改→缩放
剪切	命令行：TRIM 菜单：修改→修剪 工具栏：修改→修剪
延伸	命令行：EXTEND 菜单：修改→延伸 工具栏：修改→延伸
圆角	命令行：FILLET 菜单：修改→圆角 工具栏：修改→圆角

（续表）

命令名	执行方式
倒角	命令行：CHAMFER 菜单：修改→倒角 工具栏：修改→倒角 ⬚
拉伸	命令行：STRETCH 菜单：修改→拉伸 工具栏：修改→拉伸 ⬚
打断	命令行：BREAK 菜单：修改→打断 工具栏：修改→打断 ⬚
分解	命令行：EXPLODE 菜单：修改→分解 工具栏：修改→分解 ⬚
删除	命令行：ERASE 菜单：修改→删除 快捷菜单：选择要删除的对象，在绘图区域右击，从打开的快捷菜单中选择"删除"命令 工具栏：修改→删除 ⬚
恢复	命令行：OOPS 或 U 工具栏：标准→放弃 快捷键：Ctrl+Z

显示与布局

命令名	执行方式
实时缩放	命令行：ZOOM 菜单：视图→缩放→实时 工具栏：标准→实时缩放 ⬚
实时平移	命令：PAN 菜单：视图→平移→实时 工具栏：标准→实时平移 ⬚
动态缩放	命令行：ZOOM 菜单：视图→缩放→动态
定点平移和方向平移	命令：-PAN 菜单：视图→平移→点
模型空间	命令行：VPORTS 菜单：视图→视口→新建视口 工具栏：视口→显示"视口"对话框 ⬚

（续表）

命令名	执行方式
打印	命令行：PLOT
	菜单：文件→打印
	工具栏：标准→打印
	快捷键：Ctrl+P

文字与表格

命令名	执行方式
单行文本	命令行：TEXT
	菜单：绘图→文字→单行文字
	工具栏：文字→单行文字
多行文本	命令行：DDEDIT
	菜单：修改→对象→文字→编辑
	工具栏：文字→编辑
创建表格	命令行：TABLE
	菜单：绘图→表格
	工具栏：绘图→表格
定义表格样式	命令行：TABLESTYLE
	菜单：格式→表格样式
	工具栏：样式→表格样式

尺寸标注

命令名	执行方式
线性标注	命令行：DIMLINEAR（缩写名 DIMLIN）
	菜单：标注→线性
	工具栏：标注→线性
对齐标注	命令行：DIMALIGNED
	菜单：标注→对齐
	工具栏：标注→对齐
坐标尺寸标注	命令行：DIMORDINATE
	菜单：标注→坐标
	工具栏：标注→坐标
角度尺寸标注	命令行：DIMANGULAR
	菜单：标注→角度
	工具栏：标注→角度

（续表）

命令名	执行方式	
直径标注	命令行：DIMDIAMETER 菜单：标注→直径 工具栏：标注→直径	
半径标注	命令行：DIMRADIUS 菜单：标注→半径 工具栏：标注→半径	
弧长标注	命令行：DIMARC 菜单：标注→弧长 工具栏：标注→弧长标注	
折弯标注	命令行：DIMJOGGED 菜单：标注→折弯 工具栏：标注→折弯	
圆心标记和中心线标注	命令行：DIMCENTER 菜单：标注→圆心标记 工具栏：标注→圆心标记	
基线标注	命令行：DIMBASELINE 菜单：标注→基线 工具栏：标注→基线	
连续标注	命令行：DIMCONTINUE 菜单：标注→连续 工具栏：标注→连续	
快速尺寸标注	命令行：QDIM 菜单：标注→快速标注 工具栏：标注→快速标注	
等距标注	命令行：DIMSPACE 菜单：标注→标注间距 工具栏：标注→等距标注	
折断标注	命令行：DIMBREAK 菜单：标注→标注打断 工具栏：标注→折断标注	

图块与外部参照

命令名	执行方式	
定义图块	命令行：BLOCK 菜单：绘图→块→创建 工具栏：绘图→创建块	

命令名	执行方式
插入图块	命令行：INSERT 菜单：插入→块 工具栏：插入→插入块 或 绘图→插入块
动态块	命令行：BEDIT 菜单：工具→块编辑器 工具栏：标准→块编辑器
图块属性编辑	命令行：EATTEDIT 菜单：修改→对象→属性→单个 工具栏：修改 II→编辑属性
修改属性的定义	命令行：DDEDIT 菜单：修改→对象→文字→编辑
定义图块属性	命令行：ATTDEF 菜单：绘图→块→定义属性

协同绘图工具

命令名	执行方式
查询距离	命令行：MEASUREGEOM 菜单：工具→查询→距离 工具栏：查询→距离
查询对象状态	命令行：STATUS 菜单：工具→查询→状态
启动设计中心	命令行：ADCENTER 菜单：工具→选项板→设计中心 工具栏：标准→设计中心
打开工具选项板	命令行：TOOLPALETTES 菜单：工具→选项板→工具选项板 工具栏：标准→工具选项板窗口 快捷键：Ctrl+3